中国作物栽培简史

彭世奖 著

中国农业出版社

图书在版编目（CIP）数据

中国作物栽培简史/彭世奖著．—北京：中国农业出版社，2012.8

ISBN 978－7－109－16925－8

Ⅰ.①中…　Ⅱ.①彭…　Ⅲ.①作物—栽培技术—技术史—中国　Ⅳ.①S31－092

中国版本图书馆 CIP 数据核字（2012）第 138043 号

中国农业出版社出版

（北京市朝阳区农展馆北路 2 号）

（邮政编码 100125）

责任编辑　穆祥桐　闫保荣

北京通州皇家印刷厂印刷　　新华书店北京发行所发行

2012 年 8 月第 1 版　　2012 年 8 月北京第 1 次印刷

开本：850mm×1168mm 1/32　　印张：9.625

字数：240 千字

定价：38.00 元

序

我国农业历史悠久，是世界的农业大国和农业古国。在农业生产实践中，我国农民驯化了大量的野生植物，在每种作物中又选育出成千上万的品种（种质资源），因而我国成为世界栽培植物的八大起源中心之一。据考证，我国栽培植物种类约600种，其中起源于我国的约292种，至今已搜集到39种主要作物的种质资源37万份，约占世界的16%，居世界第一位。可见，我国的作物多样性是极其丰富的。但是，由于工业化和市场经济的发展，近代的作物育种一味追求产量、品质、口感和整齐度，更使品种单一化和遗传基础日益狭窄，作物的多样性日渐丧失。现在人类的消费只集中在极少数的作物种类上，很多很有营养价值和保健价值的作物早已“退役”。现在，人们才重新发现一些“退役”作物是弥足珍贵的。如“名不见经传”的荞麦，现在才认识它是具有预防心脑血管疾病功能的食物，其价格远高于大米和麦面。因此，对古代的作物有重新审视和发掘的必要。

由我国著名农史学家彭世奖教授编著的《中国作物栽培简史》一书，涵盖了我国栽培的91种作物，其中粮食作物15种、经济作物16种、果树19种、蔬菜26种和花卉15种。每种作物的名称（包括各种别名）、起源和传播、栽培技术、耕种轮作，收获贮藏和加工利用等方面均作了阐述，对水稻、小麦、大豆、茶树、柑橘和荔枝等我国重要作物尤有更多的着墨。凡有各种不同的学说和观点均客观列出，并指出其分歧所在，启发读者独立思考。此书可看作是中国作物学史百科全书的简本，对作物学和农史学工作者甚有参考价值，可作为工具书，随时查阅。

彭世奖教授已年逾七旬，退休后仍醉心农史研究，不断笔耕，不时有新作问世，这种甘于淡泊的敬业精神，使人景仰。特为之序。

中国科学院院士
华南农业大学教授　卢永根谨识

2012年2月10日
于广州五山华农校园

前　言

我国是农业古国，是世界上栽培植物的起源中心之一，也是世界上品种资源最丰富的国家之一。瓦维洛夫在《主要栽培植物的世界起源中心》一书中认为，在中国起源的作物有136种（包括一些类型）。中国农学会遗传资源学会编著的《中国作物遗传资源》一书中更列出了643种作物（作物间有重复）。中国作物不仅种类繁多，而且栽培历史悠久，栽培经验丰富，作物的用途多样。“作物栽培史”的内容非常丰富多彩，本人已年过古稀，以老迈之力，要编写全部作物的栽培历史，是非常困难的。而且要出版也不容易。唐启宇先生（1896—1977）曾著有《中国作物栽培史稿》，1986年由农业出版社出版，全书50余万字，对我国历史上的21种作物进行了系统而深入的论述，作出了杰出的贡献。可惜所收作物太少，未能全面代表中国古代的作物。本书从我国600多种作物中，选择了91种有代表性的主要作物，进行简要的论述，全书不到20万字，所以称为“简史”，目的是为了便于读者对我国重要作物的栽培历史有简略的了解，并从中吸取有益的经验和教训，为今后作物栽培的发展提供参考和借鉴。

本人知识浅薄，加上垂老之年，力不从心，错漏之处，一定不少，恳请方家教正。

【目 录】

第一章　作物栽培史概述

第一节　中国是作物的起源中心之一

关于作物起源，近代以来，世界上曾经出现过多种学说，首先是瑞士植物学家康德尔（1806—1893），他认为判断作物起源的主要标准是先看栽培植物分布地区是否有形成这种作物的野生种存在。他的名著《栽培植物的起源》（1882）涉及到247种栽培植物，给后人的研究打下了基础，堪称作物起源研究的奠基者。

其次，是达尔文进化论。达尔文（1809—1882），是英国博物学家，他的名著《物种起源》，提出了生物进化的4个要点：①生物在不断进化；②进化是渐进的；③进化的主要机制是自然选择；④现存的物种来自同一个原始的生命体。他还认为生物的存亡是由它适应环境的能力决定的，即所谓的“适者生存”，“选择”不是自觉选择，是动、植物在家养条件下通过人的选择力量，被育成同变种和物种，在自然状况下得到保存①。

第三，是俄国（前苏联）瓦维洛夫（1887—1943）的作物起源学说。瓦维洛夫不仅是作物起源研究的著名学者，同时也是植物种质资源学科的奠基人。1926年他在《栽培植物的起源中心》一文中，提出研究变异类型就可以确定作物的起源中心，认为具有最大遗传多样性的地区就是该作物的起源地。后来，又提出确定作物起源中心，不仅要根据该作物的遗传多样性的情况，而且

① C. 达尔文著，方宗熙、叶晓译：《动物和植物在家养下的变异》，科学出版社，1963年，5页。

还要考虑该作物的野生近缘种的遗传多样性，并且还要参考考古学等其他人文学科的资料。1935 年他发表的《主要栽培植物的世界起源中心》一文中，指出世界主要作物有 8 个起源中心，外加 3 个亚中心，中国是其中的第一起源中心。

此外，研究作物起源中心的学者尚有达灵顿、库佐夫、茹可夫斯基、佐哈利和哈伦等人。结合他们的论点，《中国农业科学技术史稿》中表列了"关于世界栽培植物起源中心的诸家观点"(见表 1)。从表中可以看出无论哪一家学者，也无论从何种角度着眼，无不承认中国是世界栽培作物的起源中心之一。

表 1　关于世界栽培植物起源中心的诸家观点①

学者姓名及发表年份	主要观点	中国所处地位
德康尔（1882）	以：①中国，②西南亚及埃及，③热带美洲，为世界植物首先驯化地区	为第一个驯化地区
瓦维洛夫（1935）	首倡多样性中心学说，分世界栽培植物为八大起源中心	属第一起源中心
瓦维洛夫（1940）	扩大为 19 个起源地区	属第 12 地区
达灵顿等（1945）	修改瓦维洛夫的八大中心为 12 中心	属第 7 中心
库佐夫（1955）	主张 10 个起源地区	属第 3 起源地
茹可夫斯基（1968）	提出大基因中心，分世界为 12 个大中心	属第 1 中心
佐哈利（1970）	注重 10 个中心	属第 1 中心
哈伦（1971）	主张分 A^1A^2，B^1B^2 及 C^1C^2 三个中心及三个无中心	属 B^1 中心及 B^2 无中心

① 资料来源：梁家勉主编：《中国农业科学技术史稿》，农业出版社，1992 年，7 页。本表主要根据 Zeven 及 Zhukovsky Dictionary of Cultivated Plants and Their Centres of Diversity (1975) 及 Harlan 的 Crops and Man 二书首章中材料及表内作者的有关文献综合而成。

瓦维洛夫所列以中国为中心的栽培作物种类最为丰富，共136种，占全世界666种中的20.4%，齐文和茹可夫斯基(1975)所列的12个中心共包括2 297项栽培植物，其中中国中心有284项，占12.4%，居世界第二位。中国近代也有人研究后认为我国有史以来的主要栽培作物共有236种①。都充分说明我国是世界栽培作物的起源中心之一。除中国外，尚有4个大家公认的世界作物起源中心是：近东作物起源中心（土耳其、伊拉克、叙利亚等）、中南美起源中心（以瓜、豆、椒类为先）、南亚起源中心（印度、缅甸、马来亚等）和非洲起源中心。

第二节　我国古代作物的多样性

我国幅员辽阔，地形和气候多种多样，因而适生的农作物也多种多样。早在《诗经》中已提到了多种多样的栽培作物，如谷子、水稻、大豆、大麦、韭菜、冬葵、竹笋、桃、李、梅、杏等。公元前138年西汉张骞出使西域，随之，很多西方的作物也相继引入我国，据《博物志》记载，至少已有胡麻、蚕豆、苜蓿、胡瓜、石榴、胡桃和葡萄等从西域引到了中国。另方面由于秦始皇和汉武帝曾大举南征，我国南方和越南的特产作物也迅速向北延伸，如甘蔗、荔枝、龙眼、槟榔、橄榄、薏苡等。北魏贾思勰的《齐民要术》中提到的栽培植物已有谷物、蔬菜、果树和林木四大类，共70多种。到唐代孟诜撰的《食疗本草》已记述了160多种粮油蔬果植物。隋唐两宋时期，一方面不断引进新的作物，如莴苣、菠菜、波斯枣、水仙花、木菠萝等。另方面，园林植物包括花卉的栽培与驯化得到了空前的发展，对花木的引种、栽培和嫁接进行了大量的研究，取得丰硕的成果。

元明清时期（1279—1911），人们对药用植物和救荒植物加

① 卜慕华：《我国栽培作物来源问题》，《中国农业科学》1981年第4期。

强了研究和栽培。19世纪初的植物学名著《植物名实图考》，记载了1 714种植物，其中谷类52种，蔬菜176种，果树102种。明末清初，随着中外交流的增多，一些重要的作物开始传入中国，如甘薯、玉米、马铃薯、番茄、辣椒、甘蓝、花椰菜、烟草、花生、向日葵、大丽花等。这些作物的引进，对我国人民的生产和生活带来极大的影响，甚至对我国人口的增加、人口的迁移、荒山的开发、生态环境的变迁，均有巨大的影响。如甘薯、玉米为粮，人口突破4亿，旱地作物向丘陵和荒山发展，刀耕火种引来的环境问题等。

据近人研究，近百年来我国主要栽培作物有600多种（林木不计），其中粮食作物30多种，经济作物70余种，果树约140种，蔬菜110多种，饲用植物约50种，观赏植物130余种，绿肥作物约20种，药用作物50余种①，此外，主要造林树种约210种②。充分说明了我国古代作物的多样性。

① 郑殿升：《中国作物遗传资源的多样性》，《中国农业科技导报》2000年第2期。

② 刘旭主编：《生物种质资源科学报告》，科学出版社，2003年。

第二章 粮食作物栽培史

第一节 稻作栽培史

（一）中国稻作的起源、分化和传播

中国栽培稻属亚洲栽培稻（*Oryza sativa* L.）（另一种是非洲栽培稻），过去对亚洲栽培稻的起源，有几种不同的说法，印度起源说、中国起源说、印度阿萨姆和云南起源说以及多元起源说。近 80 年来，随着中国考古出土的稻谷越来越多，越来越古的事实的出现，中国稻作起源于中国已成为不争的事实。其中较著名的出土稻谷有：

1973—1974 年，浙江余姚河姆渡遗址发现丰富的稻谷遗存，距今 7 000 年左右。

1980 年，在浙江桐乡罗家角遗址出土稻米遗存，距今 7 000 年左右。

1988 年，在湖南澧县彭头山遗址出土了距今 7 000～8 000 年的稻谷遗存。

1994 年，在江苏高邮龙虬庄遗址出土了大量的炭化稻，距今 6 000～7 000 年。

1999 年，在河南舞阳贾湖遗址发掘了距今 7 000～8 000 年以前的炭化稻米。

1996 年，在湖南澧县八十档遗址出土了大量距今 8 000 年以上的炭化稻谷。

1993、1995 年，曾先后在湖南道县（与广西东北的灌县毗邻）玉蟾岩遗址发现了 1 万年前的古栽培稻，是迄今发现的最古

的栽培稻。经研究，是一种兼有野、籼、粳综合特征的从普通野生稻向栽培初期演化的最原始的古栽培稻类型。

新石器时代稻谷（图片来源：陈文华著：《农业考古》，文物出版社，2002年，第39页）

关于中国栽培稻的起源地问题，有多种主张：有华南说、云南说、云贵高原说、长江中下游说、长江中游—淮河上游说等，迄今未能达成共识，有待进一步研究。

野生稻在中国境内有广泛的分布，战国时《山海经·海内经》便有“西南黑水之间，有都广之野，后稷葬焉。爰有膏菽、膏稻、膏黍、膏稷，百谷自生，冬夏播琴。”说明在公元前3世纪以前我国南方已发现有野生稻。此外，《说文解字》中的“秜”字和三国时《埤苍》中的“穞”字，指的都是野生稻。野生稻共有三种，即普通野生稻、药用野生稻和疣粒野生稻，现在公认普通野生稻是栽培稻的祖先。普通野生稻又分为多年生普通野生稻和一年生普通野生稻，栽培稻到底是产生于多年生的还是一年生的野生稻？至今尚无一致的意见，主张起源于多年生的普通野生稻的专家，多认为一年生野生稻是多年生普通野生稻与栽培稻天然杂交而衍生的杂草稻。

关于稻作的分化，主要是籼与粳的分化问题，迄今仍有三种不同的假设：

（1）普通野生稻先演化为籼稻，再由籼稻演化为粳稻①。

（2）普通野生稻引上山地演化为粳稻，入洼地演化为籼稻②。

（3）粳型普通野生稻演化为粳稻，籼型普通野生稻演化为籼稻③。

这一问题尚未解决，尚须进一步的研究。

当前，粳、籼在我国的地理分布，概括地说，南方多种籼稻，北方多种粳稻，长江和黄河流域之间粳、籼兼有，为交叉地带。这是就平面分布而言，若论垂直分布，在南方海拔高的地方也种粳稻。在云南，籼稻一般分布在海拔 1 400 米以下，海拔1 800～2 700 米为粳稻分布地带。造成这种差异的主要原因是温度及受温度影响的生长期的长短。籼稻分布地区的年平均温度一般在 17℃以上，粳稻则在 16℃以下，温度越低，生长期也愈短。

中国稻作很早便向国外传播，大致从周代起便已北传朝鲜，南传菲律宾、印度尼西亚等地，日本考古学界近来较一致地认为日本绳文时期（距今 3 000 年前）的稻作，是由中国长江下游东传到日本的。

（二）中国古代稻作的分布和发展

我国稻作始于新石器时代，无论南北，均有当时稻谷的发现，但主要产区在南方。从文字记载上看，古代稻作的分布和发展，大致可分为三个阶段：

① 丁颖，1949 年，1957 年。

② 王象坤、孙传清主编：《中国栽培稻起源与演化研究专集》，中国农业大学出版社，1996 年。

③ 周拾禄，1948 年。

1. 自夏商至秦汉间是我国稻作发展的第一个阶段 当时不仅南方稻作更为普遍，而且两广地区开始从单季栽培发展为双季栽培。如东汉杨孚《异物志》所说：“交趾稻，夏冬又熟，农者一岁再种”。[①] 同时北方稻作也有明显的发展，如《史记·夏本纪》说：禹“令益予众庶稻，可种卑湿。”说明当时在北方的某些低湿地也曾推广种稻。《诗经》中的不少诗句，也反映了当时黄河流域也有不少地区种稻。《周礼》除了明确指出当时的扬州、荆州“其谷宜稻”外，还指出北方的豫州、冀州、青州、兖州、并州等地所宜的谷类作物中也包括稻在内。该书还指出“稻人掌稼下地”，反映当时已有专职管理水稻种植事宜的“稻人”。结合其他如《管子》、《左传》、《吕氏春秋》、《战国策》、《汉书》等的有关记载，说明当时北方地区的稻作已有一定程度的发展。

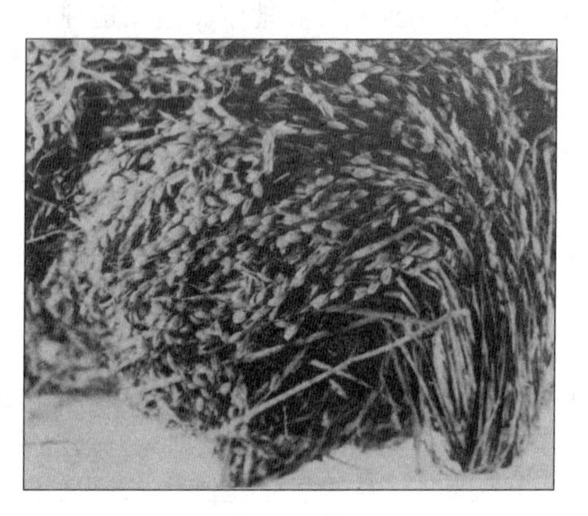

西汉古稻穗（图片来源：陈文华著：《农业考古》，文物出版社，2002年，第139页）

2. 三国至隋唐时期是我国古代稻作发展的第二个阶段 这一阶段不仅南方种稻有所发展，北方（包括东北和西北）种稻也

① 转引自《太平御览》卷八三九。

有所扩展。《旧唐书·玄宗本纪》记载了开元年间曾“遣中书令张九龄充河南开稻田使”①。说明当时的河南道（即今河北、山东黄河以南，江苏、安徽淮水以北地区）已大规模地辟地种稻。《新唐书·郭元振传》则记载凉州都督郭元振曾“遣甘州刺史李汉通辟屯田，尽水陆之利，稻收丰衍”②。同书《北狄传》则说靺鞨人在今东北境内建立的“渤海国”俗所贵者是“卢城之稻”。说明当时在今河北北部和辽宁西南部地区也有水稻种植（一说卢城在今新疆塔什库尔干塔吉克境内）。唐代《括地志》还说：“自昆仑山以南，多是平地而下湿，土肥良，多种稻，岁四熟，留役驰马，米粒亦极大。”③ 说明唐代我国西部地区种稻也有相当规模。当时南方的稻作方式也有所发展，如晋代《广志》记载当时岭南已有“正月种，五月获讫，其茎根复生，九月复熟”的再生稻。唐代《蛮书》记载云南曲靖州以南已有稻、麦二熟制出现。唐代《岭表录异》还谈到广东的“新、泷等州山田，拣荒平处，以锄锹开为町畦，伺春雨，丘中聚水，即先买鲩鱼子散于田内。一二年后，鱼儿长大，食草根并尽。既为熟田，又收鱼利，及种稻，且无稗草，乃齐民之上术也。”④ 这是当时广东罗定一带，开辟荒田时先养鱼，后种稻的一种巧妙方式。

3. 宋元至明清是我国古代稻作发展的第三阶段　这一阶段，不但河北、江北地区继续兴修水利，发展种稻，如《宋史·食货志》记载，宋太宗曾命何承矩为制量河北沿边屯田使，在今河北的雄州（今雄县）、莫州（今任丘）、霸州（今霸州）、平戎军、顺安军等地兴修堤堰600里，设置水门进行调节，引淀水种稻。又说宋太宗时“江北诸州亦令就水广种粳稻，并免其租”⑤，以

① 《旧唐书》卷八，本纪第八。
② 《新唐书》卷一二二，列传第四十七。
③ （唐）李泰：《括地志辑校》卷四，清孙星衍辑本。
④ （唐）刘恂：《岭表录异》卷上。
⑤ 《宋史》卷一七三，食货志一，农田。

免租的方法在江北推广种稻。而且在西北和东北地区也大力推广种稻。甚至新疆、西藏地区也推广种稻，如《听园西江杂述诗》所说新疆“南路之阿克苏、北路之马纳斯两处，兼有水田，利于种稻。”《西藏记闻》则说西藏不少地方“蓄水为汙，多种稻”。18世纪的《几暇格物篇》及《龙沙记略》等则记载了“口外种稻”之事，说明东北地区种稻也有所发展。在南方，则重在发展双季稻甚至三季稻，如《岭外代答》所说广西钦州种稻“无月不种，无月不收”（所谓“无月不种，无月不收”并非指在同一块田上进行）。虽然有些夸张，但也说明当时可能已有三季稻栽培。据《天工开物》、《江南催耕课稻篇》等文献记载，明清时期在长江、赣江、湘江等流域已有不少双季稻栽培，在两广地区南部还出现了一些三季稻栽培。《天工开物》所说：“今天下育人者，稻居什七”，① 说明稻谷生产已跃居粮食作物的首位②。

（三）中国稻作栽培技术的发展

我国古代稻作栽培技术积累了丰富的经验，具体说来下述几个方面均值得研究和总结。

1.“象耕鸟耘”和“火耕水耨” 汉代王充《论衡》曾两次引用“传”或“传书”中的话：“舜葬苍梧，象为之耕，禹葬会稽，鸟为之佃。”③ 唐代刘庚《稽瑞》引《墨子》也说：“舜葬苍梧之野，象为之耕”，“禹葬会稽，鸟为之耘。”这两句引文，不见今本《墨子》，可能是《墨子》的佚文。果尔，则说明墨子（公元前468—前376）时代已有“象耕鸟耘”的传说了。但一开始便说它们是舜、禹功德的“瑞应”。陆龟蒙《象耕鸟耘辩》反对“瑞应”之说，而认为是“耕”和“耘”的一种比拟。他说：

---

① 《天工开物》卷上，乃粒，明崇祯刻本。

② 陈祖椝主编：《中国农学遗产选集·甲类第一种·稻（上编）》，农业出版社，1963年。

③ 见该书“偶会篇”和“书虚篇”。

“吾观耕者行端而徐，起坺欲深，兽之形魁者无出于象，行必端，履必深，法其端深，故曰象耕。耘者去莠，举手务疾而畏晚，鸟之啄食，务疾而畏夺，法其疾畏，故曰鸟耘。”《王祯农书·农器图谱集之四》认为：“尝观农人在田，伛偻伸缩，以手耘其草泥，无异鸟足之爬抉，岂非鸟耘者耶?”又说：“耘爪，耘水田器也，即古所谓‘鸟耘’者。其器用竹管，随手指大小截之，长可逾寸，削去一边，状如爪甲，或好坚利者，以铁为之，穿于指上，乃用耘田，以代指甲，犹鸟之用爪也。”还有一些，如刘应棠《梭山农谱·耘谱》等对此也有议论，这里不再一一枚举。到底怎样理解才对？汉代王充曾作过很科学的回答。他严肃地批评了“象耕鸟耘”是“圣德所致”的“虚言”，正确指出：“实者，苍梧多象之地，会稽众鸟所居。《禹贡》曰：‘彭蠡既潴，阳鸟攸居。’天地之情，鸟兽之行也。象自蹈土，鸟自食草，土蹶草尽，若耕田状，壤靡泥易，人随种之，世俗则谓为舜、禹田。海陵麋田，若象耕状，何尝帝王葬海陵者耶?”[1] 这里说的“海陵麋田”是什么样的田？晋代张华作过描述：“海陵县扶江接海，多麋兽，千千为群，掘食草根，其处成泥，名曰麋畯，民人随此畯种稻，不耕而获，其收百倍。”[2] 关于“鸟耘”，王充还作了进一步的解释，认为：“雁鹄集于会稽，去避碣石之寒，来遭民田之毕，蹈履民田，啄食草粮。粮尽食索，春雨适作，避热北去，复之碣石。”[3] 雁鹄是候鸟，繁殖于东北，秋后避寒南下，飞向长江中下游和东南沿海地区越冬，次年春天又避热北返。王充所述完全符合客观实际。

事实上，所谓“象耕”，是古代农民利用象群活动时踩烂了的土地，进行播种的一种特殊的栽培方式。所谓“鸟耘”则是人

① 《论衡·书虚篇》。

② 《太平御览》卷八三九引《博物志》。

③ 《论衡·偶会篇》。

们对雁鹄等候鸟，一年一度来到“大越海滨”，扒掘田泥，啄食草虫等有益习性的利用。“象耕”有如海陵的“麋田”和海南的“牛踩田”，只是象和麋鹿是野生动物，牛是家养动物而已。类似“鸟耘”的事例还有不少，如明代霍韬记载珠江三角洲人们利用家鸭防治蟛蜞的事例。陈经纶总结的利用鸭群啄食稻田蝗蝻的经验以及珠三角沙田地区的鸭寮、鸭船等①。近代更发展为“稻鸭共作”，鸭子从稻田中取食，稻田靠鸭子除草、除虫、下粪。人们都说这是从日本引进的新技术，事实上我国早已有其雏形了。

“火耕水耨”是汉代文献对我国南方水稻栽培技术的一种概括。古今中外许多学者对此曾作过多种解释和猜测。这是因为《史记》、《汉书》、《盐铁论》等的记载过于简单，因而引起后人有不同的猜测。如东汉应劭在《汉书·武帝纪》注中说：“烧草下水种稻，草与稻并生，高七、八寸，因悉芟去，复下水灌之，草死，独稻长，所谓‘火耕水耨’。”这种解释引起了争论。有人赞成，有人反对。我认为其中“因悉芟去”，“草死稻独长”很难解释得通，将草和稻“悉芟去”后，为何会引起“草死稻独长”？大概是因为这一问题得不到解决，所以唐代的张守节没有采纳应劭的解释，他在《史记·货殖列传》“正义”中说：“言风②草下种，苗生大而草生小，以水灌之，则草死而苗无损也。”这一解释，似乎比较合理，因为如果浸过并已发芽的谷种播下去以后，会比草长得快，因而可以做到“苗生大而草生小”，这个时候灌水，可以淹死草芽，而对苗有益而无损，且也符合“地广人稀”劳动力缺乏情况下的粗放耕作的要求。

综合古人对“火耕水耨”的论述，大体上可以归纳为以下几个要点：

---

① （明）陈经纶：《治蝗笔记》、（清）陆世仪：《除蝗记》等均记有家鸭治蝗事例。

② 按：《玉篇》：“飚，非风切，音风，焚也。”风，当为飚。

（1）“地广人稀”和水资源丰富是实行这一栽培方式的重要原因和条件。

（2）它的主要特点是：以火烧草，不用牛耕；直播栽培不用插秧；以水淹草，不用中耕。

（3）这种方式虽较粗放，单位面积产量也不高，但由于巧妙地利用了“水”和“火”的力量，所以劳动生产率是不低的，在“地广人稀”和水资源丰富的条件下，他具有较强的生命力①。

2. 轮作和套种　稻田轮种其他作物，可能在汉代已经开始，有人认为汉代张衡《南都赋》中提到的“冬稌夏穱”就是稻麦轮作②。因为“穱”，刘良注：“穱，麦也。”《正字通·禾部》也说：“穱，麦别名。或云：穱，麦之先熟者。”《广韵·觉韵》更说：“穱，稻处种麦。”则明说是稻麦套种或稻麦轮作了。唐代樊绰《蛮书》卷七则明确指出云南“曲靖州已南，滇池以西”地区，“于稻田种大麦”，“收大麦后还种粳稻”。到了宋代，据《宋史》和《宋会要辑稿》等文献记载，宋太宗时曾在江南地区大力推广种麦，推进了江南地区稻麦两熟制的发展。南宋时因大量人口的南迁，政府更以稻田种麦不收租的政策鼓励种麦，促使稻麦轮作更加普遍。当时不仅有稻麦轮作，而且还有稻豆、稻蔬轮作，据《陈旉农书》记载：收稻后“随即耕治晒曝，加粪壅培，而种豆、麦、蔬茹，因以熟土壤肥沃之，以省来岁功役，且其收又足以助岁计也。”③ 说明轮种不仅不会损地力，而且还会使稻田更肥沃。明清时期，有关轮作和套种的记载更多，如《农政全书》记载的上海等地出现的稻棉轮作。《齐民四术》、《三农纪》等记载的稻田套种泥黄豆等。更值得一提的是这一时期相继出现

① 详见拙著：《“火耕水耨”辨析》，《中国农史》1987年第2期，日本六兴社《中国の稲作起源》1989年转载。

② 《文选·南都赋》：“冬余夏穱，随时代熟”，刘良注。

③ 《陈旉农书》卷上，耕耨之宜篇。

了三熟轮作制，如稻后种豆，豆后种麦；或双季稻后种麦、豆或蔬菜；双季稻后种甘薯或萝卜；双季甘薯后种稻等，其中有些形式还从两广、福建逐步向长江流域推进。

3. 育秧技术　育秧移栽技术，最早见载于汉代的《四民月令》五月条："是月也可别稻及蓝"，"别稻"即移栽。广东佛山澜石出土的东汉陶水田模型，也有移栽插秧的反映。到了宋代，《陈旉农书》提出了培育壮秧的方法："欲根苗壮好，在夫种之以时，择地得宜，用粪得理，三者皆得，又从而勤勤顾省修治，俾无干旱、水潦、虫兽之害，则尽善矣。"① 育苗移栽技术元代在江南已经推广，《王祯农书》言："又有作为畦埂，耕耙既熟，放水匀停，掷种于内。候苗生五六寸，拔而秧之。今江南皆用此法。"② 到了明代《沈氏农书·运田地法》又提出了疏播壮秧的方法，指出"今人密布种"的原因是"恐草从间生"，如果能"尽刮面泥，草种已绝，不妨少疏，余其粗壮"。还主张用轻烤秧田的方法使秧苗老健："欲其粗壮，若秧色太嫩，不妨阁干，使其苍老。"这些至今仍是行之有效的方法。

4. 施肥技术　广义的施肥，包括人类无意识地给土壤添加有机和无机物质，这种施肥起源很早，可以理解为与农业起源同时进行，如"刀耕火种"烧下来的草木灰和清除杂草经过腐烂而肥田，正如《诗经·周颂·良耜》所说的"荼蓼朽止，黍稷茂止"等。

古人称施肥为"粪"、为"壅"，《吕氏春秋·季夏纪》说："是月也……烧薙行水，利以杀草，如以热汤，可以粪田畴，可以美土疆"，《礼记·月令》对"粪田畴"的解释是："粪，壅苗之根也。"③

关于施肥的理论，早在春秋战国时期已经提及，如有《荀子·富国篇》说："多粪肥田，是农夫众庶之事也。"但由于北方

① 《陈旉农书》卷上，善其根苗篇。

② 《王祯农书》，百谷谱集之一，谷属，水稻。

③ 《广雅·释诂四》："粪，饶也。"王念孙疏证："粪之言肥饶也。"

种稻较少，所以连《氾胜之书》、《齐民要术》这些重要的农书也没有提及水稻的施肥方法。而在南方，也直到宋代经济中心南移之后，有关水稻施肥方法和理论的记载，才陆续出现于各类文献之中。其中最著名的是南宋《陈旉农书》（1149）中提出的“地力常新壮”的论点：“或谓土敝则草不长，气衰则生物不遂，凡田土种三五年，其力已乏。斯语殆不然也，是未深思也，若能时加新沃之土壤，以粪治之，则益精熟肥美，其力常新壮矣，抑何敝何衰之有?”① 元代《王祯农书》也说：“田有良薄，土有肥墝，耕农之事，粪壤为急。粪壤者，所以变薄田为良田，化墝土为肥土也。”②

宋代农民提出了“用粪如用药”的比喻，明清时期有些农学家，如徐光启在天津时曾在前人研究的基础上设计了一种稻用的“粪丹”，试图把大粪、黑豆、麻糁、鸽粪、动物尸体、内脏、毛血以及黑矾、砒信和硫磺等，按一定比例混合，放置缸内密封腐熟后，晒干、敲碎，以供应用。试图同中医用“丹药”治病救人一样培肥作物③。这是古人炼制浓缩混合肥料的尝试。

明清时期还发展了看苗色施肥的理论，这一理论，南宋罗愿在《尔雅翼》中已经提出：“粪，视稼色而接之。”但语焉不详。直到明万历二十九年（1601）刻印的《乌青志》才记载了当地（浙江桐乡）农民看单季晚稻的苗色施追肥的经验。明末《沈氏农书》更在《乌青志》的基础上有所发展，认为：“垫底尤为紧要，垫底多，则虽遇大水而苗肯参长浮面，不致淹没，遇旱年虽种迟，易于发作。”至于下接力，则“须在处暑后苗做胎时，在苗色正黄之时。如苗色不黄，断不可下接力。到底不黄，到底不可下也。”但是“若苗茂密，度其力短，俟抽穗之后，每亩下饼三斗，自足接其力，切不可未黄先下，致好苗而无好稻。”并认为：“田上生

---

① 《陈旉农书》卷上，粪田之宜篇第七。

② 《王祯农书》农桑通诀集之三，粪壤篇第八。

③ 《徐光启全集》第五卷，农书草稿，粪丹。

活，百凡容易，只有接力一壅，须相其时候，察其颜色，为农家最紧要机关。”① 强调追肥要看苗色黄与不黄，来决定是否施用。

清代杨屾《知本提纲》提出了用粪的“三宜”（时宜、土宜、物宜）原则，认为：“时宜者，寒热不同，各应其候。春宜人粪，牲畜粪；夏宜草粪、苗粪；秋宜火粪；冬宜骨蛤、皮毛粪之类是也。”“土宜者，气脉不一，美恶不同，随土用粪，如因病下药。即如阴湿之地宜用火粪；黄壤宜用渣粪；沙土宜用草粪、泥粪；水田宜用皮毛蹄角及骨蛤粪；高燥之处宜用猪粪之类是也。”“物宜者，物性不齐，当随其情。即如稻田宜用骨蛤蹄角粪、毛皮粪；麦粟宜用黑豆粪、苗粪；菜瓜宜用人粪、油渣之类是也。”②

5. 灌溉和烤田 灌溉与水稻栽培分不开，早期的稻作利用天然河流进行灌溉，正如《诗经·小雅·白华》所说：“滮池北流，浸彼稻田。”到秦汉时期则有郑国渠、白渠、芍陂、都江堰等许多较大型的水利工程问世。后来更有翻车、筒车、戽斗、桔槔等“挈而上之”的工具用于灌溉。

关于灌溉技术，早在西汉《氾胜之书》中已有记载：“始种稻欲温，温者缺其塍，令水道相直；夏至后大热，令水道错。”即用控制稻田水道的“直”与“错”来调节稻田的水温，以利于水稻的生长。这一方法一直影响到后世，也影响到南方。如徐光启《农政全书》卷七农事说：“为山田者，宜委屈导水，使先经日色，然后入田，则苗不坏。”清代《潘丰豫庄本书》则说：“三伏③天太阳逼热，田水朝踏夜干。若下半日踏水，先要放些进来，收了田里的热气，连忙放去，再踏些水进来，养在田里，这法则最好，不生虫病。”

---

① 《沈氏农书》运田地法。

② （清）杨屾：《知本提纲》农则耕稼一条。

③ 三伏，即初、中、末伏。农历夏至后第三个庚日起为初伏，第四个庚日起为中伏，立秋后第一个庚日为末伏。

此外，还有利用温泉灌溉稻田，可以达到一年二收甚至三收的记载。这方面的记载，最早见于《荆州记》(439)，此书早已佚逸，但多见他书转引，《太平御览》的引文说："桂阳郡西北接耒阳县，有温泉，其下流百里，恒资以溉灌。常十二月一日种，至明年三月新谷便登。重种，一年三熟。"① 说明早在南北朝以前，我国南方已有一年三熟制的水稻栽培了。

和灌溉相关的另一个重要课题便是晒田。又称烤田或靠田。最早记载烤田的是《齐民要术》水稻篇："稻苗渐长，复须薅。薅讫，决去水，曝根令坚。"② 最早记载靠田的文献是宋代高斯得《耻堂存稿》卷五中的"宁国府劝农文"，其文曰："浙人治田，……大暑之时，决去其水，使日曝之，固其根，名曰靠田。根既固矣，复车水入田，名曰还水，其劳如此。"明代的《便民图纂》称之为"稿稻：'近秋放水，将田泥涂光，谓之稿稻。待土迸裂，车水浸之，谓之还水。'"③《沈氏农书·运田地法》还指出："立秋边或荡干或耘干，必要田干裂缝方好。古人云：'六月不干田，无米莫怨天'，惟此一干，则根脉深远，苗秆苍老，结秀成实，水旱不能为患矣"，但"干在立秋前，便多干几日不妨；干在立秋后，才裂缝便要车水，盖处暑正做胎，此时不可缺水。"对何时可多干几天，何时应及早还水，作了恰切的论述。此外，明代《菽园杂记》还指出冷水田要重烤："新昌、嵊县有冷田，不宜早禾，夏至前后始插秧，秧已成科，更不用水，任烈日暴土拆裂不恤也。"④ 冷水田重烤，可促进稻苗发育，这是对农民实践经验的总结。

6. 品种资源的利用　中国是水稻品种资源最丰富的国家，

---

①《太平御览》卷八三七，百谷部一，谷。

②《齐民要术》卷第二，水稻十一。

③《便民图纂》卷第三，耘稻。

④（明）陆容：《菽园杂记》卷一二。

辽阔的种植面积，多样的地形和气候，以及悠久的栽培历史，通过自然和人工的选择和培育，积累了丰富的品种。早在《管子·地员篇》中即记载了10个（一说8个或9个）水稻品种的名称及其适应的土壤条件。以后历代都有农书或诗文记述的水稻品种，到宋代已有籼、粳、糯和早、中、晚水稻品种的划分。北宋《禾谱》记载了江西水稻品种46个，明代《稻品》记载了太湖地区水稻品种35个，清代《古今图书集成》收载了16个省的水稻品种3 400多个。我国现在保存的水稻品种资源约有3万多份，是人们长期选择栽培的成果。从栽培上说，有适于深水栽培的不怕水淹的品种，有茎秆强硬不会倒伏的品种，有适于盐碱地种植的品种，有适于山地种植且多芒不怕野猪的品种，还有旱稻品种等。从食用上说，则有适于酿酒的糯稻品种，有特殊香味的香稻品种，有特殊营养价值的紫糯和黑糯，还有特别宜于煮粥的品种等。自从用现代遗传育种手段培育各种高产品种以来，原有的地方农家品种迅速遭到淘汰，遗传种质资源库的建立，为种质资源的收集和保护起到很好的作用。但是这些资源的特性和作用，只有通过查阅和整理历史文献的记载才会有更深入的认识和了解，这对于今后的育种工作具有重要的意义。

第二节　麦类作物栽培史

一、小麦栽培史

（一）起源与分布

小麦（*Triticum aestivum* L.）是我国古代重要的粮食作物之一，栽培历史已有4 000年以上。

小麦起源于外高加索及其邻近地区，4 000多年前已传入我国。新疆孔雀河流域新石器时代遗址出土了距今4 000年的炭化小麦，甘肃民乐县六坝乡西灰山遗址出土的炭化小麦，距今也近4 000年。云南剑川海门口和安徽亳县也发现了3 000多年的炭化小麦，说明殷周时期，小麦栽培已传播到云南和淮北平原。《诗经·周颂·思文》：“贻我来牟，帝命率育。”“来”是小麦，“牟”是大麦。《说文》解释：“来，周所受瑞麦来麰也，……天所来也，故为行来之来。”似乎也可说明大麦和小麦并非黄河流域的原产，而是外地传入的作物。西亚是国际上公认的小麦原产地，小麦很可能是通过新疆、河湟这一途径传进中原地区①。

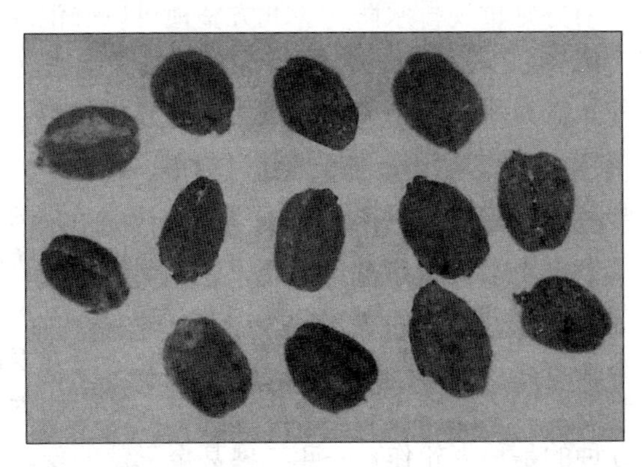

新石器时代小麦（图片来源：陈文华著：《农业考古》，文物出版社，2002 年，第 51 页）

从考古发掘和《诗经》所反映的情况看，2 600 年以前，小麦栽培主要分布于黄淮流域。春秋战国时期已扩展到内蒙古南部（《周礼·职方氏》）和吴越地区（《越绝书》）。汉代推广了战国时发明的石转磨，使小麦可以加工成面粉，改进了小麦的食用方法，从而大大促进了小麦栽培的发展。到晋代，江浙一带已有较大规模的小麦栽培。其后，中原地区因遭战乱，人民大量南迁，更促进了江南地区小麦生产的扩展。宋代，连岭南地区也推广种麦。到明代，小麦栽培已遍及全国，在粮食生产中仅次于水稻而

① 但颜济教授认为，新疆是小麦原产地之一，见《农业考古》1983 年第 1 期 16 页注⒅。

跃居第二位。但其主要生产地仍在北方，正如《天工开物》所说：在北方的“燕、秦、晋、豫、齐、鲁诸道，烝民粒食，小麦居半”，而在南方种麦者仅有“二十分而一。”①

（二）栽培技术

小麦栽培技术，主要有如下几个方面：

1. 整地 麦田整地，分为南方和北方两大体系，北方重视防旱保墒，南方则重视排水防涝。北方整地可以《氾胜之书》所记为代表：“凡麦田，常以五月耕，六月再耕，七月勿耕，谨摩平以待时种。五月耕，一当三；六月耕，一当再；若七月耕，五不当一。”非常强调要早耕，因为早耕有利蓄墒保墒和增进地力，若迟耕，则耕后无雨可蓄，地常干旱。清丁宜曾《农圃便览》也说：立秋“塌地务早，以烂夏草，看白背，即耙平，防秋旱。若雨过，再犁转，候种麦。犁转之地，务必耙细，万不可透风。”强调浅耕灭茬宜早，耕后必须细耙，才能保墒。南方麦地的耕作与北方的要求有所不同，比较侧重防水排涝。同时北方种的是单季麦，南方种的是稻麦轮作，一年二熟甚至三熟的麦。正如《王祯农书》所说：“高田早熟，八月燥耕而熯之，以种二麦。其法：起坺为疄，两疄之间，自成一甽。一段耕毕，以锄横截其疄，泄利其水，谓之‘腰沟’。”②《农政全书》指出：“南方种大小麦，最忌水湿”，强调要“作垄如龟背。”③《便民图纂》也说：“早稻收割毕，将田锄成行垄，令四畔沟洫通水。”④

2. 轮作和间作套种 ①轮作：北方汉代已出现小麦和粟或豆的轮作方式；宋代则在长江流域普遍实行稻麦轮作；明清时期北方不少地方实行小麦、豆类和粟或其他秋杂粮的两年三熟制，

① 《天工开物》卷上，乃粒，麦，明崇祯刻本。

② 《王祯农书》农桑通诀集之二，垦耕篇第四。

③ 《农政全书》卷二六，树艺，谷部下，麦。

④ 《便民图纂》卷第三，石声汉、康成懿校注本作种大麦。

在山东和陕西的一些地方出现了稻麦两熟制。在南方的浙江、湖南和江西的一些地方则产生了小麦、稻和豆的一年三熟制。②间作套种：明代《农政全书》和《补农书》等记载了小麦田内间作蚕豆或套种大豆。《农政全书》还记载了在杉苗行间冬种小麦。《橡茧图说》则记载了在橡树行间冬种小麦的经验。即出现了粮林间作制。

3. 播种和移栽　古代非常强调小麦要适时播种。《吕氏春秋·审时》便已指出小麦播种及时和失时的利弊。《氾胜之书》说："种麦得时无不善，夏至后七十日，可种宿麦。早种则虫而有节，晚种则穗小而少实。"《四民月令》认为播种迟早要根据土壤肥力的不同而有所选择，主张"凡种大、小麦，得白露节，可种薄田，秋分，种中田，后十日，种美田"[①]。《齐民要术》则指出："良田宜种晚，薄田宜种早。"[②] 如因客观原因不能适时播种时，则应采取补救办法。如明代《沈氏农书·运田地法》提出，如因田太湿不能适时播种，"时候已迟，先浸种发芽，以候棱干"再种。在育苗移栽方面，明末《沈氏农书》记载的经验是："八月初先下麦种，候冬垦田移种，每棵十五六根"，加以追肥和管理，可使"杆壮麦粗，倍获厚收。"清初《补农书》也指出："中秋前，下麦子于高地，获稻毕，移秧于田，使备秋气。虽遇霖雨妨场功，过小雪以种无伤也。"这些措施的目的主要是为了要解决收晚稻后再种麦，季节较迟的矛盾。

4. 施肥灌溉　在施肥方面，古人首先强调要多施基肥。《陈旉农书》主张整地时要"屡加粪锄转"[③]。元代《农桑衣食撮要》及明代《群芳谱》等农书主张麦田内应先种绿肥，耕翻后再种麦，易茂。种肥多用灰粪，《农桑衣食撮要》说："古人云：'无

① 《四民月令》八月。

② 《齐民要术》卷第一，种谷第三。

③ 《陈旉农书》卷上，六种之宜篇第五。

灰不种麦’。”① 《补农书》提出了用豆饼时的注意事项，认为：“吾乡有壅豆饼屑者，更有力。……法与麦子同撮。但麦子须浸芽出者为妙，若干麦则豆速腐，而并腐麦子。”这些都是从实践中总结出来的宝贵经验。此外，古人还很重视因时、因地施肥。如《农政全书》卷二十六指出“腊月宜用灰粪盖之”，《齐民四术》则认为：“小麦粪于冬，大麦粪于春社②，故有‘大麦粪芒，小麦粪桩’之谚。”《王祯农书》则指出：“江南水多地冷，故用火粪（烧制的土杂肥），种麦种蔬尤佳。”③

古代还极重视小麦的灌溉，《氾胜之书》曾提出保雪抗旱的方法：“冬雨雪止，以物辄藺麦上，掩其雪，勿令从风飞去，后雪，复如此，则麦耐旱多实。”这是缺水地区的抗旱方式。《农政全书》卷二十六指出“秋冬宜灌水，令保泽可也。”清代张宗法《三农纪》卷七麦·耘麦提出“苗将苞时，以水溉更佳”。提出在小麦孕穗时灌溉能增产。

5. 中耕和理沟 锄麦，不分南北，是古代麦田管理的要点。《氾胜之书》提出秋季锄麦后壅根，早春解冻，待麦返青后再锄，到榆树结荚时，雨后，候土背干燥又锄，这样做便能“收必倍”。《天工开物·乃粒》说：“麦苗生后，耨不厌勤，有三过、四过者，……功勤易耨，南与北同也。”理沟则是南方麦田管理的重要措施。《农政全书》卷二十六指出：“冬月宜清理麦沟，令深直泻水，即春雨易泄，不浸麦根。……锹土匀布畦上，沟泥既肥，麦根益深矣。”清代《补农书》认为：“垦沟锹沟便于早，早则脱水而坽燥，力暇而沟深，沟益深则土益厚。早则经霜雪而土疏，麦根深而胜壅。根益深而苗肥，收成必倍。坽燥土疏沟深，又为将来种稻之利。”并说：“俗谓冬至垦为金沟，大寒前垦为银沟，

---

① 《农桑衣食撮要》八月，种大麦小麦。

② 春社，古人有在春耕前祭祀土神，以求丰年的习俗，谓之春社。

③ 《王祯农书》农桑通诀集之三，粪壤篇第八。

立春后垦为水沟。”说明垦沟宜早不宜迟。

6. 收获贮藏　古人一致认为小麦要及时收获而不能延迟。元《农桑辑要》引《韩氏直说》认为：“五六月麦熟，带青收一半，合熟收一半。若过熟，则抛费。……古语云：‘收麦如救火’，若少迟慢，一值阴雨，即为灾伤。”① 在贮藏方面，古人如《氾胜之书》、《齐民要术》等大都主张要晒极干，要热进仓，并以干艾、苍耳、蚕沙之类一同进仓，则可以辟蠹免虫。《广群芳谱》引《太平御览》说：“伏天晒极干，乘热覆以石灰，则不生虫。又以蚕沙和之辟蠹苍耳或艾，曝干剉碎同收，亦不蛀。若稍湿，必生虫。”②

二、大麦栽培史

（一）起源

大麦（*Hordeum vulgare* L.）的起源地，以往国际上误以为西亚。但近年来中国科学工作者在青藏高原发现野生二棱大麦、野生六棱大麦和中间型野生大麦，并通过实验，证明野生二棱大麦是栽培大麦的野生祖先。因此，中国西南地区应该是大麦的起源地之一。《旧唐书·吐蕃传》记载古代藏族“其四时以麦熟为岁首”。也说

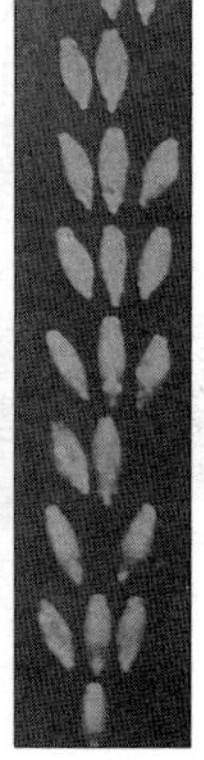

商周大麦穗、粒（图片来源：陈文华编著：《中国农业考古图录》，江西科学技术出版社，1994年，第48页）

① 《农桑辑要》卷二，大小麦。

② 《广群芳谱》卷七，谷谱一。

明大麦很可能是藏族先民最早种植的作物之一。1985—1986 年在甘肃民乐县六坝乡灰山新石器时代遗址发现的炭化大麦籽粒，与现代西北地区栽培的青稞大麦形状十分相似，其年代距今已有 5 000 年左右。这是迄今我国境内发现的最早大麦遗存。《诗经·周颂·思文》中说的“贻我来牟”，则说明中原地区的大、小麦，都是从西边少数民族地区引进的。

（二）栽培制度和用途

大麦的栽培技术与小麦基本相同，这里不再重复。由于大麦生育期短，如《齐民要术》所说，大麦生育期为 250 天，小麦为 270 天。因而大麦较小麦更有利于调节茬口矛盾，所以在南方的稻麦两熟制中占有一定的比重。明清之际，在岭南地区更常常成为稻—稻—麦三熟制中的冬作谷物。

大麦的用途，除作食用外，还可作饲料和药用。《三农纪》卷七大麦说它“喂牛马甚良”。《吴氏本草》、《唐本草》等医药文献则说它具有治消渴、除热益气、消食疗胀、使头发不白、令人肥健等功效。

三、燕麦栽培史

燕麦是禾本科燕麦族燕麦属的一年生草本植物，是重要的饲草、饲料和粮食作物。燕麦有皮燕麦和裸燕麦之分，国外主要栽培皮燕麦，在中国则以裸燕麦为主，皮燕麦为次。燕麦有油麦、玉麦、铃铛麦、苜麦、莜麦、雀麦等别名。

燕麦分布在世界五大洲 42 个国家，其中分布较多的国家有俄罗斯、波兰、乌克兰、芬兰、美国、加拿大、澳大利亚和中国等。中国种植燕麦较多的省份是内蒙古、云南、甘肃，其次是四川、河南、陕西、山西、广西、重庆、河北、湖南、江西、湖北和浙江等地。

中国是燕麦的原产地之一，中国很多地方都有野生燕麦分布，长城内外和青藏高原尤其普遍。古乐府中的“道边燕麦，何尝可获”①，即指野生燕麦而言。茹考夫斯基（1967）在《育种的世界基因资源》中指出：“裸粒燕麦类型是地理的特有型，是在中国和蒙古国的接壤地带由突变产生，这个发源地可以认为是裸燕麦的初生基因中心。”中国燕麦已有悠久的栽培历史，有人认为东汉张衡的《南都赋》所说的“冬稌夏穱”的“穱”，即是燕麦。晋代张华《博物志》有食鷰麦“令人骨节断解”的误解②。明代杨慎《丹铅总录》记载：“燕麦，滇南沾益一路有之。土人以为朝夕常食。”《植物名实图考》引《丽江府志》也说：“燕麦粉为干餱，水调充服，为土人终岁之需。”③ 康熙十四年（1675）山西《和顺县志》说燕麦已“当五谷之半”。《宁武县志》更说“种者十八九”。说明明清时期燕麦已有较大面积的栽培，而且裸燕麦已成为主产区人们的主要粮食。

燕麦在我国北方，多于立夏前后用点种方法下种，不加耕锄，至白露前后，即可收获。也有播种失时者，俗谓之青莜麦，专供饲牲畜之用。在南方则为秋播，利用凉爽气候生长发育，在夏季高温天气来临之前收获。

燕麦作为粮食有多种食法，可以作面蒸食，亦可作饼、煮粥。茎秆可作饲料、燃料，还可编织草帽。清代顾景星《野菜赞》云：燕麦“有小米可作粥”，《植物名实图考》云：“其稭细长，织帽极佳，故北地业草帽者种之。”

第三节　黍粟栽培史

这里有个问题，需要交待一下，即古籍中的稷，到底指的是黍还是粟的问题。因为从《诗经》始，常常“黍稷”连用，如

---

① 《太平御览》卷九九四。

② （晋）张华撰，范宁校正：《博物志校正》卷四，食忌，中华书局，1980年。

③ 《植物名实图考》卷二，谷属，燕麦。

“黍稷重穋，稙稺菽麦”、“彼黍离离，彼稷之苗”等。南北朝以前，人们多认为稷是粟，南朝陶弘景最早怀疑稷非粟，到了唐代苏恭便正式提出“稷即穄（黍）也”，并引用陶弘景的话来证明自己的观点。自此以后稷到底是粟还是黍的问题便成为学者争论不休的问题。争论的具体问题我们这里无法展开，但几个有趣的问题可以提出来让大家参考：其一是以稷穄（黍）为一物的人，都是本草专家和植物专家，如陶弘景、苏恭、李时珍、王象晋等和一些训诂家。而认为稷粟为同物的人，则多为农学家，如贾思勰、畅师文、鲁明善、徐光启等和一些名望较小的考证专家。为什么？其二是《礼记·月令》称稷为“首种”，《淮南子·时则训》称稷为“首稼”，郑玄注《月令》说“首种谓稷”。“首种”、“首稼”，是最重要的庄稼，还是指最先种的庄稼？如果是最重要的庄稼，那应该是指粟了。其三，历来的“五谷”，较普遍的有两种说法：一说“五谷”是稻、黍、稷、麦、菽，一说是麻、黍、稷、麦、菽[①]。其中有稻和麻的不同，如果说稷是黍的话，不但黍黍重复，而且“五谷”也变成“四谷”了。同时粟是古代

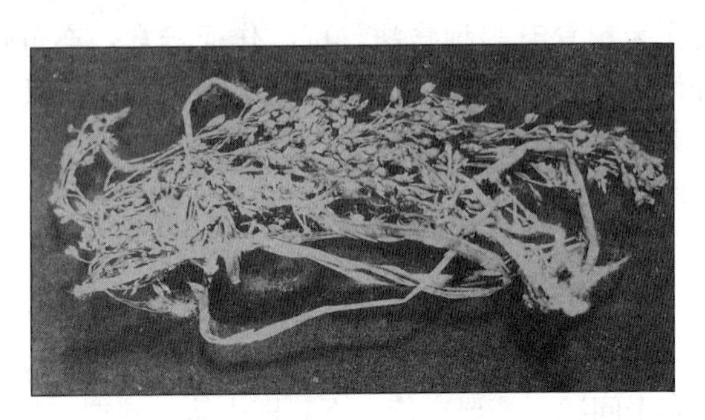

晋—唐代糜（稷）穗（图片来源：陈文华编著：《中国农业考古图录》，江西科学技术出版社，1994年，第43页）

① 还有一种认为“五谷”是稻、秫（稷）、麦、豆、麻，也涉及到稷是黍还是粟的问题。

黄河流域最重要的作物，为何“五谷”之中没有粟？综上所述，稷是粟的别称较为可信，所以本节名为“黍粟栽培史”，分别叙述黍和粟的栽培历史。

一、黍栽培史

黍（*Panicum miliaceum* L.）原产我国北方，是我国古代黄河流域重要的粮食作物之一，栽培历史在 7 000 年以上。从考古发掘的情况看，从西北的新疆、甘肃到陕西、河北、山东及东北的黑龙江、辽宁等地的新石器时代遗址中都有黍的遗存发现。最早的是甘肃秦安大地湾和山西万荣荆村遗址出土的黍，距今已有六七千年。先秦古籍，常“莨莠”并称，如《诗·小雅·大田》：“既坚既好，禾莨不莠”，莨指黍的野生种（莨，又称野糜子），莠指粟的野生种（莠又名狗尾草）。黍的野生种野黍分布很广，从东北、内蒙到甘肃、新疆都有。说明中国是黍的起源中心之一，这是肯定的。并曾向朝鲜、日本等地传播。瓦维洛夫等植物学家认为黍稷起源于远东，在亚洲和欧洲很早就被栽培①。但是黍的分布非常广泛，除欧亚大陆外，非洲、美洲也有分布，说明它的起源可能是多中心的。

黍又有黄米、糜子、夏小米等别称。其品种有糯和非糯之别，糯质黍多用以酿酒，所以《诗经》中常把“多黍多稌（糯稻）”和“为酒为醴”连用。非糯质的黍称为“穄”，以食用为主。

在农业早期阶段，耕作技术和施肥水平较低，黍具有生育期短、耐瘠、耐旱，与杂草竞争力强的特点，所以特别受到人们的重视。孟子（公元前 372—前 289）就曾提到北方的“貉（古代北方少数民族族名），因地处高寒，不生五谷，黍早熟，故独生

---

① 勃基尔（I. H. Burkill）著，胡先骕译：《人的习惯与旧世界栽培植物的起源》，科学出版社，1954 年，19 页。

之。”春秋战国以后，随着铁农具和牛耕等先进技术的推广和施肥量的增加，而麦子因为产量高、食味和利用方式多样而获得较快的发展，黍的位置便逐渐为麦子所取代。《诗经》时代常常“粟黍”并称，到汉代则改称“粟麦”了。到《齐民要术》时，叙述黍穄的文字已很简略，而叙述大小麦的栽培技术则详尽得多。黍和粟（禾）的分布地区基本相同，生长习性、栽培要求也相似，所以古农书中往往讲禾的栽培技术很详细，讲到黍时则往往只是顺便提一下“皆如禾法”了事。所不同的，只是在种植安排上，往往强调要以黍为先锋作物。如《齐民要术》所说：“凡黍穄田，新开荒为上”，“耕荒毕，……漫掷黍穄，……明年，乃中为谷田。”[①] 由于黍对杂草有很强的竞争力，所以尽管其地位下降，种植面积缩小，但宋元明清的农书或地方志仍有种黍的记载。认为其“宜旱田”，“北方地寒，种之有补”，“早熟，荒年后人多种之”。往往把它作为抗旱作物、救荒作物而予以栽培。

二、粟栽培史

粟［*Setaria italica*（L.）Beauv.］又称谷或谷子，还有人认为古代所称的稷也是粟的别称。是我国北方最早驯化栽培的粮食作物之一。栽培历史已有 7 000 多年。

（一）起源和分布

中国栽培的粟起源于中国华北地区，这是世所公认的事实。粟的野生种“莠”（即狗尾草），在中国几乎到处都有。《诗经·小雅·大田》中已有“不葧不莠”之句，《孟子》中也有“恶莠，恐其乱苗也”的记载。

新石器时代遗址的考古发掘中，截至 1985 年为止，发现有炭化粟遗存的约在 25 处以上。西起甘肃、青海，东至山东、台湾，北至辽宁，西南至西藏、云南均有分布。主要集中在黄河流

① 《齐民要术》卷第一，耕田第一。

域的陕西、山西、河南、河北、山东等省。其中最早的是河北武安磁山遗址和河北新郑裴李岗遗址，距今已有 7 000 多年。除发掘有完整的谷粒外，还伴有石铲、石镰、石碾盘等生产和加工工具，说明当时的谷子栽培已有相当一段历史。

从文字上说，甲骨文中的“禾”字，是粟植株的形象描述。“苗”字是田中禾的幼苗形象描述，由此亦可见粟在当时地位之重要。

先秦时期常常“禾黍”连称，但黍的地位远不如粟，大小麦发展起来以后，很快便取代了黍的位置，汉代便以“粟麦”或“禾麦”。连称，取代以往的“禾黍”。但粟仍占居首位。中唐以后，南方的水稻迅速发展，稻米的生产开始超过了粟。但粟仍是黄河流域的主粮，故有“南稻北粟”之说。

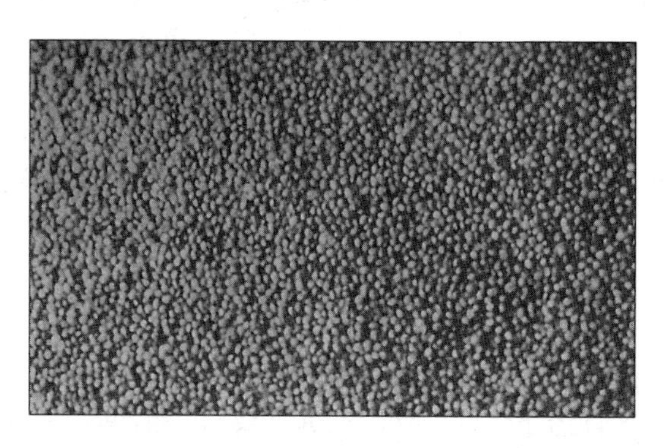

西汉粟粒（图片来源：陈文华编著：《中国农业考古图录》，江西科学技术出版社，1994 年，第 34 页）

据近人研究，认为近 10 年间世界上 90％以上的谷子栽培面积在中国。南亚的印度、巴基斯坦，东亚的朝鲜半岛、蒙古和东欧的乌克兰等地区也有稳定的栽培面积，但产量较低。他如北美、南美、澳大利亚和北非一些国家也有栽培。但主要作为干饲料或青贮饲料栽培。

关于粟的起源，也有一些学者提出中国、欧洲独立起源说。

唐代粟穗（图片来源：陈文华编著：《中国农业考古图录》，江西科学技术出版社，1994 年，第 35 页）

认为中国的大粟与欧洲的小粟显然不同。而且谷子同为欧亚大陆的古老作物，青狗尾草也遍布欧亚大陆。奥地利和瑞士湖栖民族遗址，也发现有 7 000 年前的粟和黍的遗存。但由于样品数量的限制，这一问题尚待进一步研究。

（二）品种资源

《诗经・大雅・生民》已有“诞降嘉种”的概念，嘉种就是良种。西晋《广志》记有粟的品种 12 个①，北魏《齐民要术》记载粟的品种有 86 个，包括早熟、晚熟、有芒、无芒、耐旱、耐水、耐风、抗虫、避雀以及容易脱粒和品种较好（味美）和较差（味恶）等性状，反映了当时我国粟品种资源的丰富。到 2002 年底，已编入中国谷子种质资源目录的品种有 27 500 多份。

（三）栽培技术

1. 轮作　粟忌连作，需要轮作。《吕氏春秋》说：“今兹美禾，来兹美麦”，说明早在公元 3 世纪以前已实行禾麦轮作。《氾

① 《齐民要术》引。

胜之书》说："区种麦，……禾收，区种"，讲的也是禾麦轮作。《周礼·稻人》郑玄注："今谓禾下麦为夷下麦，言芟夷其禾，于下种麦也。"又注《薙氏》说："今俗间谓禾下麦为夷下，言芟夷其麦，以种禾豆也。"说明我国北方在汉代已采用麦—粟（或豆）轮作。《齐民要术》说"谷田必须岁易"，因为连作会导致"飙[①]子，则莠多而收薄矣"。又说："凡谷田，绿豆、小豆底为上，麻、黍、胡麻次之，芜菁、大豆为下"。[②] 认定绿豆和小豆是谷子最佳的前作。清代《马首农言》引农谚说："不怕重种谷，只怕谷重种。"[③] 意思是说一块地上去年种过谷子，今年重种不要紧，最怕早季种了晚季又种。连作重种会大大降低产量。

2. 耕作施肥 粟对土壤的要求不高，但对整地的要求却较高。《庄子·长吾封人》说："深其耕而熟耰之，其禾繁以滋，予终年厌飧[④]。"说明早在公元前 4 世纪，人们已经总结出种粟之地要进行深耕细锄。明代《群芳谱》说："种谷：地欲肥，耕欲细、欲深，秋耕更佳。"[⑤] 农谚中也有"你有米粮仓，我有秋耕地"之说，说明秋耕具有重要意义。在施肥方面，汉代《氾胜之书》中提到的"溲种法"，是一种施用种肥的方法。清代杨秀元《农言著实》非常重视基肥的施用，认为："明年在某地种谷，今年就在某地上粪。先将打过之粪再翻一遍，粪细而无大块，不惟不压麦，兼之能多上地。"（在麦地上粪，以备明年种谷。）

3. 播种镇压 古代种粟强调因地为时，《氾胜之书》说："种禾无期，因地为时，三月榆荚时雨，高地强土可种禾。"《齐民要术》认为："良田宜种晚，薄田宜种早。良田非独宜晚，早

---

① （飙），音烟，第二次簸扬出来的谷子，俗称冇粟。

② 《齐民要术》卷第一，种谷第三。

③ （清）祁寯藻：《马首农言》种植。

④ 飧，音孙（sun），厌飧，足食、美食。

⑤ 《广群芳谱》卷九，谷谱三。

亦无害。薄田宜早，晚必不成实也。”[①]清代《马首农言》中引农谚说：“谷雨耩山坡，立夏种河湾。”因为山坡地暖可早种，河湾地寒应迟种，说明古人还十分重视结合地势的高低来决定粟子的播种期。《齐民要术》还主张种谷要赶及时雨，认为：“凡种谷，雨后为佳。遇小雨，宜接湿种……春若遇旱，秋耕之地，得仰垄待雨，春耕者，不中也。”[②]指出春耕者不可种下待雨。古人又主张适时播种。清代《知本提纲》认为：“布种必先识时，得时则禾益，失时则禾损。”“粟得其时，长稠大穗，圆粒薄糠；粟失其时，深芒小茎，多秕青霝。”[③]古人还把谷子品种分为两大类，以决定其播种期。清代《农言著实》说：“谷有稺、笨二种，迟早不同，麦后雨水合宜，笨谷要种，稺谷亦要种。倘若遇旱无雨，则笨谷非所宜矣。得墒稺谷多种，万无一失。再者等墒不等时，有墒则稺、笨俱种亦可也。”说明墒情如何是决定是否播种的关键。

宋元时期发明了镇压工具砘[④]，《王祯农书》说：“今人制造砘车，随耧种之后循陇碾过，使根土相著，功力甚速而当。”[⑤]《群芳谱·谷谱》也说：“先耙后种，种后旋以石砘，砘令土坚，则苗出旺相。如遇天旱，苗出土仍砘。”砘即镇压泥土，过去用挞或用足蹑垄底，元代改用砘车更快捷也。

4. 田间管理　间苗：《知本提纲》提出了要“留强去弱”的原则，指出：“播种务欲其稠，立苗又欲其疏”，理由是“播种稠，则无隙地而不往（需）耘耔之功；立苗疏，则地力均，而尽坚状之利。若播种一稀，再经损伤，即成白地，虽锄屡施，究无所益。立苗一稠，冗细夹杂，徒多糠秕，亦何以美田而足岁乎？”《农桑经·剜谷节》提出要根据土壤肥力和品种的分蘖能力来确定粟苗

①② 《齐民要术》卷第一，种谷第三。

③ 霝，通零，零落也。

④ 砘，即砘车，以圆石为轮的镇土工具。

⑤ 《王祯农书》农桑通诀集之二，播种篇第六。

的疏密。认为："留苗，视地肥硗，要疏朗，不可太密，不可点罨（音奄，重复压叠）。"还要"视谷类之善岐不善岐，以为疏密。"①《农言著实》则主张："水地谷要稠，旱地谷要稀。"并具体提出"以前后左右相去七八寸"为标准，作为等距留苗的原则。

5. 中耕　《齐民要术》说："苗生如马耳，则镞锄"，认为"锄者非止锄草，乃地熟而实多，糠薄米息，锄得十遍，便得'八米'也。"② 认为锄禾非独除草，且可多收并提高粟的品质。《知本提纲》则进一步指出："锄频则浮根去，气旺则中根深。下达吸乎地阴，上接济于天阳。……故锄不厌频，频则浮根去，中根自深，方能吸阴济阳，气旺而有收矣。"较深入地分析了中耕的作用。

古人还重视中耕与培土相结合，《王祯农书》说：锄谷"第三次培根曰'壅'。"③ 壅禾即培土。《农桑经》说："谷宜深锄，惟三遍勿深，盖至三遍，则谷已秀，其根四布"，这时不宜深锄，"惟当浅锄，拥土护根，乃为得法。"④ 说明锄至第三次时要结合培土壅根。《群芳谱·谷谱》对"锄谷法"作了系统的总结："锄以三遍、四遍为度：第一遍曰撮苗，留苗欲密；第二遍曰定科，留其壮者去其密者、弱者；第三遍曰拥本，锄欲深，擁其土以护根则耐旱；第四遍曰复垄，俗名添米。"

6. 灌溉　谷子干旱时也需灌溉，清代《齐民四术》认为："其必不能开通水利兴稻田者，亦须多开池塘蓄水，以溉旱谷。"⑤《知本提纲》认为："禾苗生成，图赖粪壤肥沃，以厚其地力。而其长养之际，尤必借润水泽，方能发育而滋荣。则灌溉之要又不可不急矣。"说明旱谷也须要灌溉。

7. 收获与留种　古人总结出收获谷子要早、快、捷，不能

---

① （清）蒲松龄：《农桑经》四月。

② 《齐民要术》卷第一，种谷第三。

③ 《王祯农书》农桑通诀集之三，锄治篇第七。

④ （清）蒲松龄：《农桑经》五月。

⑤ （清）包世臣：《齐民四术》卷第一上，农一上。

拖延。《氾胜之书》说："获不可不速，常以急疾为务，芒张叶黄，捷获之无疑。"《齐民要术》比喻"收获如寇盗之至"①。《农桑经》认为：谷子"倘有三五分熟，勿降大雨，雨止，便宜速割，一二日割完。若稍迟，则倒发，或变黄黑，一粒全无矣。万勿迟疑，戒之，戒之。"② 谆谆告诫，不得迟疑。《知本提纲》主张早收，认为："故凡诸谷必当七八成熟，秸秆未至大黄之时，即为收获，则元气自不散。若待迟熟，秸秆枯，生气已泄，子复脱落，渐次缩小，食必不美。"并说："如粟谷早收，则耐煮，味美而不粘碗。若经草枯始收，则无味，粘碗而不耐煮。"说明早收的谷子保有元气，耐煮而味美。

对于谷子留种防杂，《齐民要术》做过详细的论述。指出贮藏的谷种首先要晒干，以免水分太高发热而损失发芽力。在防杂方面，则强调要年年选择纯正的谷穗单独留种，单独悬藏，来年春季单独脱粒，且要播种在专门的种子田里。种子田收获的种子贮藏在窖里，窖口遮盖的秸秆必须是同一品种的秸秆。只有这样才能保证种子的纯净。

第四节　大豆栽培史

大豆属于豆科（Leguminosea）喋形花亚科大豆属的一年生草本植物，古代称为"菽"③ 或"荏菽"，是中国古代重要的粮食作物和油料作物。

（一）栽培历史

中国是大豆的原产地，是最早驯化和种植大豆的国家。栽培历史已有 4 000 多年。20 世纪 50 年代末 60 年代初在黑龙江省宁

① 《齐民要术》卷第一，种谷第三。

② 蒲松龄：《农桑经》杂占。

③ 《神农本草经》有"大豆"之名，《广雅》解释为"大豆，菽也"。

安县大牡丹屯出土了新石器时代的大豆，距今 4 000 年左右[①]。吉林永吉乌拉街出土的炭化大豆，距今亦有 2 600 年多年。山西侯马出土了 10 粒战国时的大豆。此外，吉林永吉、贵州赫章、河南洛阳烧沟、长沙马王堆均出土过汉代及其以前的大豆。洛阳烧沟汉墓中发掘出的陶仓上写有“大豆万石”字样，说明当年的大豆生产已有相当规模。在文字记载方面，《诗经》中已多次提到菽，如《豳风·七月》便提到“六月食郁及薁，七月烹葵及菽”、“黍稷重缪，禾麻菽麦”等。《大雅·生民》还提到后稷“蓺之荏菽，荏菽旆旆”，说明我国早在原始社会时期已有大豆栽培。

大豆的祖先是野生大豆，它在我国黄河流域、长江流域、东北和西南等地区均有分布，范围极广。《诗经·小雅·小宛》中已有“中原有菽，庶民采之”的诗句，直到现在仍有些地方采集野生大豆食用或作饲料。

西周和春秋时期，大豆已成为重要的粮食作物，常被列为“五谷”或“九谷”之一，许多重要古籍如《荀子》、《管子》、《墨子》等都是“菽”、“粟”并提。但当时人们还不了解大豆的营养价值，制作方法比较单一，正如《战国策》上所说：“民之所食，大抵豆饭藿羹。”就是说豆粒饭，豆叶羹，是平民的主要膳食。《管子》曾说：“菽粟不足”就会导致“民必有饥饿之色”，说明大豆在民食中占有同粟一样重要的地位。

秦汉以后，大豆种植有很大的发展，《氾胜之书》曾积极提倡种植大豆，认为：“大豆保岁易为，宜古之所以备凶年也。谨计家口数，种大豆，率人五亩，此田之本也。”把种大豆看作是备荒之本。三国时曹植在其兄曹丕的威迫下，七步成诗说：“煮豆燃豆萁，豆在釜中泣。本是同根生，相煎何太急。”说明当时煮豆饭，燃豆秸已是民间很普通的事情。先秦时期大豆主要分布

① 陈文华：《中国农业考古图录》，江西科技出版社，1994 年，57 页。

于黄河流域。长江流域及其以南地区很少记载。《越绝书》称大豆为“下物”，反映了南方人对大豆还不太重视。秦汉以后，大豆迅速向东北地区、长江流域及其以南地区扩展，以至西自四川、东迄长江三角洲、北起东北地区和内蒙古、南至岭南地区都有大豆分布。

宋代以后，南方人口增加，为了备荒，曾在江南、荆湖、岭南、福建等地推广粟、麦、黍及大豆等作物，并从淮北等地调运大豆种子到江南各地种植。《宋史·食货志》记载，宋时江南曾遇饥荒，人们为了备荒，曾促使大豆生产迅速发展。据《大金国志》记载，当时女贞人已“以豆为酱”。清初，东北大豆已有相当规模的商品化生产，特别是康熙二十四年（1685）开海禁后，东北大豆更大批地由海道南下，据清代包世臣《中衢一勺》卷一记载：“关东豆、麦，每年至上海千余万石。”乾隆年间还有禁止私运大豆出口的规定，说明清代前期东北地区已成为大豆的主要产区。

大豆不仅在中国广为传播，而且还陆续传到世界各地，大概在战国时期已传入朝鲜，再从朝鲜传入日本。东南亚地区种植的大豆也是从我国引入的。18 世纪以后，大豆传入欧洲，1765 年引入美国。目前，美国已成为世界大豆生产的第一大国，巴西和阿根廷分别成为第二和第三大生产国。

（二）栽培技术

大豆的轮作和间、混套种，是大豆栽培技术中最重要的环节，正如《氾胜之书》所说，大豆不宜连作，所种之地以“保岁易为”，而且“豆生布叶，豆有膏”，具有肥田作用。正如宋代《陈旉农书》指出的那样：南方稻后种豆，具有“熟土壤而肥沃之”的功效①。清代王筠《说文释例》（1873）更明确指出大豆“细根之上，生豆累累，凶年则虚浮，丰年则坚好”。明确指出了

① 《陈旉农书》卷上，耕耨之宜篇第三。

根瘤和大豆丰歉的关系。清代包世臣《齐民四术》也说豆“自有膏、不资粪力”。正因为古人认识到大豆具有肥田作用，所以便积极地安排大豆与其他作物轮作，或间混套作。早在《战国策》和《僮约》中已反映出战国时期的韩国和汉初的四川已出现了大豆和冬麦的轮作。《齐民要术》则在“黍穄”、“大豆”和“种谷”等篇提及大豆和黍穄、麦、粟等豆粮轮作制度。宋代范成大《劳畬耕诗序》认为畬田“春种麦豆作饼饵以度夏，秋则粟熟”，说明当时南方山地也推行麦豆与粟轮作的制度。古代关于大豆与其他作物的间、混、套种的经验也很丰富，宋元间的《农桑要旨》说桑间种大豆等作物，可使“明年增叶二三分”，说的是豆、桑间种。《农政全书》主张梧桐苗的“空地之中，仍要种豆，使之二物增长”[①]，说的是林豆间种。清代《农桑经》更说大豆和麻间种，有防治豆虫和使麻增产的作用。说是“豆地宜夹麻子，麻能避虫。且日后割豆留麻，主人自芰用之，亦小益也。”[②] 这些有关大豆和其他作物轮作或间、混套作的记载，是我国古代利用豆类作物根瘤菌的作用，用地和养地相结合，借以保持和提高地力的宝贵经验。

古人注意大豆播种要“肥稀瘦密”和“早稀晚密”。汉代崔寔《四民月令》主张种大小豆“美田欲稀，薄田欲稠”[③]。肥地稀些可靠豆类多分枝而增产，瘦地分枝少则要靠植株多而保丰收。《齐民要术》则提出要“早稀晚密”，认为：“二月中旬为上时，一亩用子八升。三月上旬为中时，用子一斗；四月上旬为下时，用子一斗二升……然稍晚稍加种子。”[④] 元代《王祯农书》主张相同。所以要播得密些。

① 《农政全书》卷三八，种植，木部，梧桐。

② 蒲松龄：《农桑经》五月。

③ 《四民月令》四月，据《齐民要术》卷二，大豆第六引。

④ 《齐民要术》卷第二，大豆第六。

关于豆叶的去留方面，古人主张视具体情况而定。《王祯农书》认为："尤当及时锄治，使之叶蔽其根，庶不畏旱。"①《三农纪》卷七豆则主张如遇秋季多雨，枝叶过盛，为防徒长倒伏，必须"急刈其豆之嫩颠，掐其蕃叶"，以利通风透光。

关于中耕除草，《氾胜之书》主张锄二次，不可多锄，多锄则伤膏，即伤根瘤菌也。认为："豆生布叶，锄之。生五六叶，又锄之。大豆、小豆不可尽治也。……豆生布叶，豆有膏，尽治之则伤膏，伤则不成。"《齐民要术》观点相同，认为："锋、耩各一，锄不过再。"②但到后来人们则主张要多锄，要除净杂草。如明代俞宗本《种树书·种树方》所说："种诸豆子、油麻，若不及时去草，必为草所蠹耗。虽结实，亦不多。谚云：'麻耘地，豆耘花。'麻须初生时耘，豆虽开花亦可耘。"但多锄的关键是要掌握好耘锄的深浅，特别是豆生根瘤以后，不可深锄，以免伤膏。

关于大豆的收割，《齐民要术》主张"收刈欲晚，性不零落，早刈损实"③。但到13世纪时却有两种说法，一说收获贵早，如《农桑辑要》所说："荚黑而茎苍辄收无疑"④，这是对豆荚爆裂性强的品种而言。一说贵迟，如《王祯农书·百谷谱集之二·大豆》所说："获豆之法贵晚，盖早则零落而损实。"这是对豆荚爆裂性弱的品种而言。所以，获豆的早晚应根据不同品种的特性而定，不能一概而论。

（三）用途

中国大豆，在汉代以前主要用作粮食。汉代以后，除继续作粮食外，还制作各种副食品、榨油、制酒、作饲料和工业原料，用途相当广泛。汉代已有豆豉生产，《楚辞》中已有"大苦（豆

① 《王祯农书》百谷谱集之二，谷属，大豆。

②③ 《齐民要术》卷第二，粱秫第五。

④ 《农桑辑要》卷二，大豆。

豉）咸酸”之句。《史记·货殖列传》记载通商大都“蘖曲盐豉千荅……此亦比千乘之家。”说明公元前1世纪的豆豉生产，已有相当规模。汉史游《急就篇》中有“芜荑盐豉醯酢酱”之句，说明公元前1世纪时已用大豆制酱。汉代称大豆芽为“大豆黄卷”，长沙马王堆汉墓中出土的161号竹简上已有“黄卷一石”的记载。《神农本草经》中也有“大豆黄卷，味甘，平，无毒。主湿痹，筋挛，膝痛”的记载①。早期的“黄卷”是作为药用的干制品，后来才用鲜豆芽作蔬菜。豆腐相传是汉代淮南王刘安发明的，宋代朱熹《豆腐诗》曾说：“种豆豆苗稀，力竭心已腐。早知淮南术，安坐获泉布。”但仍无确凿证据。新中国成立后在河南密县打虎亭东汉墓发现的线刻砖上，发现有制作豆腐的绘图，充分说明汉代确已制作豆腐。北宋陶谷《清异录》说：他“时戢为青阳丞，洁己勤民，肉味不给，日市豆腐数个，邑人呼豆腐为‘小宰羊’。”② 古人还用大豆制醋，《齐民要术》引《食经》中有“作大豆千岁苦酒法”③，“苦酒”即醋的别名，说明当时人们已用大豆制醋。用大豆榨油的记载出现较迟，北宋《物类相感志》有“豆油煎豆腐，有味”的记载，又说“豆油可和桐油作捻船灰，妙”④。说明至迟在北宋以前已能生产豆油。明代《本草纲目》还记载了豆腐皮，说：“其面上凝结者，揭取晾干，名豆腐皮，入馔甚佳。”⑤

大豆除作人的食品外，还可作马、牛、羊、鸡、犬、猪等的饲料，豆饼和豆渣也是重要的肥料和饲料。豆饼在清代已畅销全国，清末还远销国外。明代王象晋《群芳谱》曾对大豆的利用作过总结，认为：“其豆可食、可酱、可豉、可油、可腐。

---

① 《神农本草经》卷四，大豆黄卷。
② （宋）陶谷：《清异录》卷上，官志门，小宰羊。
③ 《齐民要术》卷第八，作酢法第七十一。
④ （宋）苏轼：《物类相感志》饮食，杂著。
⑤ 《本草纲目》谷部第二十五卷，豆黄。

腐之滓可喂猪，荒年人亦可充饥。油之滓可粪地，萁可燃火。叶名藿，嫩时可为茹。”① 说明大豆用途广泛，确是我国重要的农作物。

第五节　高粱玉米栽培史

一、高粱栽培史

（一）高粱的起源

高粱［*Sorghumbicolor*（L.）Moench］也是我国古代主要粮食作物之一。关于它的起源也有多种说法，归纳起来大致有两类：一种认为它起源于中国；另一种认为它起源于非洲，经印度传入中国。关于传入我国的时间也有不同的见解，甚至有人认为元代以后才传入我国。根据现有材料，② 高粱从非洲经印度引入的可能性较大。我国可能在魏晋时期已引入，魏张揖《广雅》说：“藋粱，木稷也。”③ 晋郭义恭《广志》也有“杨禾，似藋，粒细也，折右炊停即牙生，此中国巴禾，木稷也”的记载④。张华《博物志》更提到“蜀黍”。高粱的名称始见于明代，其别称尚有蜀秫、荻粱、稻黍、芦粟等。从其名为巴禾、蜀黍、蜀秫等看，极可能最早传入我国巴蜀地区。中国高粱有密穗型和散穗型两种。从用途上说又有茎秆含糖可榨糖的甜高粱和糯性可酿酒的糯高粱（蜀秫）。中国应是高粱的次生中心，在中国已形成了高粱的丰富多样的品种类型，目前已编入《中国高粱品种资源目录》的共有 10 414 份资源。

---

① 据《广群芳谱》卷第十，谷谱四。

② 1972 年关于郑州大河村仰韶文化遗址出土的距今 5 000 年的炭化高粱籽粒，仍需作进一步的研究，目前似难确定。魏晋以前我国古代文献中也缺乏黄河流域种植高粱的明确记载。

③ 《广雅疏证》卷十上，释草。

④ 《太平御览》卷八三九，禾，引。

（二）高粱的抗逆性和栽培技术

高粱具有耐旱、耐涝、耐碱的特性，所以古代多把高粱种在低涝地、高地和盐碱地。《救荒简易书》说“高粱性耐碱，宜种碱地”，又宜种“沙地”、“水地”、“虫地”、“草地”等。古代还强调高粱不宜连作，如清代《农桑经》说：“地无连年重种”，因“前年有落种，则隔年复出，误留之，则未熟即落，熟时已空。”① 古代常以高粱和豆类换茬。《马首农言》说：“高粱多在去年豆田种之。”《救荒简易书》还介绍了在高粱间种植豆类的经验。并记载了“冻高粱十一月种”或“十二月种”，“明年小暑即熟”的高粱冬播，而使“旱蝗俱不能灾”的方法。该书还介绍了一种“再熟快高粱”，又名“七叶糙高粱”，因“其科只生七叶”，“其高仅及五尺，三月种者，小暑即熟。”② 清代河北《安肃县志》也说：“一种名关东高粱，生七叶即熟，一年可收二次。”这是一种再生高粱。

（三）高粱的用途

高粱除作食用及饲料外，还可酿酒，茎秆则用来织席、作篱笆、作燃料。《本草纲目》还说：“其谷壳浸水色红，可以红酒。”③《王祯农书》则认为：高粱一身“无可弃者，亦济世之一谷，农家不可阙也。”④

二、玉米栽培史

（一）玉米的起源和传播

玉米（*Zea mays* L.）的起源比较复杂，经过多年的争论，现在大多数学者认为玉米起源于小颖大刍草。关于玉米的起源

① （清）蒲松龄：《农桑经》三月。
② （清）郭云升：《救荒简易书》卷一。
③ 《本草纲目》谷部第二十三卷，蜀黍。
④ 《王祯农书》百谷谱集之二，谷属，蓟黍。

地，人们公认起源于美洲大陆，但起源于美洲大陆的哪些地方有争论，目前大多数学者认为是从美国南部，经墨西哥直至秘鲁和智利海岸的狭长地带。玉米的栽培历史，已有 8 000 年以上。

1492 年哥伦布发现新大陆，1494 年哥伦布第二次远航归来，把玉米带回西班牙，从而推动了玉米的传播。玉米传入我国的时间，有人推断为 1500—1510 年间，因为 1511 年出版的《颍州志》已有关于玉米的记载。1560 年出版的《平凉府志》记述较详："番麦，一曰西天麦，苗叶如蜀秫而肥短，末有穗如稻而非实，实如塔，如桐子大，生节间。花垂红绒在塔末，长五六寸。三月种，八月收。"

玉米传入我国的途径大致有三条：①西北路，经中亚细亚的丝绸之路，传入中国的西北。②西南路，由欧洲传入印度、缅甸、再传入我国的西南。③东南沿海路，经葡萄牙或中国商人，从海路引入我国东南沿海地区。

玉米（玉蜀黍）[图片来源：(清) 吴其濬著：《植物名实图考》卷二，谷类，商务印书馆，1957 年，第 38 页]

这里还有一个问题值得探讨，就是在哥伦布发现新大陆 (1492) 以前 16 年，即 1476 年成书的《滇南本草》已有关于"玉麦须"的记载，即玉米雌蕊花丝可以入药的记载，到底应作何解释？原来中国西南山区和高寒地带有一种植株低矮、果穗很小的土产小玉米，后已形成巴地黄、雪玉米、七皮叶、四行糯等品名。这大概就是《滇南本草》所说"玉麦须"的来历吧？

还有两个问题，值得探讨。其一是有文章说在哥伦布以前，玉米已由土耳其人传入欧洲，欧洲人称之为“突厥小麦”或“突厥谷”。其二是印度有大量的石雕神殿上的玉米果穗雕刻，且和美洲印第安人的习俗十分相似，其时间从公元2世纪到公元13世纪，也就是说在哥伦布发现新大陆以前很久很久，印度已有玉米的石雕出现了。但印度的文献和考古发掘却没有相关玉米的反映。这些都是值得探讨的问题。

玉米在我国内地的传播，大致是先边疆后内地；先丘陵山地后平原。明代有河南、江苏、甘肃、云南、浙江、安徽、福建、山东、陕西、河北、贵州等11省的方志中有零星记载，但在粮食生产中尚无足轻重。清初至乾隆间，湖北、湖南、江西、四川、山西、广东、辽宁、广西、台湾等9省区相继引进，属发展时期。嘉庆后至民国期间，玉米已传遍全国，在北方平川地区逐步取代了原有的低产作物，南方的丘陵地带也广泛种植，道光年间包世臣《齐民四术》已称其为“六谷”之一。到了20世纪，在全国粮食作物中跃居第三位，仅次于稻、麦。

（二）栽培技术

玉米引种之初，多在田头屋角或菜园中“偶种一二，以娱孩稚”，后来发现它高产耐饥，适应性强，用途亦广，才总结它的栽培技术，最早记载其栽培技术的《三农纪》卷七御麦指出：“植宜山土，三月点种，每棵须三尺许，种二三粒，苗出六七寸，耨其草，去其苗弱者，留壮者一株。”《区田试种实验图说》则介绍其与麦子、谷子、绿豆等间套轮作，达到一年三熟的经验。《救荒简易书》则主张沙地包谷在立夏断风前5日种之，则苗不为风沙所打而能早熟。洼地宜种快包谷，争取伏前成熟，可免雨季水涝之害①。同时还介绍了腊月或正月、二月种快包谷，麦收后即可成熟，可免虫害的经验。《多稼集》十分重视选育种工作，

① （清）郭云升：《救荒简易书》卷二。

主张选健壮果穗，去其首尾，采中部种子做种。并认为品种种久了会退化，应及时更换新种。通过长期的努力，各地农民选育了许多成熟期不同，颜色各异，或矮秆、多穗等多种类型的农家品种，特别值得一提的是西南地区少数民族育成的糯质玉米，亦称腊质种，国际上公认糯玉米起源于中国。

（三）玉米的利用

玉米除作粮食作物和饲料外，还有多种用途，《植物名实图考》卷二说它是"山农之粮，视其丰歉，酿酒磨粉，用均米麦；瓤煮以饲豕，秆干以供炊，无弃物"①。玉米还可入药，可榨玉米汁。

（四）玉米引入对中国社会和生态环境的影响

清代乾嘉时期，是我国人口增加最快的时期之一，人口增加，人均耕地面积便减少，据李文治的统计如下表②：

时间	人口（万人）	人均耕地（亩）
1573年（万历元年）	6 079	11.6
1662年（康熙元年）	10 471	5.3
1766年（乾隆三十一年）	20 479	3.6
1812年（嘉庆十七年）	33 645	2.4
1850年（道光三十年）	近40 000	1.65

人口增加了，人均耕地面积减少了，粮食成为严重的问题，在人口压力下，清政府号召人民垦荒殖稼，扩大粮源，如乾隆五年（1740）便发布谕令："嗣后凡边省，内地零星地土可以开垦者，悉听本地民夷垦种，免其升科。"嘉庆五年（1800）颁诏："将南山老林等处可以耕种之区，拨给开垦，熟年之内，免其纳粮，待垦有成效再行酌量升科。"这些诏令促使无地、少地饥民

① 《植物名实图考》卷二，谷类，玉蜀黍。

② 李文治：《中国农业近代史资料》，859页。

或外地流民涌入山区，伐林垦荒，在深山老林中搭棚居住，称为“客民”或“棚民”。道光七年（1827）贵州《安平府志》记载：“伐木山，在西堡南六十里，山高而广，林深木蔚，斧声终不绝，今皆垦种包谷。”贵州《遵义府志》记载：“包谷杂粮，则山头地角，无处无之”，“民间赖此者十之七。”据今人吴慧的研究，嘉庆十七年全国玉米种植面积约 47.34 万顷，占全国耕地面积 6%，总产 1 820 万吨，人均增加了 10～12 公斤粮食①。

玉米的大面积种植，养活了迅速增加的人口，繁荣了经济，促进了农业和手工业的发展。但是大量砍伐林木，开荒辟地，却对生态环境带来极大的破坏。其一是破坏森林，据今人赵冈《清代粮食亩产量研究》（1995）的估计，在清中叶的垦殖高潮至“驱棚禁种”玉米之前，玉米实际种植面积远大于 1 亿亩。而且主要分布于山区，当时山地种玉米，最多 5 年便要弃地他迁，新垦玉米地，估计每 5 年便要破坏 1 亿亩的原始森林。其二是森林破坏之后造成严重的水土流失。嘉庆《宁国府志》记载：“其山既垦，不留草木，每值霉雨，蛟龙四发，山土崩溃，沙石随之，河道为之壅塞，坝岸为之倾斜，桥梁为之堕圮，田亩为之淹涨。”道光《分水县志》记述：“种苞粟者，先用长铲除草使尽，待根荄茁壮，拔松土脉，一经骤雨，砂石随水下注，壅塞溪流，渐至没田地，坏庐墓。国计民生，交受其害。”“非不足以尽地力，实则利在一时，害贻百世。”不仅森林遭到破坏，而且原有的田园、道路、河流、庐墓也遭到破坏。清代梅曾亮（1786—1856）《记棚民事》记述了宣城人民的意见，认为：废林开荒“以斧斤童其山，而以锄犁疏其土，一水未毕，沙石随下，奔流注壑涧中，皆填污不可贮水，毕至洼田中乃止。及洼田竭，而水田之水无继者，是为开不毛之土，而病有谷之田。”有鉴于此，清中期以后曾对棚民入山滥垦实行查禁，但在强大生存压力的驱动下，却累

① 吴慧：《中国历代粮食亩产研究》，农业出版社，1985 年。

禁不止。这不能不说是玉米传入我国后引起的负面影响。

第六节　薯、芋栽培史

一、甘薯栽培史

甘薯［*Ipomoea batatas*（L.）Lam.］的各种名称很多，随地异名，有山芋、朱薯、番薯、红薯、地瓜、金薯等多种。原产中南美洲的墨西哥和哥伦比亚等地，1492 年哥伦布发现新大陆后，逐渐传到欧洲和东南亚，16 世纪末叶始传入我国。但亦有人主张中国甘薯“古已有之”，如复旦大学历史地理研究所周源和先生便有此主张①。但大多数学者，特别是农学界的学者均认为古代《异物志》和《南方草木状》所述的甘薯与 16 世纪引入的甘薯不同，前者指的是薯蓣科的甘薯，后者指的是旋花科的甘薯。

（一）甘薯的引进和传播

1. 甘薯的引进　甘薯的引进有多条通道，其中谈论较多的有如下三条：其一是 16 世纪末（万历二十一年，1593），由华人陈振龙把薯苗从吕宋带回福建长乐，次年由巡抚金学曾加以推广；其二是万历十年东莞人陈益从越南把薯种带回东莞；其三是电白医生林怀兰，冒着风险把薯种从交趾带回电白。其中最早的是陈益从越南引进到东莞。其中最危险和最有趣的记载是光绪《电白县志》卷三十：“吴川人林怀兰善医，薄游交州，医其关将有效，因荐医国王之女，病亦良已。一日，赐食蕃薯，林求生者，怀半截而出，亟辞，归中国。过关，为关将所诘，林以实对，且求私纵焉。关将曰：‘今日之事，我食君禄，纵之不忠；然感先生之德，背之不义。’遂赴水死。林乃归，种遍于粤。”

---

① 详见《甘薯的历史地理——甘薯的土生、传入、传播与人口》，见《中国农史》1983 年第 3 期。

苏琰《朱薯疏》载有福建泉州引种番薯的经过："万历甲申、乙酉间（1584—1585），漳潮之交有岛曰南澳，温陵（泉州）洋舶道之，携其种（薯种）归晋江五都乡曰灵水，种之园斋，苗叶供玩而已。……甲午、乙未温陵饥，他谷皆贵，惟蕷独稔，乡民活于蕷者十之七八。由是名朱蕷。"① 从"苗叶供玩而已"，到"活于蕷者十之七八"，是一个认识发展的过程。

2. 甘薯的传播　甘薯引进我国后，最初近百年间，主要是在闽粤两省传播，其间曾传往上海，但效果有限。到 17 世纪中后期才开始向江西、湖南等省及浙江沿海地区发展，18 世纪中叶更向黄河流域及其以北地区发展，最后普及于（除青藏高原外）全国。

在甘薯的传播中有不少官员、商人以致农民和船员都作出过贡献。其中以陈经纶祖孙数代人和徐光启等为突出。陈经纶的父亲陈振龙在万历二十一年（1593）从吕宋带薯种回福建试种，并由陈经纶向福建巡抚金学曾报告，得到金学曾的支持，批示："准饬各县所属，依法试种。"于是甘薯在福建广为推广。到清代乾隆十四至十九年间，陈经纶的曾孙陈世元在胶州推广蕃薯，经过四五年的试验，胶州农民才逐渐掌握藏种过冬的方法。乾隆二十、二十一年陈世元的儿子陈云等又在河南朱仙镇、河北通州及北京近郊推广栽培，并取得成效。说明陈氏祖孙数代人均曾为蕃薯的推广而努力，堪称"蕃薯推广之家"。当然其他人，如陈宏谋在陕西推广，并著有《劝民领种甘薯谕》，方观承在天津推广等，很多人都作过努力。只是陈世元著有《甘薯传习录》，对其祖孙的亲身经历有所记载，因而为更多人所了解而已。

---

①　转引自闵宗殿：《海外农作物的传入和对我国农业生产的影响》，王广智、陈军主编：《中国农业博物馆建馆十周年论文选集》，中国农业科技出版社，1996 年，37 页。

徐光启是把蕃薯从闽粤引到长江流域的第一人。万历三十六年，长江下游旱荒，徐氏托人从福建莆田把薯蕻插植在木桶中，春暖后连木桶一起运到上海栽种，他在《甘薯疏》中说，曾三次从福建求种，说明薯种过冬出了问题。他在《农政全书》中介绍了几种藏种方法，主要是把薯种放在厚厚的稻草之中，再以稻草覆盖，有的还在稻草之上再铺上草木灰。后来他在《农政全书》中提到华北引种蕃薯的问题，认为“欲避冰冻，莫如窖藏”①，认为北方窖藏薯种越冬是最好的方法。

（二）栽培技术

17世纪以后，人们逐步认识到甘薯在瘠卤沙冈皆可生长，但必须土地肥沃、疏松才有利于块根生长。因而“深耕厚壅”便成为最基本的栽培技术措施。正如明代《群芳谱》所说：“须岁前深耕，以大粪壅之，春分后下种。若地非沙土，先用柴灰或牛马粪和土中，使土脉散缓与沙土同，庶可行根。”

南方地势低洼、雨量充足的地区，种薯须起垄作畦，以便排水通气，且可加深土层，以利结薯，并便于人力操作。所以《群芳谱》认为：“种薯宜高地、沙地，起脊尺余，种在脊上，遇旱可汲井浇灌。”② 其实，不论南方、北方，只要有条件浇灌的地方，垄作总比平作高产。

甘薯向北推广，留种藏种工作成为引种能否成功的关键。《群芳谱》和《农政全书》总结了“传卵”和“传藤”的经验：“其一传卵，于九、十月间，掘薯卵，拣近根先生者，勿令伤损，用软草包之，挂通风处阴干，至春分后，依前法种；一传藤，八月中，拣近根老藤，剪取长七八寸，每七八条作一小束，耕地作埒，将藤束栽种如畦韭法。过一月余，即每条下生小卵如蒜头状。冬月畏寒，稍用草器盖，至来春分种。”《农政全书》还介绍

---

① 《农政全书》卷二七，树艺，蓏部，甘薯。

② 据《广群芳谱》卷一六，蔬谱四。

了保存种薯和薯蔓安全越冬的方法，认为其关键在于防湿和防冻。除提倡用极厚的稻草和草木灰围护薯藤、薯种外，还指出："若北土风气高寒，即厚草苫盖，恐不免冰冻，而地窖中湿气反少。以是下方仍著窖藏之法。"① 这窖藏法的提出，为种薯在北方越冬取得突破，从而使甘薯可以在北方传播。详细介绍甘薯栽培技术的文献，可以 1904 年出版的《调查广州府新宁县实业情形报告》为例，该书指出：扦插"十日以后，必发新芽，宜施粪肥一次。三十日后则锄其畦旁之草，犁其土而壅之，加粪灰一次。当犁土之时，已见结小薯，则摘去别根，而留小薯，否则粪为根所夺，而薯不长大，……至六十日复如前壅土一次。"② 这是对南方甘薯中耕除草、培土施肥的记述。

甘薯适应性强，在岭南地区几乎一年四季均可种植，是一种高产的救荒作物。《救荒简易书》（19 世纪末）指出：正月至八月皆可种，因此从夏至到立冬后十日，近半年内均可挖食。干红薯、干白薯甚至可以在九月初"种于畦田中，霜降前五日，夜用秆草苫覆而盖之。冰冻时候，再用马粪驴粪及碎刍碎薪，厚厚壅培，护而暖之，待到年底、年初食。每科可得五六两，每亩可得五六千两，亦救荒之一奇也。"③

（三）甘薯的利用

甘薯的用途很多，明代徐光启将其归纳为"十三胜"，认为它具有高产益人、色白味甘、繁殖快速、防灾救饥，可充笾实、可以酿酒、可以久藏、可作饼饵、生熟可食、不妨农功、可避蝗虫等优点。道光《吴川县志》还列述甘薯的食用方式："可生啖，可蒸可煮，可煨作粥，可参脱粟饭，可切晒干，可磨粉，可熬糖酿酒，叶可作蔬。"其实蕃薯和薯藤还是养猪的

---

① 《农政全书》卷二七，树艺，蓏部，甘薯。

② 《农学丛书》第 6 集。

③ （清）郭云升：《救荒简易书》卷一。

很好饲料。随着现代工业的发展，它还可成为制造淀粉、酒精的原料。

二、马铃薯栽培史

马铃薯（*Solanum tuberosum* L.）又名洋芋、山芋、土豆、山药蛋、荷兰薯、爪哇薯。原产南美洲，17 世纪中叶才引进我国。

（一）引进和传播

马铃薯传入我国的时间和途径不易确定，因为它是多次、多途径引入。17 世纪末蒋一葵《长安客话》曾有关于马铃薯在北京地区种植的记载，并引用了徐渭（文长）（1521—1593）有关马铃薯的诗词。外国文献中如《美国植物的传播》（1938）也曾提到荷兰人斯特儒斯于顺治七年（1650）已在台湾看到了马铃薯的栽培。说明马铃薯在 17 世纪下半纪已引入我国。有些文献（如《中国农业百科全书·农史卷》），认为最早记载马铃薯的中国文献是 1700 年出版的福建《松溪县志》，恐怕不够确切。事实上康熙二十一年（1682）编的《畿辅通志》是最早记载马铃薯的志书，比福建《松溪县志》早 18 年。其他各地的马铃薯多为外国传教士或商人传入，如东北马铃薯可能由俄国人传入，四川的马铃薯可能由美国、加拿大的传教士引入等。马铃薯的传入，对我国社会的影响远没有蕃薯大，因而它的传入，也不像

马铃薯［图片来源：（清）吴其濬著：《植物名实图考》卷六，蔬类，商务印书馆，1957 年，第 145 页］

甘薯那样引人注目，文献上也少有论述，直到19世纪中叶吴其浚《植物名实图考》的“阳芋”条才较具体地对它作了介绍。

（二）栽培技术

早期栽培技术大都沿用西方成法，栽植时间也多参照欧洲以气温升至10℃时为准，再结合实际情况相时而行。据20世纪初年的《布种洋芋方法》介绍：“未下种前，五月先将田耕一犁深，约五寸许。施厩肥牛粪拌稻草或堆肥，或枯苜蓿草，或草木灰，马粪、人粪皆不大相宜。”栽种时宜“择小雨之后，天气晴爽土润而不湿将土锄松，然后下种。”株行距为1尺×1.2尺为宜。在田间管理上，认为“种布下后，野草发生，农人须不时拔去之。待小芽出土，则取两旁细土，轻轻壅护此出土之芽。如发五六芽，只留强壮者三枚，余均除去，以促新芋之长成。”①

（三）用途

马铃薯除可作主食外，还可作芋粥，可作蔬菜，其“味不劣而极养生”。又能制成芋丝、粉条、芋干以便于贮藏和运输。

三、芋栽培史

芋［*Colocasia esculenta*（L.）Schott］也是我国早期的栽培作物之一。有文字记载的历史至少也有2 000多年。

（一）芋的渊源

芋原产于热带、亚热带的沼泽和多雨森林地区，耐水、耐阴，经过人工培育，又产生可以种于旱地的山芋。国外文献笼统地说芋原产于东南亚，然后向中国、日本传播，但野生芋仅见于我国南方各地。芋古称蹲鸱，《史记·货殖列传》曾记载公元前222年越人卓氏的话说：“吾闻汶山下沃野，下有蹲鸱，至死不饥。”汉代《氾胜之书》载有“种芋法”和芋的“区种法”。说明

① 《中国农学遗产选集甲类第三种》粮食作物上编，马铃薯。

当时已相当重视芋的栽培。晋代《广志》指出："蜀汉既繁芋，民以为资。"宋代《图经本草》说：芋"今处处有之，闽、蜀、淮、甸尤殖此，种类亦多。"[1] 到明清时期几乎遍及全国。早期芋的栽培主要是作为粮食作物，广泛栽培谷类作物以后，它才逐步变为杂粮和蔬菜作物。一般认为它在汉代，通过铁犁牛耕的改进和推广，石磨的采用等，使谷物生产大大向前推进了一步以后，芋的功能才逐步从粮食作物转变为杂粮和蔬菜作物。

芋［图片来源：（清）吴其濬著：《植物名实图考》卷四，蔬类，商务印书馆，1957年，第84页］

（二）栽培技术

芋的栽培技术，归纳起来离不开深耕、重肥、轮作三方面。管理上有三项关键措施，即中耕、壅根和去叶。《氾胜之书》指出：中耕时"劚其旁，以缓其土，旱则浇之，有草锄之，不厌其多，治芋如此，其收常倍。"《群芳谱》也说：锄芋"锄开根边土，上肥泥壅根，使力回于根，则愈大而愈肥，……令根旁虚，则芋大子多。"[2] 都主张深挖旁土，以松土并厚壅芋根，以求增产。《王祯农书》则主张"霜降捩其叶，使收液以美其实，则芋愈大而愈肥"[3]，即促使芋的养分集中于芋头，使芋头肥大。直

① （宋）苏颂：《图经本草》果部卷第十六，芋。

② 据《广群芳谱》卷十六，蔬谱四。

③ 《王祯农书》百谷谱集之三，蓏属，芋。

到现代，农民仍有用此法者。古代还强调芋不宜连作，而应轮作换茬，明代《种芋法》说："凡种二岁，必再易田，不然则长不旺。所易之田种禾仍佳。"① 即主张禾、芋轮作。清初《补农书》则说："田间一易土，则蛴螬不生"，主张轮作以减少害虫为害。我的家乡还有"一年芋子三年禾"的农谚，说的是芋田肥沃，种芋后插植水稻很有好处。

（三）用途

芋可救饥馑度荒年，《齐民要术》指出："芋可以救饥馑，度凶年。"②《王祯农书》认为芋可以御蝗，"蝗之所至，凡草木叶靡有遗者，独不食芋"，故"宜广种此"。《农政全书》则认为："秋月禾苗未收，可作续乏之大用。"③ 此外，晋代《广志》主张"种以百亩以养彘"，即种芋养猪。宋代《东坡杂记》记载"蜀中人接花果，皆用芋胶合其罅"，但这种芋不是一般的食用芋，而是一种不甚堪食的，名"接果"的专门用于嫁接时填补缝隙胶合的品种。《梦溪笔谈》介绍"有为蜂螫者，挼芋梗傅之则愈。"清代《湖北通志》还说：芋"可渍粉酿酒，其利甚博。"此外，芋还有药用价值。

第七节　抗灾作物栽培史

一、菰栽培史

菰（*Zizania* caduciflora）亦写成"苽"，又名"蒋"，其颖果称为苽米、茭白、茭米、安胡、雕胡、雕蓬等。最初作为谷类进行栽培，后来作为蔬菜进行栽培。原产中国，栽培历史最少在2 000年以上。

---

① （明）黄省曾：《种芋法》。

② 《齐民要术》卷第二，种芋第十六。

③ 《农政全书》卷二七，树艺，蓏部，芋。

菰本来生长于江湖陂池中，供人采摘，后来才进行人工栽培。最早记载菰的人工栽培文献是《氾胜之书》。汉代郑玄在《周礼》注中将菰米列为“六谷”或“九谷”之一，三国时孙炎注《尔雅》时也说：“雕蓬即茭米，古人以为五饭之一者。”菰虽有人工栽培，但也有在陂湖野生供人采集者。晋代《西京杂记》卷五载：“会稽人顾翱，少失父，事母至孝。母好食雕胡饭，常帅子女躬自采撷，还家导水凿川自种，供养每有赢储。”《西京杂记》卷一还说前汉长安的“太液池边皆是雕胡”。《群芳谱》认为：菰在“江湖陂池中皆有之，江南两浙最多”，并说“至秋结实名雕胡米，岁饥人以当粮，气味甘冷滑。”[1] 菰主产南方，但清代北方如盛京（沈阳）、畿辅（北京）、山东、河南等地的《通志》也有记载。

菰是多年生的浅水宿根草本植物，《农政全书》说它“宜水边深栽”[2]，因为水边便于管理收菰，深栽能满足宿根盘结的要求。

菰米主要是供人们作菰米饭。《周礼·天官》认为“凡会膳食之宜，……鱼宜苽”，意思是菰米饭宜与鱼同食。他如《礼记·内则》、《楚辞·大招》等先秦文献以至汉代的《尔雅》、《淮南子》均有关于菰米饭的记载。《齐民要术》卷九引用了《食经》做菰米饭的方法，认为：应将“菰谷盛韦囊中，捣瓷器为屑，勿令作末。内韦囊中令满，板上揉之取米。一作可用升半。炊如稻米。”[3] 大概是因为菰米不易脱壳，所以需用瓷器之屑同搓以去其壳。古人视菰米饭为美食，张衡《七辨》把“会稽之菰”列为“滋味之丽”之一[4]。据明代《群芳谱》记载：菰米还可“合粟

① 据伊钦恒：《群芳谱诠释》，75 页。

② 《农政全书》卷二七，树艺，蓏部，菰。

③ 《齐民要术》卷第九，飧、饭第八十六。

④ 张震泽校注：《张衡诗文集校注》，上海古籍出版社，2009 年，299 页。

为粥”，“米白而滑腻，岁饥人以当粮，作饭香脆，气味甘。”此外，菰米还有药用价值，“利五脏邪气，治心胸浮热，除肠胃热痛，解酒皶，面赤白癞，疬疡，去烦止渴。”①

秦汉时期或以前，菰中出现了茭白，《尔雅》上称它为蘧蔬，晋郭璞注云：“蘧蔬，似土菌，生菰草中，今江东人啖之，甜滑。”《晋书》中还载有苏州名士张翰为官洛阳，常常思念“吴中菰菜、蓴羹、鲈鱼脍”的故事。说明在晋代以前，人们已以茭白为蔬，茭白已成为太湖地区的名蔬了。“茭白”一词首见于《图经本草》。它是因为茭草感染了黑菰粉菌，受到这种菌分泌的吲哚乙酸的刺激，花茎不能正常发育和开花结实，而茎节细胞却因此而加速分裂，并将养分集中起来，形成肥大的纺锤形肉质茎，名为茭白，成为人们喜爱的一种蔬菜。宋代以前的茭白，常常出现“内有黑灰如墨者”的灰茭②，称为乌郁，食用品质很差。南宋罗愿《尔雅翼》解释说：“有黑缕如墨点者，名乌郁，或云别种，非也。但是植之黑壤，岁久不易地，汙泥入其中耳。”③罗愿所说的“汙泥入其中”是错误的，但他说不是别种，是因为“岁久不易地”却是正确的。正是根据这种认识，宋代创造了以经常移栽防治灰茭的方法。正如南宋《种艺必用》所说：“茭首，根逐年移种，生着不黑。”④到了明代，还配合深栽，并用河泥壅根的方法，更有效地防止出现灰茭。

宋代以前的茭白都是一熟茭，南宋后期太湖地区已有两熟茭栽培了。

二、稗栽培史

稗［*Echinochloa crusgalli*（L.）Beauv.］有水旱两种。原

① 据《广群芳谱》卷第九十，卉谱，菰。

② （唐）陈藏器：《本草拾遗》。

③ （宋）罗愿：《尔雅翼》卷一，释草一，苽。

④ （宋）吴怿：《种艺必用》。

为稻田间的伴生杂草，但把它作为古代重要的救荒作物而予以栽培的历史也有 2 000 年以上。

稗的名称，已见于《孟子》、《庄子》，但人工栽培的记载，则始见于《氾胜之书》："稗既堪水旱，种无不熟之时，又特滋茂盛，易生，芜秽良田，亩得二三十斛。宜种之以备凶年。"又说："稗中有米，熟时捣取米，炊食之，不减粱米。"明代《农政全书》也说："稗多收，能水旱，可救俭岁。""且稗秆一亩，可当稻秆二亩，其价亦当米一石。"故"宜择嘉种于下田艺之，岁岁无绝。倘遇灾年，便得广植。"为什么要种"下田"？原因是"下田种稗，遇水涝，不灭顶不坏，灭顶不逾时不坏。"① 到了清代，种稗几乎遍及南北，各地方志都说稗最宜低洼下湿之地，耐涝耐碱，可以救饥。

稗除可食用外，还可作饲料，可以酿酒，《齐民要术》说：稗酒"酒势美酽，尤逾黍秫。"②质量很好。《本草纲目》说稗的粉末，具有良好的止血作用。由于稗有多种用途，所以一些保留原始农业成分的民族，如云南独龙族，直到现代仍然种稗为粮，据说稗是他们最早栽培的粮食作物之一。

稗子［图片来源：（清）吴其濬著：《植物名实图考》卷二，谷类，商务印书馆，1957 年，第 30 页］

稗的生存竞争能力很强，能耐水旱，所以其栽培技术也很简单，《农政全书》曾介绍了旱稗和春麦混播套作，达到一岁再熟的经

① 《农政全书》卷二五，树艺，谷部上，稗。

② 《齐民要术》卷第一，种谷第三。

验：种“春麦皆宜杂旱稗耩之，刈麦后，长稗，即岁令再熟矣。”

由于稗的籽实小，去壳难，成熟参差不齐，且易落粒，所以一直不能成为主要的粮食作物。相反，却往往成为稻田的主要杂草。《齐民要术·水稻》引《淮南子》说：“蓠，先稻熟，而农夫薅之者，不以小利害大获。”高诱注曰：“蓠，水稗。”① 稗杂在稻谷中，稻谷易去壳，稗壳去不了，影响稻米的质量，因而成为稻田的杂草。直至今天，种稻的农民在选种、中耕以致收获时都要花工夫除稗。

三、䅟栽培史

䅟［*Eleusine coracana*（L.）Gaertn.］是我国古代的粮食作物和救荒作物之一，栽培历史已有千年以上。䅟字始见于《广韵》，有龙爪粟、鸡爪粟、鸭爪稗、鹰爪稗等别名，人工栽培的记载见于《救荒本草》、《本草纲目》、《群芳谱》等著作。清代《齐民四术》说：“或名龙爪、鸭爪稗，皆状其穗也，米形似粟。四五月种，八九月收。不择肥硗，耐水旱，最能保岁，收成胜粟。”《人海记》则说：“三峡产云南稗，一名鹰爪稗，播种畦植，与五谷争价，他处所无也。”② 清代《救荒简易书》则记载天津、任丘及山东省的沂水、

䅟子［图片来源：（清）吴其濬著：《植物名实图考》卷二，谷类，商务印书馆，1957年，第31页］

① 《齐民要术》卷第二，水稻第十一。

② （明）查慎行：《人海记》卷上，鹰爪稗。

阳谷等县近水地方“多种䅟子谷者”①。清代山东《日照县志》说：䅟虽“每石得米二三斗，然糠秕皆可食，积久不朽蠹，救荒赖之，茎较他禾倍收，饲牛易肥。”《粤西通志》则说䅟“以耐旱，故高亢之地多种之”，说明䅟因其耐涝、耐旱、耐碱，所以人们把它作为救荒作物。

䅟的子实有糯与非糯之分，栽培技术较简单，一般都在低湿地、荒坡瘠土和盐碱地上种植。《齐民四术》曾介绍其用途说：“煮饭甚香滑，益气厚肠胃，磨面作饼，味为劣，酿酒味胜糯米，汁少减。秆中粪。可饲牛马。”②《本草纲目》还说它具有药用价值。

---

① （清）郭云升：《救荒简易书》卷二。

② （清）包世臣：《齐民四术》卷第一上，农一上，辨谷。

第三章　纤维作物栽培史

第一节　大麻栽培史

大麻（*Cannabis sativa* L.）在世界上分布极广，欧、亚两洲较多，美洲、大洋洲亦有分布，亚洲又以印度、中国最多。中国大麻原称“麻”，原产我国，是我国古代重要的纤维作物兼食用作物，栽培历史在5 000年以上。大概在唐代前后，为了与其他麻类作物相区别，才改称大麻。后来又有汉麻、火麻、黄麻等别称。

（一）起源分布和发展

从出土遗物上看，甘肃东乡林西曾出土大麻籽，出土时尚有光泽，是距今5 000年前的实物。在新疆罗布泊孔雀河中的新石器时代遗址中也发现有大麻纤维，此外，在甘肃、新疆、陕西、河南、河北等地的新石器时代遗址中还发现了不少石制或陶制的纺锤、纺轮和麻织的印纹、印痕、麻纤维。从文字记载上看，金文中已有“麻”字，《诗经·陈风》中有“东门之池，可以沤麻”等诗句，《尚书》、《礼记》、《管子》等先秦文献也有关于麻的记载。《诗经》、《尔雅》、《仪礼》等已鉴别出大麻的雌雄株，分别称为“苴”、“枲”，其子则称为“黂”① 说明麻的栽培已有悠久的历史。中国的东北、西北、华北和云南等地均有野生大麻分布。云南的少数民族还常常把野生大麻拔起，移到住所附近栽种。除我国外，原苏联、蒙古、阿富汗、巴基斯坦、印度等国也有野生大麻分布。

---

① 黂，有人认为是黂之讹，黂（音 fen），麻子，乱麻。

大麻在我国古代的分布，大致可分为4个时期：

1. 秦以前　据《尚书·禹贡》记载，在全国九州中的青、豫二州是大麻的主产区，并作为贡品。《周礼》则记载周代设置“典枲”的职官，管理全国麻织物的生产。说明先秦时期大麻的主要产区分布在黄河中、下游地区。《越绝书》记载了越王勾践为伐吴国，曾在会稽麻林山种麻，说明当时江浙一带也有大麻生产。

2. 秦汉至隋唐时期　汉代齐鲁一带是大麻的盛产地区，《史记·货殖列传》载有“齐鲁千亩桑麻，……其人与千户侯等”的说法。北魏时期今甘肃、陕西、河北、山东、山西及江浙等地区均以大麻布充税，说明大麻在这些地区广泛种植。另据《汉书》、《僮约》、《华阳国志》记载，汉代四川和海南也有大麻种植。唐代，长江流域的四川、湖南、湖北、江苏、浙江、安徽、江西等地成为大麻的另一重要产区①。此外，云南及东北地区也种植大麻，显州（在今吉林省）大麻布远近闻名②。

3. 宋元时期　此期间是南方大麻明显减少的转折时期，其原因是宋元间棉花种植已发展到长江流域，并向黄河流域推进，加上元政府的大力推广，以致长江流域不少地方的大麻生产为棉花所取代。

4. 明清时期　明初曾强行推广种植棉麻，据《明史·食货志》记载，明初曾规定：“凡民田五亩至十亩者，栽桑、麻、木棉各半亩，十亩以上倍之，……不种麻及木棉，出麻布、棉布各一匹。”③ 因此明清时期江浙皖赣川等地的大麻生产也略有发展。

（二）栽培技术

1. 轮作　《齐民要术》指出大麻不宜连作，如连作易发生

---

① 《新唐书·地理志》；《元和郡县制》。

② 据《蛮书》和《新唐书·北狄传》。

③ 《明史》卷七八，志第五十四，食货二。

病害而影响纤维质量。指出大麻可与谷子、小麦、豆类等轮作。《补农书》指出：浙江嘉兴“东路田皆种麻，……盖取其成之速，而于晚稻、晚豆仍不害也。”并具体地指出：“春种麻，麻熟，大暑倒地。及秋下萝蔔，萝蔔成，大寒复倒地，以待种麻。两次收利。”介绍了大麻与水稻、豆类和蔬菜轮作的经验。

2. 间、混套种　早在《齐民要术》中已介绍很多种方式：①在大麻田中套种芜菁；②在种榖楮时与大麻混播，“秋冬仍留麻勿刈，为楮作暖”[①]，可起防寒作用；③在种槐时和麻子撒之，当年之中，即与麻齐，麻熟刈去，独留槐，至“明年劚地令熟，还于槐下种麻，三年正月移而植之，亭亭条直，千百若一。”[②]并说这是根据“蓬生麻中，不扶自直”[③]的原理而创造出来的套种混种方法。但却都反对在大豆间种大麻，以免导致“两损”而收并薄。这与《农桑经》所说“豆地宜夹麻子，麻子能避虫”[④]的主张相反，谁是谁非，值得研究。

3. 浸种催芽和冬播　《齐民要术》载有大麻浸种催芽的方法：“取雨水浸之生芽疾，用井水则生迟。浸法：著水中，如炊二石米顷，漉出，著席上，布令厚三四寸，数搅之，令均，得地气，一宿则芽出。水若滂沛，十日亦不生。”[⑤]总结出用雨水浸比用井水浸出芽快，大概因为井水温度较低的缘故。还得出水不宜太多，多则不宜出芽的经验。并指出，如土壤含水量多时可浸种催芽后播种，如土壤水分少时则只浸种不催芽即行播种。

大麻一般为春播或夏播，但是我国农民都利用大麻耐寒的特性，实行冬播，如元代《农桑衣食撮要》就指出“十二月种麻”，又说“腊月八日亦得”。这是我国古代农民的创造。

---

① 《齐民要术》卷第五，种榖楮第四十八。
② 《齐民要术》卷第五，种槐、柳、楸、梓、梧、柞第五十。
③ 此句出自《荀子·劝学篇》。蓬，蒿也。蒿（音 hāo），菊科蒿属植物。
④ 蒲松龄：《农桑经》五月。
⑤ 《齐民要术》卷第二，种麻第八。

4. 施肥和浇水 汉代以前，未见施追肥的记载。《氾胜之书》首次提到种麻“树高一尺，以蚕矢粪之，树三升。无蚕矢，以溷中熟粪粪之亦善，树一升”。以后《陈旉农书》、《农桑衣食撮要》、《三农纪》等都主张多次追肥，并主张以蚕粪、熟粪、麻子饼等和草木灰配合使用。关于浇水，《氾胜之书》提出：“天旱以流水浇之，树五升，无流水，曝井水，杀其寒气以浇之。”特别提出井水要经曝晒以后提高水温才能使用。

5. 对雌雄株的认识和应用 在《尚书》、《诗经》、《尔雅》等古籍中便有专指雄麻的“枲”字，专指雌麻的“苴”字和专指麻子的“黂”字。或把雄麻称为“牡麻”，把雌麻称为“苴麻”。《氾胜之书》指出要待雄麻散发花粉后才能收割。《齐民要术》进一步指出：“既放勃，拔去雄”，如“若未放勃，去雄者，则不成子实。”所谓“放勃”，就指散发花粉。只有放勃后收获雄株，雌株才能使种子发育成熟。而雄株的麻皮也可以正常利用。否则，雌株便不能结实。《齐民要术》还进一步指出：“未勃者收，皮不成。放勃不收，即骊（音丽，黑色）。”① 说明放勃前收，因雄株未成熟，会影响雄株的纤维质量，放勃后不及时收，麻皮会因为积累很多有色物质而降低品质。这是我国古代劳动人民智慧的结晶。

6. 沤麻 沤麻时如何掌握好发酵程度是沤麻好坏的关键。《齐民要术》认为：“生则难剥，大烂则不任”，清代张宗法《三农纪》卷十一大麻详细介绍了老农的经验：认为将麻放入沤池后，“至次日对时，必池水起泡一两颗，须不时点检，待水泡花叠，当于中抽一茎，从头至尾搯之，皮与秆离，则是时矣。若是不离，又少待其时。必泡散花收，麻腐烂，不可剥用。得其时，急起岸所，束竖场垣。”还引用老农的话作告诫：“吃了一杯茶，误了一池麻。”非常强调要视水泡多少来判断发酵程度，要不迟

① 《齐民要术》卷第二，种麻第八。

不早，恰到好处，才能做出好麻。

麻的用途：首先是麻纤维可用于织布、制被毯、绳索、牛衣、麻鞋等，汉代开始还用作造纸原料。其次，大麻子曾作粮食食用，成为“五谷”之一。《诗经·豳风·七月》中有“九月叔苴……食我农夫”的记载，其中的“苴”就是大麻子。大概在宋代以后，随着稻麦等谷类作物的广为种植，大麻子作为食用的情况才逐步少见，但有些地方，如广西瑶族，直到现代仍保留食大麻子的习惯。明代宋应星曾在《天工开物》中对麻子作为五谷之一表示怀疑，是完全没有必要的。第三，麻子还可以榨油，主要用作燃灯和油物。麻子还可以作饲料，《农政全书》说用来饲猪，“麻子二升，捣十余杵，盐一升同煮，和糠三升饲之立肥”，母鸡下卵时，“日逐食内夹以麻子喂之，常生卵不菢”①。第四，大麻的嫩叶，可作救荒食物②。第五，其叶和花可作药材，麻叶还有防蛀作用，用途非常广泛。

第二节 葛和苎麻栽培史

一、葛栽培史

（一）起源

葛（*Pueraria thunbergiana* Benth.）是我国古代重要的纤维植物之一。先是利用其野生的植物纤维，利用的历史在 6 000 年以上，明确的文献记载也有 2 500 年以上。大概在春秋战国前后转入人工栽培和采集野葛并存的时期。

江苏吴县草鞋山新石器时代遗址出土过三块炭化葛布残片，距今有 6 000 多年，是迄今发现最早的葛布。先秦时期关于葛和葛布的记载不少，《诗经》中多次谈到它，如“绵绵葛藟，在河

① 《农政全书》卷四十一，牧羊，六畜。

② 《救荒本草》山丝苗。

之浒”。“维叶莫莫，是刈是濩，为𫄨为绤，服之无斁”。“纠纠葛屦”等，描述葛的生长和用葛织布并制衣作履。当时的葛布有三种类别，即𫄨、绤、绉。毛传释为“精曰𫄨，粗曰绤”，“𫄨之靡者为绉”。说明𫄨是精葛布，绤是粗葛布，绉是精美葛布。表现出当时的葛布纺织技术已有较高的水平。

（二）人工栽培

人工种葛始见于《越绝书》：“葛山者，勾践罢吴，种葛，使越女织治葛布，献于吴王夫差，去县七里。”[1] 据《吴越春秋》记载，越王勾践给吴王夫差献上葛布，一次多达10万匹。以后人工栽培一直和采集野葛并存。人工栽培方面，历代文人多有提及，如魏曹植“种葛南山下，葛藟自成阴。”明代张时彻《种葛篇》：“种葛南山下，春风吹葛长。二月吹葛绿，八月吹葛黄。腰镰逝采掇，织作君衣裳”等[2]。宋元以后，随着棉花的大面积推广，葛的种植面积逐渐缩小，但天气炎热的岭南地区，葛布生产仍然有发展，如《广东新语》卷十五说，明清时期广东增城“女儿葛”，“有如蜩蝉之翼”，“卷其一端，可以出入笔管”。这当然是葛中的精品。

（三）采收加工

《诗经·周南·葛覃》提到“是刈是濩”，“濩”，就是用水煮烂后进行加工。王象晋《群芳谱》桑麻葛谱提到：“夏日葛成，嫩而短者留之，一丈上下者连根取，谓之头葛。如太长，看近根有白点者不堪用。无白点者可截七八尺，谓之二葛。”“采后即挽成网，紧火煮烂熟，指甲剥看，麻白不粘青，即剥下，长流水边捶洗净，风干，露一二宿尤白，安阴处，忌日色，纺之以织。”这段工序叫“练葛”。

---

① （东汉）袁康，吴平辑录：《越绝书》越绝外传记地传第十，上海古籍出版社，1992年。

② 《列朝诗集》丁集第三，张尚书时徹，采葛篇。

葛的块根用途也很大，一般在农历五月采挖，可鲜食，可晒干，可制粉，可入药。

二、苎麻栽培史

（一）起源和发展

苎麻［*Beohmeria nivea*（L.）Gaudich］起源于我国的中、西部地区。利用的历史在6 000年以上。1975年在浙江余姚河姆渡新石器遗址中出土了6 000年前的苎麻绳索。这是迄今出土最早的苎麻遗物。他如浙江钱山漾（距今4 700年）发掘有细致的苎麻织物，福建崇安、湖南长沙、安徽舒城、江苏六合、江西贵溪等均发现有从新石器时代至西汉时期的苎麻织物。古籍记载方面，《诗经·陈风》已有“东门之池，可以沤纻”之句，《礼记》则有“纻麻之有縻”（牵牛的绳子）之说。周代还设有“典枲”的官员。《周礼·天官·冢宰下》：“典枲掌布、缌、缕、纻之麻草之物”。《淮南子》则有：“冬日被裘罽，夏日服絺纻”的说法，絺纻即精美的苎麻织物。

苎麻有白叶和绿叶之分，中国苎麻为白叶变种，日本、朝鲜、菲律宾及热带各国都由中国传去。18世纪苎麻传入英国、法国，接着又传入美国和非洲等地，所以世界各地，除印度外，都是白叶变种，而欧美多称苎麻为“中国草”，而日本节称苎麻为“南京麻”。只有印度苎麻为绿叶变种。

苎麻［图片来源：（清）吴其濬著：《植物名实图考》卷十四，隰草类，商务印书馆，1957年，第352页］

1. 先秦时期　南北均有种植，据《尚书·高帝纪》、《上林赋》等的记载看，当时在今陕西、河南等地种植相当多。又据《汉书·地理志》、《华阳国志》等记载，在今湖南、四川、海南岛也种植苎麻。三国时的《毛诗草木鸟兽虫鱼疏》还记载说："纻亦麻也。……荆扬之间，一岁三收。今官园种之，岁再割。"说明三国时今两湖和江浙间的苎麻生产已达到一年三收。官园种植也能一年二收。南朝宋时，岭南地区已能生产出精丽轻薄，一端数丈，可以卷而入之小竹筒的精品纻布，名为"入筒细布"。唐代开始，苎麻生产的重点地区在南方，《新唐书·地理志》所载当时贡纻的地区主要在南方，如四川、两湖、江西、安徽、江浙、福建、两广、贵州等地，而北方只有陕西、河南和甘肃。表明当时南方的苎麻生产已大大超过了北方。

2. 宋元时期 宋元间，由于棉花已发展到长江流域，并向黄河流域推进，而棉花具有"不麻而布，不茧而絮"的优点，因而对麻类作物的发展形成很大的制约，所以宋元时期总体来说，北方的苎麻生产在收缩。以致《王祯农书》有"北人不知治纻"之说。而在南方，早在汉代已有棉花种植，且因南方天气炎热，纻布比棉布更适合南方人穿衣的需求，所以宋元时期南方的苎麻生产仍有一定的发展。

3. 明清时期 明初曾规定各户要保证有一定面积的麻田，并规定麻布为纳税物品之一，这对苎麻生产有一定的促进作用。当时以江西、湖南和闽粤为盛，形成了不少著名产区。

（二）栽培技术

苎麻繁殖分为有性繁殖和无性繁殖两种方法，各有利弊。

1. 有性繁殖 古代农民除了注意精选种子、培育壮秧、精细整地之外，还特别在苗床管理、假植、移栽等方面积累了丰富的经验。如播种时为了防止大雨冲散种子，防止烈日曝晒幼苗和防止干旱，元代《农桑辑要》提出了搭棚覆盖的方法，认为："畦搭二三尺高棚，上用细箔遮盖。五六月内炎热时，箔上加苫重盖，惟要阴密，不致晒死。但地皮稍干，用炊帚细洒水于棚上，常令其下湿润”，如“遇天阴及早、夜，撒去覆箔。至十日后，苗出，有草即拔。苗高三指，不须用棚。如地稍干，用微水轻浇。”① 他如《农桑衣食撮要》和清代《致富全书》则提出播后盖草的方法，其作用与搭棚覆盖的原理是一样的。

苗高三寸后，有的直接移入大田栽培，有的为了抗寒越冬，还需要作一次“假植”，如《农桑辑要》所说：“约长三寸，却择比前稍壮地，别作畦移栽。临移时，隔宿先将有苗畦浇过，明旦，亦将做下空畦浇过，将苎麻苗用刃器带土掘出，转移在内，相隔四寸一栽。”假植之后，“务要频锄，三五日一浇，如此将护二十日之后，十日半月一浇。至十月后，用牛驴马生粪厚盖一尺”，以后再“来年春首移栽”。假植厚盖，便于安全越冬，至第二年春初再正式移栽。移栽要讲究时宜，《农桑辑要》主张“地气已动为上时，芽动为中时，苗长为下时”。说明春初土解冻时移植最好。

2. 无性繁殖　无性繁殖包括分根繁殖和压条繁殖。关于分根繁殖，19 世纪末出版的《抚郡农产考略》等指出：“掘土极松，掘麻兜嫩根分擘栽之，每棵横直相距尺许，三年即蔓延遍地，老根下垂如芋，俗谓之麻肚，不可用。”② 元代《农桑辑要》说：“第三年根颗交胤稠密，不移必渐不旺，即将本科周围稠密新科，再依前法（分根法）分栽。”清代《三农纪》卷十一苎中更指明：“苎已盛时，宜于周围掘取新科移栽，则本科长茂。”说明分根不光是为取种繁殖，而且也有可使本株繁盛的作用。关于压条法，最早见于《农桑辑要》卷二，说：“压条滋胤，如桑法。”《农政全书》也认为：“无种子者，亦如压条栽桑，取易成速效”，并说：“今年压条，来年成苎，或云月月可栽。”③ 说明

① 《农桑辑要》卷二，苎麻。下引同。
② （清）何刚德：《抚郡农产考略》卷下，苎麻。下引同。
③ 《农政全书》卷三六，蚕桑广类，苎麻。

压条繁殖更加快速。古人常把新苎园的繁殖和老苎园的更新结合起来进行，正如《群芳谱》所说："苎已盛时，宜于周围掘取新科，如法移栽，则本科长茂，新栽又多。"

3. 田间管理 主要是注意中耕、施肥、灌溉和保护麻兜安全越冬。《抚郡农产考略》指出："剥后即锄草，岁以三次为率。"关于施追肥，《陈旉农书》指出："若能勤粪治，即一岁三收。"[①]一般情况下，刈后结合施追肥还进行浇水，如《群芳谱》所说"剥后即以细粪壅之，旋用水浇"，而浇水的时间则"必以夜或阴天"为宜。苎麻喜温畏寒，古人多以粪肥壅盖，以保其安全越冬。《农桑辑要》指出："至十月，即将割过根楂，用驴马粪盖厚一尺，不致冻死。"《农政全书》则对其注说："如此厚盖，则栽得过冬，所以中土得种。若北方未知可否？吾乡三十度上下地方，盖厚一二寸即得矣。"认为河南厚盖一尺可以越冬，再北边能否越冬未能肯定。南边的上海等地则盖一二寸便可以了。明王象晋《群芳谱》桑麻葛谱中认为："十月后用牛马粪盖厚一尺，庶不冻死。二月后，耙去粪，令苗出，以后岁岁如此。若北土，春月亦不必去粪，即以作壅可也。"[②] 总之，古人用来培壅苎根的肥料，大致有牛马粪、糠秕、草木灰、塘泥、麻泥、杂草等。

4. 适时收割 适时收割是古代苎农的宝贵经验。明代《菽园杂记》卷十四认为："若过时而生旁枝，则苎皮不长。生花则老，而皮粘于骨，不可剥，遭大风吹折倒，皮亦有断痕而不佳矣。"什么时候收割最好？《士农必用》认为："割时须根旁小芽高五六分，大麻即可割。大麻既割，其小芽荣长，即二次麻也。若小芽过高，大麻不割，芽既不旺，又损大麻。"[③]《农桑衣食撮

① 《陈旉农书》卷下，种桑之法篇第一。

② 据《广群芳谱》卷十二，桑麻葛谱二，苎麻。

③ 《中国农学遗产选集甲类第八种·麻类作物（上编）》据《农学合编》卷二引。

要》则提出“看根赤便刈”。[①]《抚郡农产考略》则主张：“视麻皮色灰黑至梢，则可剥，仅半月剥尽，早则太嫩，迟则浆干。”

（三）利用

苎麻除可作纺织原料外，苎根可食。明代《救荒本草》指出苎麻可救饥“采根，刮洗去皮，煮极熟，食之甜美”。[②]《广东新语》还说：“其苗之稚者可芼，是曰麻蓝，广人多以醋炒食之，山中之仙蔬也。”[③] 客家人还用苎叶加米粉做成苎叶粄。

第三节　棉花栽培史

棉花（*Gossypium* L.）是栽培最广泛的纤维作物之一，也是唯一一种由种子产生纤维的农作物，栽培种包括草棉、亚洲棉、陆地棉和海岛棉。其中栽培最广泛的是陆地棉，其产量占全世界棉花总产量的 90%。现在全世界有 150 个国家植棉，主要集中在亚洲和美洲。亚洲棉产量占全世界总产的 64%（1988），中国、美国、印度、巴基斯坦和乌兹别克斯坦是世界五大产棉大国，中国棉田面积在前二、三位。在中国，除西藏、青海、黑龙江、吉林 4 个省区外，其余省区均有棉花生产。中国产棉最多的 1984 年，产棉 626 万吨，占世界总产量的 32.5%。

（一）棉花的起源和分布

草棉起源于非洲。亚洲棉起源于亚洲的阿拉伯地区和印度的班格尔和阿萨姆高地。陆地棉和海岛棉则起源于中南美洲及邻近岛屿。可以认为，棉花的起源是多中心的。

中国虽然不是棉花的起源中心，但在中国已有悠久的栽培历史，而且在民间形成了“吉贝”、“古贝”、“白叠”、“梧桐木”、

① 《农桑衣食撮要》五月，刈苎麻。

② 《救荒本草校注》卷二，苎根。

③ 《广东新语》卷二七，草语，麻蓝。

“古终藤”、“木棉”等许多别名。1979 年在福建崇安县武夷山的悬棺中发现一批纺织物残片，其中有一块青灰色的残片，经鉴定是棉织物，据测定是距今 3 200 多年前的遗物，说明我国南方的一些地区已经懂得种棉织布。在文字记载方面，一般认为《尚书·禹贡》所载“淮海惟扬州，……岛夷卉服，厥篚织贝”的织贝，指的是棉花。“织贝”相当于“吉贝”，岛夷指海岛上的少数民族，卉服是指棉花等做的衣服。也说明早在 3 000 多年前，我国已有棉花的栽培和利用。此外，在新疆吐鲁番等地还多次发现过汉代和唐代的棉织物，特别是在吐鲁番高昌时期（460—640）的墓葬里还发现一张北魏和平元年（460）借贷棉布等物的契约。其中有一次借贷叠布（棉布）60 匹的内容，说明很可能当时是把棉布当作钱币流通，可与《梁书·西北诸戎传》所说高唱国所织的白叠布“甚软白，交市用焉”的情况相印证。说明早在 1 500多年前的新疆确已种植非洲棉了。

中国古代种植的是非洲棉（草棉）和亚洲棉。陆地棉和海岛棉直至近代才引入。亚洲棉又称中棉，据《南州异物志》、《蜀都赋》、《岭外代答》等多种文献记载，公元 1—12 世纪在云南、广东、广西、福建、海南岛等地原先种植的棉花都是多年生木棉，直到 16 世纪王世懋《闽部疏》中还说：“昔闻长老言，广人种绵花，高六七尺，有四五年不易者。余初未之信，过泉州至同安龙溪间，扶摇道旁状若榛荆，迫而视之，即绵花也。时方清和，老干已着瘦黄花矣。然不可呼为木棉。木棉花者，高树丹花若茶，吐实蓬蓬，吴中所谓攀枝花也。杨用修俱载《丹铅》以为异，曰云南沾益有之，闻嶺广尤多。”其实在我的家乡陆河县，直至 1949 年以前，仍有人在屋前屋后或菜园中种植多年生木棉以供赏玩。大约在 12 世纪（南宋）中叶以后，才引种或培育出一年生的棉花。中国种植的亚洲棉，一般认为是从印度到云南、两广、福建和海南岛，南宋以后才逐步发展到长江流域和黄河流域。但也有人认为中国的华南也可能是亚洲棉的原产地之一。

非洲棉又称草棉，或小棉，是由中东经“丝绸之路”传入新疆，后发展至河西走廊，但并没有向东扩展至黄河中下游地区。

陆地棉和海岛棉，又称美棉，原产中南美洲，正式引入陆地棉的是清末湖广总督张之洞，他为了给机器织布局提供较好的纺纱原料，曾于 1892 年、1893 年和 1998 年三次由美国引入。后来清政府和地方当局又曾多次从美国和朝鲜引入推广，但均因未掌握适当的方法而以失败告终。直至 1919 年，上海华商纱厂联合会，吸取以往失败的教训，采取有效措施，才引种成功。

（二）中国棉花的分布和发展

中国棉花的分布和发展分为宋代以前和宋代以后两个绝然不同的阶段。

宋代以前，我国棉花只分布于西南、岭南和西北地区。在南方除《禹贡》记载的“岛夷卉服”外，据 3—5 世纪的《蜀都赋》等文献记载，在今广东、广西及云南西部一带早有多年生棉花种植。因为这些地方气温高，能满足棉花越冬的条件。在西北仅分布于新疆，除考古工作者发现过汉代的棉织物外，《梁书·西北诸戎传》还记载当时的高昌国（今吐鲁番地区）等地也有棉花种植。

宋以后，棉花从边缘地带向长江、黄河流域扩展。在南方，除岭南、海南、云南外，还向福建发展①。长江、黄河流域，由于气温低，多年生木棉无法越冬，所以直至 12 世纪中后期才从华南引入一年生木棉种植。至宋末元初胡三省在《资治通鉴》注中指出：“木绵，江南多有之。”② 元代《王祯农书》也说：“近江东、陕右亦多种。”③ 并说：“木棉产自海南，诸种艺制作之法，骎骎北来。江淮川蜀，既获其利。”④ 说明当时长江流域已

① 《文昌杂录》。

② 《资治通鉴》卷一百五十九，梁纪十五，武帝大同十一年。下引同。

③ 《王祯农书》百谷谱集之十，杂类，木绵。

④ 《王祯农书》农器图谱集之十九，木绵序。

广泛种棉。《元史》记载，至元二十六年（1289）曾“置浙东、江东、江西、湖广、福建木棉提举司。责民岁输木棉十万匹”。此后的税制中还将棉花及棉布列为夏税征收的实物之一。这说明上海及其临近地区，自从黄道婆从海南带回先进的纺织工具和技术后，其植棉业和纺织业已处于领先地位。从明代起，长江三角洲的植棉业更加发展，形成以上海为中心的重要棉花生产基地。在北方，《农桑辑要》曾说“近岁以来，……木棉种于陕右”①，说明陕西植棉较迟，迟至13世纪末至14世纪初。明代开始黄河中下游的植棉业才有较大的发展，种棉最多的是河南。16世纪钟化民在《赈豫记略》中说：“臣见中州沃壤，半植木棉。”② 他如山东、山西、陕西等地也有所发展。

元代《王祯农书·农器图谱集之十九》曾说：种棉花“比之蚕桑，无采养之劳，有必收之效；埒之枲苎，免绩缉之功，得御寒之益，可谓不麻而布，不茧而絮。”成为“地无南北皆宜之，人无贫富皆赖之”③ 的衣被原料。因而宋元以来，便逐渐取代了丝麻的地位，成为最重要的纤维作物。

（三）栽培技术

1. 稻棉轮作和棉麦两熟　《农政全书》总结上海一带棉农的经验时指出：“凡高仰田可棉可稻者，种棉二年，翻稻一年，即草根溃烂，土气肥厚，虫螟不生。多不得过三年，过则生虫。”说明轮作可以除草、避虫，增加土壤肥力。该书还指出：“若人稠地狭，万不得已，可种大麦或稞麦，仍以粪壅力补之，决不可种小麦。”原因是小麦迟熟，麦后种棉时间太晚。为解决麦后种棉太迟的问题，《农政全书》曾提出：“今人种麦杂棉者多苦迟”，故建议“预于旧冬耕熟地穴种麦。来春就于麦陇中穴种棉。但能

① 《农桑辑要》卷二，论九谷风土时月及苎麻木绵。

② 《荒政丛书》卷五，钟忠惠公赈豫纪略，救荒图说，道光瓶花书屋本。

③ 《农政全书》卷三五引丘浚《大学衍义补》。

穴种麦，即漫种棉，亦可刈麦。”① 即主张冬耕后点播麦，明春在麦穴间点播或撒播棉，用棉麦套种的方法解决棉麦两熟中时间不足的矛盾。此外，油菜、蚕豆、黄花苜蓿等亦可作为棉花的前作。

2. 选种和温汤浸种　关于选种，《王祯农书·百谷谱集之十》曾指出：“所种之子，初收者未实，近霜者又不可用，惟中间时月收者为上。”直到现在仍采用这一方法。关于浸种，《格物粗谈》和《农桑辑要》已有记载。清代的《豳风广义》首次记载了用开水浸种的方法：“种时先取中熟青白好棉子，置滚水缸内，急翻转数次，即投以冷水，搅令温和。如有浮起轻秕不实棉子，务要捞净。只取沉底好子，漉出，以柴灰揉拌。”② 清代丁宜曾《农圃便览》介绍的方法则略有不同：“种时以滚水泼过，即以雪水草灰拌匀种之。”这些方法，与现在的温汤浸种相类似。既可催芽，又能杀死棉籽上的虫卵和病菌。

3. 锄棉　胡三省在《资治通鉴》注中指出：棉花“既生，须一月三薅其四旁。失时不薅，则为草所荒秽，辄萎死。”明代《群芳谱》、《农政全书》和《张五典种法》都强调锄棉须七遍以上，主张在夏至前多锄为佳，并举出当时流行于长江三角洲的农谚“锄花要趁黄梅信，锄头落地长三寸”来说明锄棉的时机和作用。当地的“黄梅信”正是在夏至前后，棉未开花，是锄棉促其生长发育的好时机。清代《植棉纂要》更指出锄棉的具体方法：“锄芸之法，宜近根二三寸，将土松动，遗土即培护根下，则土松培厚，苗得行根深远，使耐旱耐风雨。”

4. 整枝　打顶和打边心是北方棉田管理中的一项重要措施，《农桑辑要》认为：“苗长高二尺之上，打去‘冲天心’。旁条长

① 《农政全书》卷三五，蚕桑广类，木棉。

② （清）杨屾：《豳风广义》卷之下，园制。

尺半，亦打去心，叶叶不空，开花结实。”① 明代《农政全书》则认为：“摘时视苗迟早，早者大暑前后摘，迟者立秋摘，秋后势定勿摘矣。”② 如能把以迟早和节气为依据与上述依主茎和分枝的高度和长度为依据结合起来，似乎更为科学和合理。《张五典种法》则强调打顶摘边必须在晴天进行，认为“雨暗去心则灌聋而多空干”③。灌聋，即不能坐蕾结铃。这是因为阴雨天摘心，伤口不易愈合，容易引起病害的发生。《植棉纂要》还认为打顶摘心是中国人的创造：“此中法之所以异于西，即中法之所以胜于西也。”至于去营养枝、抹赘芽、打老叶等技术，则可能是20世纪初黄河流域棉农在引进陆地棉之后才采用的方法。因为陆地棉植株高大繁茂，成熟期较迟，有必要采取这些技术。这在20世纪20年代的一些书刊中已有报导。

（四）用途

棉花除用其纤维纺纱织布外，棉籽也有多项用途。《本草纲目》将棉籽油列为药物，清褚华《木棉谱》说：棉籽“性解毒，能治恶疮乳痈”。《物理小识》说“其子仁可榨油，为粘舟用。”④《三农纪》卷十一棉说：其“子可榨油，渣可粪田；子饲牛马易壮，秸可炊，叶饲畜。”《南越笔记》也说：当时广州“牛必以吉贝核渣饲之，乃肥有力。核中有仁榨油，以其渣尚有润泽，故牛嗜之。”⑤ 可见棉籽的用途相当广泛。

第四节　桑树栽培史

桑树属于双子叶植物纲，荨麻目，桑科，桑属（*Morus*

① 《农桑辑要》卷二，木绵。
② 《农政全书》卷三五，蚕桑广类，木棉。
③ 《农政全书》卷三五引。
④ （明）方以智：《物理小识》卷九，草木类上，绵花。
⑤ （清）李调元：《南越笔记》卷一。

L.)，是落叶性多年生木本植物，乔木多，灌木少。我国有栽培桑种 4 个，野生桑种 11 个，是世界上分布桑种最多的国家。

（一）栽桑的起源和传播

栽桑和养蚕是密不可分的产业，在探讨栽桑的起源时必然离不开探讨养蚕的起源。首先，在考古发掘方面，1926 年，在山西夏县西阴村仰韶文化遗址中曾发现一个“半割的茧壳”[①]，经测定，其距今约为 5 000～7 000 年。1958 年，在浙江吴兴钱山漾遗址发现距今 4 710±100 年的绢片、丝带，经鉴定为家蚕丝织成[②]。20 世纪 70 年代在山西省芮城县西王村发现新石器时代的陶俑[③]。在浙江余姚河姆渡遗址发现蚕纹牙盅[④]。其后还在北京、河北、陕西、辽宁等地的新石器时代遗址中发现了陶蚕蛹或玉蚕等文物。说明早在五六千年以前，我国先民已经掌握了栽桑、养蚕、丝织技术，证明我国是最早发明栽桑、养蚕、丝织的国家。

从文字记载上看，殷商时代的甲骨文出现了蚕、桑、丝的象形文字，其中桑字共有 6 种，显示了各种不同树型的桑树，包括地桑（低干桑）和树桑（高干桑和乔木桑）。说明早在 3 500 年前我国已栽培多种类型的桑树。《夏小正·三月》中有“摄桑委扬”之句，意即整理桑树，去掉扬出的枝条。《诗经》所载各种植物中，桑出现的次数最多，如《魏风·十亩之间》：“十亩之间兮，桑者闲闲兮。”《豳风·七月》：“女执懿匡，遵彼微行，爰求柔桑”等。前者讲述桑田的面积，后者反映妇女采桑养蚕的情景。

战国以后，蚕桑业有很大发展，战国时期的一些铜器上也出

---

① 李济：《西阴村史前遗存》，清华大学研究院第三种，1927 年。

② 《考古学报》，1960 年第 2 期 73 页。

③ 《考古学报》，1973 年第 1 期。

④ 《文物》，1980 年第 5 期 1 页。

现了一些采桑的图像，如故宫博物院藏品宴乐铜壶、河南省辉县出土的铜壶和四川成都出土的铜壶上都有采桑图像，说明当时栽桑事业很受重视，正如《孟子·梁惠王上》所说："五亩之宅，树之以桑，五十者可以衣帛矣。"汉代四川成都出土的"汉代采桑图"和山东嘉祥武梁祠石刻中的"东汉采桑"图等，可与《史记·货殖列传》所记"齐鲁千亩桑麻……此其人皆与千户侯等"相印证。20 世纪 70 年代在甘肃嘉峪关市魏晋墓中出土的画像砖中有多幅采桑图，所绘桑树似乎是低干桑（地桑），与《齐民要术》所说"春采者，必须长梯高几"有所不同，大概是品种的差异，《齐民要术》中记载了当时已有荆桑、鲁桑、地桑、女桑等品种。

战国宴乐铜壶上的采桑图案（图片来源：陈文华编著：《中国农业考古图录》，江西科学技术出版社，1994 年，第 84 页）

新石器时代，我国的河北、北京、陕西、辽宁、山西、甘肃、浙江等地均有蚕桑生产，这从出土文物中已充分反映出来，其后黄河流域和长江流域均有发展，而以黄河流域为中心，正如《史记·货殖列传》所说："齐鲁千亩桑麻，……此其人与千户侯等"。唐宋以后，我国蚕桑业中心转移到长江下游太湖地区，据《宋会要辑稿》中各路租税和上贡的丝织品统计，长江下游各路约占全国半数，其中两浙路更占全国总数的四分之一左右。至明清时期，江南蚕桑业更加发达，“湖民力本射利，计无不息，尺寸之堤必树之桑……富者田连阡陌，桑麻万顷”①。这时，珠江三角洲的桑基鱼塘也已发展起来。

我国的蚕桑技术很早便传往国外，早在公元前3世纪，希腊人已称中国为“丝国”。汉朝张骞出使西域，他走过的中外贸易、文化交流之路，后人称之为“丝绸之路”。汉代，我国蚕桑技术先后传入君士坦丁堡、欧洲、朝鲜和日本等地。

（二）古代桑树品种

我国古籍中，很早便有关于桑树品种的记载。周代的《尔雅》中载有女桑、桋桑、檿桑和山桑。南北朝以前，山东是蚕桑业的中心地区之一，古籍中常常提到的鲁桑，便是山东桑树品种的总称。《齐民要术》中已有关于黑鲁桑和黄鲁桑的记载，并说：“黄鲁桑不耐久，谚曰：‘黄鲁百，丰绵帛’，言其桑好，功省用多。”② 说明黄鲁桑是个优良品种。但其缺点是树龄短，不耐久。直到元代《王祯农书》仍说：“桑种甚多，世所名者，荆与鲁也；凡枝干条叶丰腴者，鲁之类也。”③ 但是从宋代起，全国蚕桑业的重心已从山东逐渐转移到杭嘉湖地区，南宋的《梦粱录》、《陈旉农书》以及明代黄省曾《蚕经》、明末的《沈氏农书》等都载有产自杭嘉湖地区的优良桑种。清初张炎贞的《乌青文献》更全面记录了密眼青、白皮桑、荷叶桑、鸡脚桑、扯皮桑、尖叶桑、晚青桑、火桑、山桑、红头桑、槐头桑、鸡窠桑、木竹桑、乌桑、紫藤桑、望海桑等16种杭嘉湖地区的著名桑种。杭嘉湖的桑树品种统称为“湖桑”，因为湖桑品质优良，所以全国各地常有人到嘉湖一带购买桑苗栽种，嘉兴、湖州一带也有一些农民专以培育湖桑桑苗为业。目前，中国国家镇江桑树种质资源圃已保

---

① 万历《湖州府志》卷二。

② 《齐民要术》卷五，种桑柘第四十五。

③ 《王祯农书》农器图谱集之十七，蚕桑门。

存桑树种质资源 12 个种、3 个变种近 2 000 份。其中栽培种有白桑、鲁桑、广东桑、瑞穗桑 4 种，野生桑有山桑、长穗桑、华桑、黑桑、蒙桑、长果桑、细齿桑、川桑、唐鬼桑、滇桑、鸡桑等 10 多种，成为我国桑树种质资源的宝库。

(三) 桑苗繁殖

古人曾用直播、压条、嫁接等多种方法繁殖桑树，直播方法是最古老的方法，又称种桑椹子。《陈旉农书》对此有过详细的论述，认为："若欲种椹子，则择美桑种椹，每一枚剪去两头。……唯取中间一截。"[1] 取出的桑椹子，还要"以水淘去轻秕不实者，择取坚实者，略晒干水脉，勿令甚燥，种乃易生。"还要选择肥壤土，反复锄、粪三四转，平整了乃于地面匀薄布细沙，在沙上匀布椹子，再以薄沙掺盖其上，如此则易生芽蘖，易长茂。此外，古人还用一些特殊方法播种椹子，如《农桑辑要》引用《务本新书》介绍了一种"绳播法"，是把桑椹抹于草绳上，桑籽粘附在绳缝中，然后将草绳排放在畦沟中种植[2]。清末叶向荣《农林蚕说》更介绍了"豚桑"的播种方法："夏初椹熟，拣肥大者，拌食喂猪，取粪和匀种之，名曰豚桑，其叶厚大。"这些方法，虽然手续繁琐，但也颇具特色，具有参考价值。

嫁接也是桑树繁殖的重要方法，唐代以前嫁接方法主要用于果树，宋代《格物粗谈》卷上说："桑以楮接，则叶大。"《琐碎录·农桑》则说："穀树上接桑，其桑肥大。"《陈旉农书》也说湖州安吉人都能用嫁接法繁殖桑树，说明宋代桑树嫁接技术已较普及。元代以后，发展更快，《农桑辑要》介绍了插接、劈接、搭接、靥接 4 种方法。《王祯农书》则论述了身接、根接、皮接、枝接、靥接、搭接等 6 种方法。并认为："凡桑果以接缚为妙，一年后便可获利。……一经接缚，二气交通，以恶为美，以彼易

---

① 《陈旉农书》卷下，种桑之法篇。

② 《农桑辑要》卷三。

此，其利有不可胜言者。”明代《农政全书》指出嫁接的关键技术是要“皮肉相向”、“皮对皮”、“骨对骨”，“更紧要处在缝对缝”[①]。这里说的肉和骨就是木质部，所说的皮是树的表皮和韧皮部的统称。所说的缝指的是形成层。古书上的这些记述，表明古人已基本上掌握嫁接的关键技术。此外，《齐民四术》记载：乌桕“其椿接桑最茂，不生虫，且耐老，惟宜摘叶，不可剪条耳。”[②]《农林蚕说》则认为：“从草桑柯上接以家桑苗，则身大叶繁，二三年即成大家桑，即可耐久，而且免牛咬之患。”说明接桑的砧木是多种多样的。到19世纪后期，嘉湖地区的桑农更创造了袋接法，大大提高了嫁接繁殖桑苗的工作效率。

除直播和嫁接外，扦插、压条也是古人常用的桑苗繁殖方法。《齐民要术》、《陈旉农书》、《务本新书》、《士农必用》、《天工开物》等均有记载。《齐民要术·种桑柘第四十五》记载：“须取栽者，正月、二月中，以钩戈[③]压下枝，令着地，条叶生高数寸，仍以燥土壅之（土湿则烂），明年正月中，截取而种之。”《陈旉农书》则认为：“又有一种海桑，本自低亚，若欲压条，即于春初相视其低近本处条，以竹木钩钩钉地中，上以肥润土培之，不三二月，生根矣。次年凿断徙植，尤易于种椹也。”说明这种方法只适用于低亚的桑树，即地桑。《务本新书》和《士农必用》等则强调事先在树旁掘地成渠，然后将低枝钩钉在渠内进行压条。

（四）桑树管理

桑树栽培管理项目较多，包括移栽、施肥、除虫、除草、间作套种、修剪整枝等多项工作。

1. 桑树移栽和施肥　我国古代农桑并重，但一般说来最好

---

① 《农政全书》卷三一。

② （清）包世臣：《齐民四术》卷第一下，农一下，树植。

③ 戈，杙的本字，原意是小木桩。钩戈，即带钩的小木桩。

的土地都用来栽种粮食作物，田头屋角隙地才用以栽桑。正如《孟子》所说："五亩之宅，树墙下以桑。"但到明清时期，嘉湖地区栽桑养蚕比之栽种粮食有更高的利润，以致不少农民改稻田为桑园。清代《广蚕桑说》认为"桑树宜高平而不宜低湿"，所以在稻田上种桑，要锄地分垅，把桑树种在垅上。在易于积水的地方种桑，还要培土筑埂，把桑树种在埂上，再在四周开沟，以利排水。明清时期，珠江三角洲更创造了"塘养鱼，基种桑"的桑基鱼塘方式种桑。古人还注意到不同的桑树品种适于不同的土地环境，正如《种树书》上所说："移桑树：高树白桑，宜山冈地上、墙边篱畔种之……若是矮短青桑，宜水乡田土水畔种之。"古人强调桑地要深耕，使土脉疏松，桑根易于伸展。地势高的要种得深些，地势低湿的可以种得浅些，黏重的土壤可以加沙培壅，并施入熏土或沤肥，使其变得疏松。碱土种桑则要开沟洗碱，多施肥料，以减轻碱害。

桑园施肥，除用一般的农家肥料外，太湖地区还特别重视施用塘河泥和稻秆泥。正如《沈氏农书》所说："罱泥之地，土坚而又松，雨过便干。桑性喜燥，易于茂旺。若不罱泥之地，经雨则土烂如腐，嫩根不行，老根必露，纵有肥壅，亦不全盛。"并引古人的话说："家不兴，少心齐；桑不兴，少河泥。"以说明罱泥培桑的重要意义。古人对桑树施肥多在剪条或修斫后进行，有的一年施二次，有的施三次。明清时期嘉湖地区多施三次肥，从深秋到立春所施的为冬肥。《蚕桑辑要》说："冬季灌以厚粪，加以肥土，来年叶茂倍多。"清朱祖荣《蚕桑答问》卷上壅培法认为："立夏剪条后，近根锄开，厚壅一次，仍即盖好，不及数日，其芽复萌，枝必肥大，此所以培条也。腊、正两月修斫后，复如前法壅之，叶必蕃茂，此所以培叶也。"并提出警告说："惟采叶之前半月，切不可壅，壅则谓之壮叶，壮叶有毒，蚕食之必病且死。"

2. 中耕除草和间作套种

中耕除草，古已有之，其目的都是为了铲除杂草，减少病虫害，变杂草为肥料。同时还可疏松表土，起到透气保墒的作用。明清时期，嘉湖地区桑农把桑园中耕除草分为垦、倒、刭三种操作方法。用铁搭深翻叫做“垦”，《沈氏农书》说：桑园一年要垦二次，一次在夏伐后，称“垦蚕罢地”；另一次在冬至前，名为“垦过冬”。书中说：“垦地须在冬至之前，取其冬日严寒，风日冻晒。”垦地就是用铁搭翻起二三层土块，一块块架空，以改善土壤的理化性质。用锄锄地叫做倒，倒的作用是松土，《吴兴蚕书》认为：“蚕月采桑，地坨未免践实，蚕毕即趁晴倒晒。”用刮子刨土叫做刭，刭的目的是除草，《沈氏农书》指出：刭也要二三寸深，“若止于刮草，坨面上浮下实，一遇大雨，尽将面泥淋剥。”所以刭深一些，可以渗水，防止表土流失。

古人为充分利用土地，常在桑树下间种其他作物。如《齐民要术》说：“桑下常劚掘种绿豆、小豆，二豆良美，润泽益桑”，又说：“岁常绕树一步散芜菁子，收获之后，放猪啖之，其地柔软，有胜耕者。”《陈旉农书》认为：在桑圃“疏植桑，令畦垄差阔，其下遍栽苎。因粪苎，即桑亦获肥甚矣，是两得之也。”《农桑辑要》卷三引《农桑要旨》说：桑下“如种绿豆、黑豆、芝麻、瓜芋，其桑郁茂，明年叶增二三分。种黍亦可，农家有云‘桑发黍，黍发桑’，此大概也。”该书还指出：“桑间可种田禾，与桑有宜与不宜”，认为种谷、种蜀黍均不宜，不仅会降低桑叶质量，产量也会“十减二三。”《蚕桑答问》认为：桑下种麦蔬，“每种一次，锄翻一次，既取土松，且沾余利。惟黄豆、芥菜最能夺肥，苏人谚云：‘种豆种芥，三年必败。’二物尤能损桑，故以为戒。”这些，都是历代桑农的经验之谈。

3. 修剪整枝　宋代以前的桑树，多以乔木桑和高干桑为主，农书中多称修树为“科斫”或“剶”，工具多用利斧。明代起，太湖地区中干桑逐渐流行，后来更出现低干桑，修树多用镰、剶刀或桑剪。修剪的时间，《齐民要术》认为：“剶桑十二月为上时，正月次之，二月为下。”之所以如此规定，是因为要避免或减少修树时树液的流失。《陈旉农书》便明确地指出："大率斫桑要得浆液未行，不犯霜雪寒雨，斫之乃佳。若浆液已行而斫之，即渗溜损，最不宜也。"《蚕桑答问》也说："腊月为上，正月次之。(腊月津液未上，为时最好。春时科条者只图容易剥皮，不知却损津液。)"事实上如果树液流失过多，确会影响桑叶的产量和质量。为了避免桑液流失，除要选择适当时机外，还要讲究科斫的方法，正如《群芳谱》所说："远出强枝，当用阔刃锋利扁斧，转腕回刃，向上斫之。枝查既顺，津脉不出，叶必复茂。谚曰：'斧头自有一倍叶'，此善用斧之效也。"①

修整桑树时应当斫去哪些枝条？历代农书有多种说法，后来《士农必用》、《齐民四术》和《蚕桑问答》等意见基本统一，即如《蚕桑问答》卷上所说："其可去者有四：一沥水条（向下垂者），一刺身条（向内生者），一骈枝条（相并生者），一烦冗条（多而杂乱者），皆可去也。"此外，《沈氏农书》认为，修整桑树时要截去的还有魂磊（即死拳）及老油瓶嘴（留在树上的残桩）。总之要截去一切多余的枝条、细弱的枝条，照不到日光的枝条，使桑树通风透光，桑叶旺盛。

珠江三角洲培育地桑的方法，要求对桑树进行特殊的整枝：于每年冬至后至大寒初，将桑树在离地面寸许处砍去，随即施足肥料，并用塘泥培育在树根上。以后每年都这样做，借以保留桑的树型。广东桑农还将这一方法，稍作变通，用于老树更新："将已败之树，离地六七寸截去，而留其老桩，以肥土堆积其上，俟明年另发嫩条，养成低桑。"②

4. 病虫防治 古代桑树虫害较多，计有蚧蛛、步屈（尺蠖）、麻虫、野蚕、蟯螂虫、蟥虫、桑虱、天水牛等多种。防治

① 据《广群芳谱》卷十一，桑麻谱，桑。

② （清）沈练撰，仲昴庭辑补，章震福校订《广蚕桑说辑补校订》卷一，农工商部印刷科印本。

方法，主要用人工防治，间中也用一些土农药或爆仗药线防治。《农桑辑要》卷三引《农桑要旨》对此有详细的论述，认为："蚸蛛、步屈、麻虫为害者，当发生时，必须于桑根周围，封土作堆，或用苏子油①于桑根周围涂扫，振打既下，令不得复上，即蹉扑之。或张布幅下承以筛之。"又说：蜣螂虫"尽潜于土，夜出食叶。必须上用大棒振落，下用布幅乘聚，于上风烧之，桑间虫闻其气，即自去。"书中对天水牛的防治方法，也作了介绍："当盛夏食树皮时，沿树身必有流出脂液湿处，离地都无三五寸，即以斧削去，打死其子，其害自绝。若已在树心者，亦以凿剔除之。"关于桑牛的防治，清代冯祖绳《救贫捷法》主张："急觅其穴，灌以桐油即死，或以杉木尖塞之。"同治《湖州府志》还提出：如"恐因捉损桑，则用爆仗药线入蛀穴烧之，虫即死。"《蚕桑答问》还提出了用火烧死黑壳圆虫的方法，主张："五月以后，至七八月中，于晚间食叶时，用柴草离桑一二丈烧之，虫喜火光，飞投焚死。"古人还用一些特殊的方法防治害虫，如宋代《格物粗谈》卷上说："桑树下埋龟甲则茂盛不蛀。"《群芳谱》在引用此句话时，还在后面加上"生黄衣，亦以此治之"一句。是否有效？原因何在？很值得研究。古人治虫非常耐心和细心，正如《沈氏农书》在谈及刮蟥时指出："其刮蟥也须三番：冬春看头蟥，清明前看二蟥，剪桑毕看三蟥，……必如此三番四复，亦料不能净尽。又要六月内捏头蟥，七月内捏二蟥，而头蟥尤宜细看。"古人的这种一丝不苟的精耕细作精神，很值得我们学习。

在桑病防治方面，《沈氏农书·运田地法》指出："设有癃桑，即番去之，不可爱惜，使其传染，皆缘剪时刀上传过。凡桑一癃，再无医法，断不可留者。"癃桑又叫塔桑、猫耳朵和癞皮头桑。是一种萎缩病（枯萎病），极难治愈。近代经科学家们数

---

① 苏子油，即荏油，由白苏子榨得的油，涂在树干基部，可将往上爬的害虫粘住，不得复上。

十年的深入研究，才逐渐弄清它是一种传染性很强的病毒病。我国桑农早在公元1640年以前已有瘪桑“断不可留”的认识，确实难能可贵。

（五）用途

桑树是我国古代重要的经济林木之一，除了桑叶可以饲蚕外，它的树干可以制作家具和农具。桑椹可食，荒年可以救灾，还可制桑椹酒，《本草纲目》引《四时月令》说：“四月宜饮桑椹酒，能理百种风热。”① 桑寄生也是重要的中药之一，并可制桑寄生酒。

① 《本草纲目》木部第三十六卷，桑。

第四章　油料作物栽培史

第一节　芝麻栽培史

芝麻（*Sesamum indicum* L.）是世界主要油料作物之一，仅次于大豆、油菜、花生和向日葵，位居油料作物之五，主要分布于亚洲（占60.1%）和非洲（占36.7%）。欧洲和大洋洲所占面积很小。中国、印度、缅甸和苏丹为芝麻生产的四大国，总面积占世界的75.9%。其中尤以中国芝麻的单产最高，据2001年的统计，超过世界芝麻平均单产的1.6倍。中国是适合芝麻种植的国家，发展芝麻生产对于改善中国食油结构，提高人民健康水平，增加农民收入和出口创汇收入等方面均有重要意义。

（一）芝麻的起源和传播

有关芝麻的起源和传播问题，长期以来学者有不同的看法，有的人认为起源于印度次大陆；有的认为芝麻在亚洲有多个起源中心：印度和阿比西尼亚为第一中心，中亚的巴基斯坦、阿富汗、塔吉克斯坦和乌兹别克斯坦为第二中心，中国因为拥有特殊的矮生型品种，为芝麻的次中心；还有的认为芝麻起源于非洲。但较多的人认为芝麻栽培种的起源也是埃塞俄比亚，经非洲北部传向美索不达米亚地区和印度恒河流域，逐步扩大至地中海沿岸、中近东以致世界各地。

据报导，在印度恒河流域曾发掘出公元前前3500—3050年的炭化芝麻籽。又报导恒河流域和美索不达米亚地区，发现公元前2 400年前的芝麻贸易合同。说明芝麻栽培历史已在5 000年以上。

关于中国栽培芝麻的起源和引进也有不同意见，有人认为浙江水田畈和钱山漾都发掘出 4 000 多年前的芝麻籽，中国也可能是芝麻的原产地之一。

胡麻又称巨胜、方茎、脂麻、交麻、芝麻等。《广雅》："狗蝨、巨胜、藤宏，胡麻也"，王念孙在《广雅疏证》中引《太平御览》云："胡麻一名方茎，一名狗虱，方茎以茎形得名，狗蝨以实形得名也。"[①] 其引入我国的时间，据《齐民要术》说是"《汉书》张骞外国得胡麻"[②]。陶弘景也说胡麻"本生大宛，故名胡麻。"北宋沈括也在《梦溪笔谈》卷二六中说："张骞始自大宛得油麻之种，亦谓之麻，故以'胡麻'别之。"但是清人孙星衍在《神农本草经·胡麻》注文中说："陶宏景云：胡麻'本生大宛，故曰胡麻，'本经[③]已有此，陶说非也。"并指出"胡麻"之"胡"不是指大宛，而是"大"、"远"的意思[④]。

总之，我国芝麻源自何方，何时引进，抑或是本国起源，仍是一个值得作进一步研究的问题。

（二）栽培技术

《齐民要术》对芝麻的播种期、播种量和播种方法做过总结，认为："胡麻宜白地种，二三月为上时，四月上旬为中时，五月上旬为下时。月半前种者，实多而成，月半后，少子而多秕也。"对芝麻的收获方法也有总结，认为："刈束欲小，束大则难干，打手复不胜。五六为一丛，斜倚之。不尔则风吹倒，损收也。须口开，乘车诣田，斗薮，倒竖以小杖微打之。还丛之，三日一打，四五遍乃尽耳。"古人尚有沃地种者八棱，山田种者四棱，苗稠则独茎而籽少，稀疏则分杈而夹繁籽多。播种时宜将种籽拌

① （清）王念孙著：《广雅疏证》卷十上，释草。

② 《齐民要术》卷第二，胡麻第十三。

③ 本经，即《神农本草经》，是秦汉时人托名神农而作。

④ "芝麻"之名始见于宋代的《物类相感志》。

以干沙，雨后均匀撒下等记载。清代人认为稻后种芝麻最适宜。麦后可与粟杂种，棉田种芝麻“能利棉”。这些，都是古人通过实践总结出来的经验。芝麻品种资源丰富，到目前为止，我国已收集国内外芝麻种质资源 5 000 余份，其中国内芝麻资源 4 000 多份，国外资源 208 份，是芝麻育种的基因宝库。芝麻的性状与栽培有密切的关系，《本草纲目》中记载：“胡麻即脂麻也，有迟、早二种，黑、白、赤三色，其茎皆方。秋开白花，亦有带紫艳者。节节结角，长者寸许，有四棱、六棱者，房小而子少；七棱、八棱者，房大而子多，皆随土地肥瘠而然。”① 栽培芝麻后，可以清除田间杂草，疏松土壤；芝麻生育期短，一般只有 90～100 天，腾茬早，茬口轻，有利于轮作换茬及间作套种，尤其是对小麦有显著的增产效果，因此是小麦的良好前作。

（三）利用

古人曾以芝麻作饭，到了唐代，记载渐多，如苏鹗《杜阳杂篇》卷中记载唐顺宗时南海奇女卢眉娘“每日但食胡麻饭二三合”②。又如王维诗中也有“御羹和石髓，香饭进胡麻”之句。致有“八谷之中，胡麻最良”③。直到明代，由于高产粮食作物的发展，芝麻才退出主食品行列，“全入蔬、饵、膏、馔之中”，成为副食品。芝麻作为油料的历史也很久，宋代《鸡肋篇》说：“油通四方，可食与燃者，惟胡麻为上。”出油率一般“每石可得油四十斤”，高的可达 60 斤。芝麻还具有很高的药用价值，《神农本草经》说它有“补五内，益气力，长肌肉，填髓脑”的功用④。在农业生产上，芝麻还具有防除杂草和害虫的作用。元代《王祯农书》记载汉水、淮河流域一带，开荒时多种脂麻等，以

① 《本草纲目》谷部第二十二卷，胡麻。

② 《唐代笔记小说大观》，上海古籍出版社，2000 年。

③ 《古今图书集成·博物汇编·草木典》卷三九“麻部”转引董仲舒言。

④ 《神农本草经》卷二，胡麻。

致速富。但尚未说明速富的原因。明代朱国祯在《涌幢小品》中则说明开荒地之所以要先种芝麻一年，然后再种其他作物，是因为芝麻有使草木根株腐败的作用。邝璠《便民图纂》更形象地说："芝麻之于草木，若锡之于五金，性相制也。"① 即认为芝麻具有抑制草木的作用。清代奚诚的《耕心农话》、周之玙的《农圃六书》等均言及此事。后者更提出"芝麻叶上泻下雨露最苦，草木沾之必萎，凡嘉花果之旁，勿种芝麻"的告诫。事实上直至今日，四川南部民众在砍伐竹子开荒种杉时，也是先在竹子旧地上先种芝麻一年，令竹根腐烂后，次年再种杉树，使杉树易活成林。芝麻花多，也是好蜜源，有益于养蜂。另据古籍记载，芝麻的秸秆埋在地下，可遏制竹鞭、芦苇之根蔓延，挂在树上可防虫，放入米仓可防蛀。

第二节　油菜栽培史

油菜并非一种植物的名字，而是十字花科芸薹属的若干种植物的总称。因其籽实可以榨油，故称油菜。目前作为油菜栽培的共有白菜型油菜（*B. campestris* L.）、芥菜型油菜（*B. juncea* Czern. Et Coss.）和甘兰型油菜（*B.* napus L.）三种类型。

油菜是一种适应性强、用途广、经济价值高、栽培历史悠久的油料作物，它和大豆、向日葵、花生一起，并列为世界四大油料作物而在大豆之后，位居第二。中国是世界上生产油菜历史最长而产量最多的国家。据2003年的统计，中国、印度、加拿大、欧洲和澳大利亚依次为世界前五大油菜生产地区，其油菜生产面积占世界总面积的95.24%。

（一）油菜的起源与发展

白菜型油菜是由栽培的白菜演化而来，如从蔬用的白菜（或

① 《便民图纂》卷三，开垦荒田法。

芥菜）算起，则西安半坡新石器时代遗址中已发现了芥菜或白菜的炭化种子，距今已有 6 000 多年。长沙马王堆西汉古墓中也出土有保存完好的芥菜籽。《夏小正》中有“正月采芸，二月荣芸”之句。芸，即后人栽培的油菜。意即正月采摘芸薹，二月芸菜开花。东汉以来服虔、胡洽等相继指出：“芸薹谓之胡菜，陇西氐羌中多种食之。”北方小油菜的原产地，多数学者认为在地中海沿岸，但也不排斥中国西北地区是起源中心之一。《本草纲目》便认为：“塞外有地名云台戍，始种此菜，故名。”①

我国从叶用油菜到油用油菜经历了漫长的过程。大致到南北朝以前，已发展为籽、叶兼用，如《齐民要术》便有“种芥子及蜀芥、芸薹取子者，……五月熟而收子”② 的记载。唐代陈藏器的《本草拾遗》有用北方小白菜的种子榨油的记载。11 世纪苏颂《图经本草》则正式称之为“油菜”③，将之列入油料作物，并说：它“出油胜诸子，油入蔬清香，造烛甚明，点灯光亮，涂发墨润，饼饲猪亦肥。”明清时期油白菜有所发展，各地方志和其他文献多有记载，《本草纲目》更指出：芸薹“油菜也，……近人因有油利，种者亦广。”

芥菜型油菜，是由古代芥菜演化而来。一般认为它起源于中国西北高原和青藏高寒山区。据记载，当今内蒙古、甘肃、新疆、四川西北部及青藏高原等的某些地区，至今仍有被称为“野油菜”的野生芥菜类植物。除上述西安半坡遗址和长沙马王堆遗址出土有芥菜子外，《礼记》中有“芥”字，《四民月令》则有“种芥”、“收芥子”的记载④。明嘉靖《沛县志》更有“薹芥，

---

① 《本草纲目》菜部第二十六卷，芸薹。

② 《齐民要术》卷第三，种蜀芥、芸薹、芥子第二十三。

③ 《中国农业百科全书·农史卷》第 389 页说“油菜之名见于南宋赵希鹄《调燮类编》”，欠准确，较之《图经本草》所说，迟了一百多年。又，据闵宗殿考证《调燮类编》为清人著作，见《古今农业》1997 年第 3 期。果尔，则相差更远了。

④ 《四民月令》四月、六月、七月。

子可压油，江南人谓之油菜”的记载。光绪《甘肃新通志》则认为芥菜在高寒山地皆能成熟，一般说来，从西北高塞地区到黄河流域、长江流域、珠江流域等广大地区均有种植。

此外，尚有一种甘蓝型油菜，它原产欧洲，栽培历史仅有1 600年左右。20 世纪 30 年代才由浙江大学于景让教授将由朝鲜征集的日本油菜引入国内。引入后经大面积推广和改造，甘蓝型油菜在我国占有统治地位，成为世界上三大甘蓝型油菜产区（欧洲、加拿大和中国）之一，且在栽培面积上占居首位。

（二）栽培管理技术

明代《农政全书》对栽培油菜的方法作了详细的描述，从积肥、制肥、耕地作垄、株行距离、施肥防雨、摘薹收籽均有叙述。明朱权《臞仙神隐书》提出油菜入冬前要锄地壅根，抗寒防冻，若“此月（十一月）不培壅，来年其菜不茂。”① 《便民图纂》提出春季正值油菜生长期，要“削草净，浇不厌频，则茂盛。”②

油菜摘薹（摘心）是管理工作中的特殊措施，它既能收获美味可口、营养丰富的鲜嫩蔬菜，又能促进油菜枝繁花茂子多，即《便民图纂》所说的“薹长摘去中心，则四面丛生，子多。”但是农民的经验则是要因地制宜，合理运用。认为肥地稀植株壮，要摘薹以增加分枝；瘦地密植株弱则不宜摘薹，以保证籽实饱满。

油菜收获也很注意适时，《三农纪》卷十二油菜说：“获宜半青半黄时，芟之候干。”“收获宜角带青，则子不落；角黄，子易落。对日芟收易耗，须逢阴雨月夜收，良。”《致富奇书广集》商贾篇·杂粮统论中精辟地概括了适时收获的重要性，认为：“老则坚实，干则不潮，净则不杂，润则光彩而多油，所以可贵。”

---

① 《臞仙神隐书》卷四，莳种。

② 《便民图纂》卷六，树艺类下，油菜。

古农谚中也有“黄八成，收十成”的说法。收获时最好是“拔收”，因为带根收获，可以借助后熟作用以提高油菜子实的单产与品质。

（三）用途

油菜用途很广，早在原始社会，它的野生植株就是人们采集食用的对象。到南齐时（6 世纪末），《名医别录》已有关于油菜药用价值的记载。后来的诸家本草著作，大概都有关于油菜茎、叶、种子及油脂对于肿痛、瘀血等多种疾病的治疗作用的记载。油菜籽含有丰富的脂肪酸和多种维生素，是优良的食用油之一，正如《三农纪》卷十二引《图经》说：“出油胜诸子，油入蔬清香。”《闽产录异》等古籍还指出其油点灯通明，涂发黑润，造烛光亮，且日晒不熔，有骨鲠者，刮此烛涂患处，少顷鲠即下。榨油渣饼，饲猪喂鱼易肥，下田壅苗甚茂。油菜的幼苗和菜薹是美味优质蔬菜。其花是一种良好的蜜源和富于营养的滋补品。秸秆和子壳也可作农家肥料或燃料。古人认为油菜子实对治妇女难产有奇效，故《妇女良方》歌曰：“黄金花结粟米实，细碎酒下十五粒；灵丹巧效妙如神，难产之时能救急。”清代吴其浚《植物名实图考》曾对油菜花黄的醉人景色有过生动的描写：“积雪初消，和风潜扇，万顷黄金，动连山泽，顿觉‘桃花净尽菜花开’语为倒置。”① 据近人研究，菜籽油除作食用、药用外，还是非常重要的工业原料，菜油作为清洁、安全的可再生能源具有广阔的前景。

第三节　花生栽培史

花生（*Arachis hypogaea* L.）又名长生果、落地参、万寿果、番豆、地豆、落花生等，是明清时期以来我国的主要油料作

---

① 《植物名实图考》卷四，蔬类，芸薹菜。

物和大众化的干果之一。

（一）花生的起源和传播

栽培花生一般都认为它起源于南美洲，还有人认为它起源于玻利维亚南部和阿根廷北部，原因是这一地区花生的种质资源若干性状有明显的原始特征，有的甚至近似野生花生。在美洲的秘鲁曾在公元前1500年的人类遗迹中发现有花生果，说明在南美洲花生已有悠久的栽培历史。国际上普遍认为，花生是在哥伦布发现新大陆（1472）后才传布到欧洲，并进而传到其他地方。欧洲对花生的最早记载，见于1535年前后西班牙人编写的《西印度通史》。但是中国早在哥伦布发现新大陆之前，已有关于花生的记载，下面略举数例以供参考：

（1）唐·段成氏《酉阳杂俎》："又有一种形如香芋，蔓生，艺者架小棚使蔓之，花开亦落土，结子如香芋，亦名花生。"《酉阳杂俎》有的版本无此记载，是否后人录入，尚须考证。但清人赵学敏《本草纲目拾遗》（1765）曾予引用①，认为唐代已有花生栽培。

（2）元贾铭（？—1368）《饮食须知》卷四："落花生，味甘，微苦，性平，形如香芋，小儿多食，滞气难消，近出一种落花生，诡名长生果，味辛苦甘，形似豆荚，子如莲肉。"

（3）明蓝茂（1397—1476）《滇南本草》和《上海县志》（1504）《姑苏县志》（1506）也有关于花生的记载。

（4）明弘治《常熟县志》（1503）："三月栽，引蔓不甚长，俗云花落在地，而生子土中，故名。露后食之，其味才美。"

（5）清檀萃《滇海虞衡志》卷十："落花生为南果中第一，……宋元间与棉花、番瓜、红薯之类，粤估从海上诸国得其种归种之。"棉花、番瓜、番芋、落花生同时传入中国。

从以上文献记载看，在哥伦布之前，中国确已有花生种植，

---

① 《本草纲目拾遗》卷七，果部上，落花生。

有人认为可能与郑和下西洋（1405—1433）有关，郑和出发的港口为江苏省的浏河，即今太仓县刘家港，而正是这一时期花生的条目陆续见之于常熟、上海和姑苏的县志上，从时间和地点上都可能与郑和下西洋到达南洋、印度和非洲等 30 多个国家有关。以致中国花生还先后传到欧洲、日本、南亚和非洲。甚至欧洲称之为“中国坚果”，日本曾称之为“南京豆”。

但是明代中国的主要农书和药书如《农政全书》和《本草纲目》均未见有关花生的记载，说明当时虽有花生栽培，但仍未普遍推广，仍不为人们所重视。中国花生的大规模引种栽培，确在 17 世纪以后，如浙江《衢州府志》说：“落花生，种自闽中。”《山阴县志》、《瑞安县志》说花生向自闽、广来。清初张璐《本经逢原》、屈大均《广东新语》提到闽广地区广泛种植，说明闽广地区是花生的早期引种栽培地。《滇海虞衡志》卷十更说广东的花生是“粤估从海上诸国得其种归种之”。又说：“落花生为南果中第一，……高、雷、廉、琼多种之，大牛车运之以上海船，而货于中国。”说明已有较大规模的商品化生产了。到清末民初，中国大地上除新疆、西藏等少数省区外，其他省区均有分布。

清末以前，中国栽培的都是小粒花生。大粒花生是 19 世纪前后，才由传教士、华侨或商人，从海外传入东南沿海地区栽培，并很快传到南北各地。如光绪《慈溪县志》（1887）说：落花生“县境种植最广，近有一种自东洋至，粒较大。”① 民国《续修平度县志》载：“光绪十三年，邑教民袁克仁从美教士梅里士乞大种落花生，与人试种后，遂繁滋，旧种几绝。”②

关于花生的起源，还有三种意见需要交代一下，其一是在广西曾宣称出土了 10 万年前的花生化石，后经多方考证，认为是

---

① 转引自闵宗殿：《海外农作物的传入和对我国农业生产的影响》，《古今农业》1991 年第 1 期。

② 民国《续修平度县志》卷二，疆域，物产。

工艺品，不是化石。其二是《考古学报》1960年第二期报导浙江吴兴钱山漾遗址发掘到两粒完全炭化的花生，测定为公元前4800±100年。《考古》1962年第7期报导在江西修水山背遗址发掘出四粒完全炭化的花生，测定为公元前2800±145年。对此，学术界有不同的看法，一派学者，包括美国奥利根大学地理系教授卡尔·约尼逊在内，相信它们是新石器时代的花生，但植物学家胡先骕等和农史学家游修龄等对此表示怀疑。其一是既然数千年前已有花生栽培，为何历代文献毫无反映？有人认为《南方草木状》所记的“千岁子”即是花生，但实际上“千岁子”很难说是花生。二是仅凭浙赣两处有花生子粒出土，当地并无花生野生种，很难说是花生的原产地。其三是花生喜欢多风而半干旱地区，而新石器时代晚期的浙江和江西是多水稻作区，不可能是花生的原产地。①

据说浙江的出土花生因样品不够理想，已取消陈列，转入仓库，留供研究。只有江西一处的花生作孤证，这一孤证应如何解释？尚须留待后人继续研究。

（二）花生栽培技术

花生性喜高燥的旱原松土，尤宜种于沙地，“且耐水淹，数日不死”②。根系有固氮作用，固有“其田不粪而自肥饶”之说③。管理上须锄土极松，要用沙压横枝，或以晒谷篾棰滚压、粪箕踏践等方法压花覆地，以利其落土成实。收获时间用筛去土，或水漂晒干，妥藏。花生是长日照作物，一般只能年收一季。但在纬度低而温度高的岭南地区却有两熟制花生，一种于春分前后，大暑前后收；一种于大暑前后，白露前后收。

（三）利用

花生传入我国之初，一直作为食品直接食用。作为油料作物

① 游修龄：《农史研究文集》，农业出版社，1999年，116～121页。

② 檀萃：《滇海虞衡志》卷十。

③ 同治《瑞金县志》卷二。

的记载，始见于康熙《台湾府志》和张宗法的《三农纪》(1760)。前者说："落花生即泥豆，可作油。"后者卷一二番豆中说：它"炒食可果，可榨油，油色黄浊，饼可肥田。"说明大致18世纪花生已是重要的油料作物之一。此外，花生还可以充菜肴，作糕点，花生苗是优质的绿肥。19世纪以来我国的花生栽培一直在发展，1993年以来我国花生总产一直稳居世界第一位。

第五章　糖料作物栽培史

第一节　甘蔗栽培史

甘蔗（*Saccharum* L.）是中国古代的主要糖料作物，栽培历史至少已有 2 000 多年。甘蔗在中国古代还有𦼮、䗪、𥞩、藷蔗、柘等别称。

（一）甘蔗的起源和发展

甘蔗起源于何时何地，是一个有争议的问题。有人认为起源于中国，有人认为起源于印度和印度支那，也有人认为起源于南太平洋地区。其实甘蔗有三个原始栽培种，即中国种（*S. sinense*）、热带种（*Saccharum officinarum* L.）和印度种（*S. barberi*）。中国是中国种的原产地。中国种又称“竹蔗”，竹蔗及其野生种割手蜜，在北起秦岭南至海南岛的广阔地区内均有分布。而且公元前 4 世纪的《楚辞·招魂赋》中就已有“胹鳖炮羔，有柘浆些”之句。公元前 2 世纪司马相如《子虚赋》也有“诸柘”一词。公元前 1 世纪的东方朔《神异经》中则有“南方荒内有盰𥞩之林”。而杨孚《异物志》已说：“甘蔗，远近皆有，交趾所产甘蔗特醇好。”说明早在 2 000 多年前，甘蔗已得到广泛重视。还有，中国古代有以甘蔗作祭品的习惯，卢湛（284—350）《祭法》中有“冬祀用甘蔗”的记载，范汪（301—365）《祠制》也有“孟春祠用甘蔗”的规定①。按照中国古代的习惯，一般都用土产作祭品，《礼记·祭义》言：“教民反古复

① 《太平御览》卷九七四，果部一一，甘蔗。

始，不忘其所由生”，甘蔗被选为祭品一事，也说明中国确是甘蔗原产地之一。

魏晋以后，甘蔗种植从南到北逐渐扩大，长江流域及其以南地区，甘蔗生产日益发展，种类不断增多，有一年生蔗，也有大如竹、长丈余的多年生蔗；有宜于直接咀嚼使用的昆仑蔗（又名红蔗、紫蔗），还有可加工为沙糖的荻蔗（又名芳蔗、蜡蔗）和适合制冰糖的竹蔗（亦名杜蔗）、西蔗等多种类型的甘蔗。同时还从扶南国（今柬埔寨）引进了扶南蔗。

甘蔗［图片来源：（清）吴其濬著：《植物名实图考》卷三十二，果类，商务印书馆，1957 年，第 755 页］

由于制糖业的发展，特别是唐代四川遂宁蔗农学会了制冰糖的技术而获得厚利，促使种蔗业迅速发展。据《嘉祐本草》、《图经本草》、《证类本草》、《本草衍义》等古籍记载，除粤、桂原已有广泛栽培外，闽、浙、蜀、赣、湘、鄂、吴、皖均有分布，尤以川、浙为多。后来台、滇、黔、豫、陕、藏等地区出现了甘蔗产区。13 世纪马可·波罗在其旅华的游记中曾指出，当时粤、闽等 8 省的产糖量相当于该区域外全世界产量的两倍，而福建福州制糖甚多，“此城及其辖境制糖甚多，蛮子地方其他八部，亦有制者，世界其他诸地制糖总额不及蛮子地方之多，人言且不及其半。”①

明清时期在商品经济刺激和生产技术改进的作用下，种蔗业

① 冯承钧译：《马可·波罗行纪》第二卷，第一五二章，上海书店出版社，2000 年。

发展更快，规模更大。如台湾“蔗田万顷碧萋萋，一望葱茏路欲迷”①，广东的珠江三角洲地区开糖房者多以致富，“番禺、东莞、增城、糖居十之四，阳春糖居十之六，而其蔗田几与禾田等”，山区也多种植甘蔗，“连岗接阜，一望丛若芦苇”②。福建泉州一带“往往有改稻田种蔗者”③。所产蔗糖不仅行销本国各地，而且还远销日本、南洋群岛以至不列颠三岛。近几个世纪以来，还相继引进了木蔗、玫瑰蔗、金山蔗、爪哇蔗等新品种。

（二）栽培技术的演进

汉代以前，缺乏具体记载，三国至唐代，亦只有一些零星记载。当时栽培的主要是春植蔗，人们已知根据品种的特性，因地制宜地分别把甘蔗栽培到相宜的大田、园圃和山地，并已注意到良种的繁育和引种。三国时曹丕还把甘蔗从荆州（湖北境）引种到谯地（安徽境）。

宋元以后，甘蔗栽培技术有所发展，在耕作制方面，主要采用与谷类作物轮作，土地宽裕的，常在改种谷后三年才恢复种蔗，目的是为了恢复地力，同时亦有抑制病虫害的作用。在治地方面，特别强调“深耕”和“多耕”，以利甘蔗根系的生长发育。在选种方面，强调要选取节密者，因为节密则多芽。在灌溉方面，《农桑辑要》提到植后必须浇水，但初以湿润根脉为度，不宜浇水过多，以免“渰没栽封”（破坏土壤结构）④。明清时期又有所发展，如《群芳谱》和《广东新语》等文献提出应常注意中耕除草，培土壅根。但不能埋没新芽，并要“去其冗繁”，“剥其蔓荚”，“揹拭其螆”（主要是蚜虫），质脆者“必扶以木”以防侧折⑤。宋应星《天工开物》认为下种时要两芽平放，不可一上一

---

① 连横：《台湾通史》卷二七，台湾诗乘。
② （清）李调元：《南越笔记》卷一四，蔗。
③ （明）陈懋仁：《泉南杂志》卷上。
④ 《农桑辑要》卷六，甘蔗。
⑤ 《广东新语》卷二七，草语，蔗。

下，以防向下者难于破土生长。《番禺县志》还介绍了甘蔗套种于棉花地的经验，不但可提高土地利用率，而且还有荫蔽地面，抑制杂草的作用。

秋末冬初收蔗后，可于干燥处掘坑，下垫以草藉，将蔗连根倒置坑中，覆土密封。直到次岁春夏以至终年，犹不致受损变味。

（三）甘蔗的利用

甘蔗的最早利用方式是“咋取其汁”而饮用；其次是“取诸蔗之汁以为浆饮”。除用作饮料外，还用于烹调、解酒，屈原《楚辞》已有记载。《汉书·郊祀歌》也说：“泰尊柘（蔗）浆析朝酲。”应劭注：“酲，病酒也；析，解也。”即用蔗浆醒酒。第三，是将蔗浆浓缩成“蔗饴”、“蔗饧”和“石蜜”。前两者仍是液态糖，后者已是固态糖，《异物志》说：它“既凝如冰，破如塼其（应为博碁，即棋盘）。”看来石蜜是类似片糖之类的加工品。《西京杂记》也有“闽越王献高帝石蜜五斛”[①] 的记载，说明我国西汉时已有石蜜了。但东汉张衡却说石蜜是“远国储珍”。《后汉书》亦有天竺国（印度）出石蜜的记载。其实印度和中国同时有石蜜并不矛盾。第四是把蔗浆制成沙糖和冰糖。“沙糖”一词，最早见之于公元前1世纪的《易林》，文中有“饭多沙糖”四字，但有人认为“沙糖”乃“沙糠”之讹。《证类本草》卷六“木香”条引《图经》曰：“《续传信方》著张仲景青木香丸……筛末，沙糖和之。”[②] 说明我国东汉时已有沙糖是确定无疑的了。明代罗颀《物原》“食原第十”也说“孙权始效交趾作蔗糖”。唐代慧琳《一切经音义》卷六“甘蔗”条下注曰：“《文字释训》云：甘蔗，美草名也，汁可煎为砂糖。”《文字释训》为宝誌所

---

① 斛，音胡，南宋前十斗为一斛；南宋后改为五斗一斛。《正字通·斗部》：“斛，今制：五斗曰斛，十斗为石。”

② （宋）唐慎微：《证类本草》卷六，木香。

撰，宝誌是南朝宋梁间的高僧，略早于陶宏景，也证明至迟早公元5、6世纪以前中国已有沙糖。从考古文物上看，马王堆一号汉墓出土的简牍中亦有关于唐（糖）的记载，也说明汉代已有沙糖生产。但是宋代陆游（1125—1210）在《老学庵笔记》中曾引茂德的话说："沙糖中国本无之，唐太宗时外国贡至，问其使人：'此何物？'云：'以甘蔗汁煎。'用其法煎成，与外国者等，自此中国方有沙糖。"[①] 于是宋代王灼《糖霜谱》、明代《本草纲目》、《天工开物》以至近代人（如季羡林）的一些著作均认为中国蔗糖制造始于唐太宗时，而制造技术则从摩揭陀传入。还有人认为："甘蔗制糖技术是印度人开始的。一是在公元645年随佛教向东北经拉萨、成都，在内江最先形成中国的制糖据点，然后传至广东、福建、广西、云南和江西等地。"[②] 也有人认为沙糖之"沙"字，也是从印度梵文翻译而来。其实中国和摩揭陀同时拥有沙糖，而摩揭陀的制作方法较中国为先进，所以唐太宗遣使到摩揭陀取熬塘法又何足为奇？而沙糖的"沙"字，正如《兴化府志》所说："其脚粒粒如沙，故又名沙糖"，也未必是从印度梵文翻译而来。

冰糖，又名糖冰，或糖霜，王灼《糖霜谱》认为冰糖的制造方法是唐大历年间（766—779）由僧人邹某传授给遂宁蔗农而发展起来的，据宋代寇宗奭《本草衍义》卷十八记载，当时的"川、广、湖南北、二浙、江东西皆有"。而以遂宁地区为最著名。看来僧人邹某只是传播者，不一定是发明者。

最后，甘蔗除制糖外，还用来制醋、制香料、作垫料、作饲料等也先后见于记载。《神农本草经》曾记述石蜜"味甘，平，无毒，治心腹邪气，诸惊，痫，痓，安五脏、诸不足，有益气补中，止痛、解毒，除众病"等功用[③]。有些文献还指出甘蔗能助

① （宋）陆游：《老学菴笔记》卷六。

② 见《中国作物及其野生近缘植物·经济作物卷》416页。

③ 《神农本草经》卷二，石蜜。

脾气，利大小肠。沙糖有润心肺、缓肝气等功效。足见蔗和糖还有很大的药用功效。

第二节　甜菜栽培史

在我国栽培的甜菜（*Beta vulgaris* L.），主要有两种，一种是叶用甜菜，又称忝菜，君达菜、火焰菜。据《太平寰宇记》记载，叶用甜菜大约在公元5世纪从阿拉伯末禄国（今伊拉克巴士拉以西）引入中国。南北朝时期陶弘景《名医别录》说忝菜："味甘、苦，大寒。主治时行壮热，解风热毒。"① 明代以后，除食用外，在南方地区还广泛用作饲料。另一种是糖用甜菜（*Beta vulgaris* ssp. vulgaris，Group Sugar Beet），在世界两大制糖原料中，甘蔗约占总产量的60%，甜菜约占40%。目前甜菜种植主要在欧洲，占世界甜菜种植总面积的70%。

糖用甜菜在我国种植的时间较短，100多年前才从国外引入，又名之为糖萝卜、洋蔓菁。清代郭云升《救荒简易书》（1896）说洋蔓菁菜："汁能熬糖，而又形质根颗，大于中国蔓菁数倍。"并说作者"在山东省齐河县等处，黄河船中，见奉天海州（今辽宁海州）商人，闻其说洋蔓菁碾汁做糖，为利甚厚，而其渣为用尤大，丰年能饲牛马，荒年可以养人，喜细问源委，则曰奉省海州种洋蔓菁业已二十余年矣。"② 由此看来，海州引入甜菜的时间当在1870年前后。20世纪初，在奉天（今沈阳）府建立了甜菜试验场，从事甜菜试验研究，1908年又在黑龙江省阿城县建立了我国第一座甜菜制糖厂，以后又相继在黑龙江哈尔滨、吉林范家屯以及山东、山西、甘肃、内蒙古等地试种，并建

① （梁）陶弘景著，尚志钧辑校：《名医别录（辑校本）》中品，卷二，人民卫生出版社，1986年。

② （清）郭云升：《救荒简易书》卷一。

立了一些小型糖厂，甜菜种子来自荷兰等国。由于战乱频繁，这些小糖厂均先后倒闭，直到 1956 年以后，我国的甜菜制糖业才开始走上正常发展的道路。

在栽培技术方面，《救荒简易书》指出："洋蔓菁性喜燥，宜种高沙地"，并说河南的"温县、孟县、修武、武陟等县种洋蔓菁者，即破屋坏垣土为上等好粪"或"以旧炕土灰为上等好粪。"说明至迟在 1896 年前河南的一些地方已经种植甜菜，并在土壤选择和肥料选用方面积累了一些经验。

第六章　嗜好作物栽培史

第一节　茶栽培史

茶［*Camellia sinensis*（L.）O. Ktze］和咖啡、可可是世界三大饮料作物。中国对茶的利用始于医药，《神农本草经》说："神农尝百草之滋味，……日遇七十毒，得荼而解。"荼即是茶。长期以来，饮茶保健成为人们"开门七件事"（柴、米、油、盐、酱、醋、茶）之一。目前已成为世界上栽培最广、消费人群最多的饮料作物。

茶叶生产不仅仅是种植业，而且还包括茶叶加工和茶艺、茶道、茶疗等茶文化在内的一、二、三产业齐全的产业，据估计，目前全国约有 1 亿人从事着与茶相关的行业。

茶树原产中国的西南部，但现在已遍布五大洲的 50 多个国家和地区，其中尤以亚洲和非洲产量最多，亚洲约占世界总产量的 81.7%，非洲占 15.3%，在各类茶叶中，红茶约占 73%，绿茶约占 24%，其他茶只占 3%。

（一）茶叶的起源

茶树原产于中国，本来是不争的事实，200 多年前便为世人所公认。但自从 1824 年英国人 Bruce 在印度阿萨姆发现野生茶树后，便产生了分歧，大致形成了如下四种观点：①原产中国；②原产印度，1838 年在印度 108 处发现了野生茶树，而在当时中国未见野生大茶树的报导，于是一些英国和日本的研究者便宣称印度是茶树的原产地；③原产东南亚；④二元说，认为大叶茶原产于西藏高原的东南部，包括四川、云南和越南、缅甸、泰国、印度等国；小叶茶原产于中国东南和东部。但大多数学者仍认为茶树原产于中国的西南部。

(二) 茶树栽培史

中国茶树栽培史可分为三个阶段：

1. 五代以前 先秦时期，饮茶和茶业主要在巴蜀和汉中的部分地区。秦统一中国后，饮茶和种茶的风俗东传至荆楚广大地区。汉代更传播到湘、粤、赣毗邻的茶陵一带。到了晋代，在长江下游和江浙沿海一带，也有如《世说新语》所说“坐席竞下饮”了。说明饮茶已普及到平民及百姓之家。以致《晋中兴书》说江东的一些豪族，把茶用作标榜节约的一种所谓“素业”，长江中下游地区一些茶园之茶已达到“弥谷被岗”的程度①。到了唐代，茶已成为全国性的饮料，据陆羽《茶经》和樊绰《蛮书》记载，产茶之省区已达到 14 个，除甘肃和台湾尚未列入外，基本上已达到和近代差不多的范围。

唐代陆羽《茶经》是世界上第一部茶叶专著，书中虽对茶树的具体栽培技术未作详细介绍，但对茶园择地和茶叶采摘的方法已有较详细的总结，认为“其地，上者生烂石，中者生砾壤，下者生黄土”，其中的“烂石”，又称“烂石沃土”，是指土层深厚，排水良好的风化坡积土。这种土地最适于茶树生长。其次《茶经》还对不同生态环境下生长的茶叶的质量作了评述：“野者上，园者次。阳崖阴林：紫者上，绿者次，笋者上，芽者次；叶卷上，叶舒次。阴山坡谷者，不堪采掇。”再次，关于茶叶采摘的时间和天气，《茶经》也作了总结，认为：“凡采茶，在二月、三月、四月之间”，对于“茶之笋者”要“凌露”采之，“茶之芽者”，要选“中枝颖拔者”采之。“其日有雨”或“晴有云不采，晴采之。”② 这些经验，直到明清茶书中仍在沿用。

① （西晋）杜育：《荈赋》。

② （唐）陆羽：《茶经》卷上。

关于我国茶树的具体栽培技术，直到唐末时韩鄂的《四时纂要》才见记载：种茶“二月中于树下或北阴之地开坎，圆三尺，深一尺，熟劚，著粪和土，每坑种六七十颗子，盖土厚一寸强，任生草，不得耘。相去二尺种一方。旱即以米泔浇。此物畏日，桑下、竹阴地种之皆可。二年外，方可耘治。以小便、稀粪、蚕沙浇壅之，又不可太多，恐根嫩故也。大概宜山中带坡峻，若于平地，即须于两畔深开沟垄泄水，水浸，根必死。三年后，每科收茶八两，每亩计二百四十科，计收茶一百二十斤。茶未成，开四面不妨种雄麻、黍、穄等。”该书还载茶种选藏方法：“熟时收取子，和湿沙土拌，筐笼盛之，穰草盖之，不尔，即乃冻不生，至二月，出种之。”[①] 这是明清以前，有关茶树栽培技术的最完整的记述。

2. 宋元时期　宋代茶区，曾因北宋一段时期天气寒冷，导致北限南移和江南东道、江南西道和岭南地区茶区的扩展。据《太平寰宇记》记载，仅江南东道就有苏州、杭州等35个州郡产茶，岭南的封州、邕州、容州等地也成为产茶新地。

北宋茶区的南移，导致了茶叶生产技术中心的南移。唐朝贡焙设在江苏宜兴和浙江长兴之间的顾渚，而宋朝则迁至福建建瓯的北苑，并逐渐成为中国茶叶生茶的技术中心。有宋一代，建州（治所在泉州）和北苑成了出版茶书最多的地方，蔡襄《茶录》、《东溪试茶录》、《北苑别录》、《宣和北苑贡茶录》和赵佶《大观茶论》等茶叶专著均以建瓯或北苑贡茶为主要描述对象，建瓯贡茶成为当时茶树栽培和茶叶生产的代表。

宋代茶树栽培技术的发展，具体表现在对茶树的分类和茶园管理方面。宋子安的《东溪试茶录》将北苑一带的茶树地方品种归纳为七类：一为“白叶茶”，其“芽叶如纸，民间以为茶瑞”；二为“柑叶茶”，状如柑橘叶，是乔木型的良种茶树；三为“早

---

① 《四时纂要》春令卷之一，二月。

茶”；四为“细叶茶”；五为“稽茶”；六为“晚茶”；七为“丛茶”[①]，也称蘖茶，是灌木型茶树。这是有关茶树地方品种分类的最早记载。

茶园管理方面，建茶充贡以后，供不应求，促进了茶园管理的精细化。《北苑别录》记载：“每岁六月兴工，虚其本，培其末，滋蔓之草，遏郁之木，悉用除之，政所以导生长之气而渗雨露之泽也。此之谓开畬。唯桐木则留焉。桐木之性与茶相宜，而又茶至冬则畏寒，桐木望秋而先落，茶至夏而畏日，桐木至春而渐茂。”[②]“茶园恶草，每遇夏日最烈时，用众锄治，杀去草根，以粪茶根，名曰开畬。若私家开畬，即夏半、初秋各用工一次”。《夷坚志·东乡僧园女》称：与建安北邻的浮梁（今江西景德镇）一带，则在暮冬时采用“挈稻糠入茶园培壅根株”的措施，以保茶树安全越冬。

3. 明清时期 元和明代中前期，随着中国气候回暖，茶区也向北推移，沿江的六合、丹阳、沙洲、常熟等原先不种茶的地方，明朝时也种起茶来。但至明末清初，中国气候又出现一次小冰期，江北和沿江茶园再次南退。另外，甘肃南部和台湾的一些地方也开始种茶。清代“五口通商”以后，湖广、福建、江西、浙江、安徽等省的茶叶生产，在出口贸易的促进下，均有较大的发展。直至光绪中期后，由于英国、荷兰等国在印度、斯里兰卡和印尼等地发展茶叶生产，中国独占国际茶叶市场的局面被打破，曾一度出现茶园荒芜，茶叶产量锐减的局面。

这一时期，在茶园管理和茶树施肥技术方面也有发展，明罗廪《茶解》指出：“茶根土实，草木杂生则不茂，春时薙草，秋夏间锄掘三四遍，则次年抽茶更盛。茶地觉力薄，当培以焦土，治焦土法，下置乱草，上覆以土，用火烧过。每茶根旁掘一小

---

① （宋）宋子安：《东溪试茶录》茶名。

② （宋）无名氏：《北苑别录》开畬。

坑，培以升许，须记方所，以便次年培壅。”

清代福建建瓯一带的农民，发明了茶树繁殖的方法——压条繁殖法。据《建瓯县志》记载，西坤厂有一农民从山上移植一株“似茶而香”，采造的茶叶“为诸茶冠”的茶树，但只开花不结实，无法繁殖，初用“插木法”（长插枝）繁殖，也很困难。后因墙塌将茶枝压倒发根，始悟用压条法取得成功。这是中国茶树无性繁殖的最早记载。关于茶树台刈技术的记载，最早见之于黄宗羲《匡庐游录》（1660）记载江西庐山五老峰茶树：“地又寒苦，树茶皆不过一尺，五六年后梗老无芽，则须伐去，俟其再蘖。”① 咸丰八年（1858）张振夔记述永嘉茶事的一篇文章中说：“先以腰镰刈去老本，令根与土平，旁穿一小阱，厚其根，仍覆其土而锄之，则叶易茂。”说明这时的台刈技术已趋成熟。

关于茶树的修理，光绪时的《时务通考》已有记载：“种理茶树之法：其茶树生长有五六年，每树已高尺余，清明后则必用镰刈其半枝，须用草遮其余枝，每日用水淋之，四十日后方去其草，此时全树必具发嫩叶，不惟所采之茶甚多，所造之茶犹好。”② 这虽仍不是真正的茶树修剪，但却可视为茶树修剪的萌芽，茶树修剪很可能是在它的基础上发展起来的。

（三）茶叶加工史

1. 以团茶、饼茶为主的阶段（主要在宋代以前）　最初，茶叶以药用为主，主要采用摘煮新鲜茶叶为食，并不知道加工。为了便于贮藏和携带，后来才将鲜叶晒干或风干备用，这便是最原始的加工方法。据《太平御览》引，三国时魏国张揖《广雅》中记载有：“荆巴间采茶作饼，成以米膏，出之，若饮先炙，令色赤，捣末置瓷器中以汤浇覆之。”③ 这是有关“茶饼”的最早

---

① 《黄宗羲全集》第二册，浙江古籍出版社，1986年。

② 转引自：王潮生：《古代茶树栽培技术初探》，《农业考古》1983年第2期。

③ 《太平御览》卷八六七引。

记载，距今已有1 800年左右。唐代陆羽《茶经》把制茶工艺分为蒸、捣、拍、焙、穿、封6道工序。即主张把采摘的茶叶先用甑蒸杀青，然后加工捣碎，再拍成团或饼，入焙烘干，最后用竹皮或绳索把一块块的茶饼或茶团串起来封存保管。

宋代茶饼，又称"片茶"，在唐代制作工艺的基础上又出现了"过黄"工艺。《北苑别录》说："茶之过黄，初入烈火焙之，次过沸汤爁之，凡如是者三，而后宿一火，至翌日遂过烟焙之。"① 宋代贡茶越造越精，阴阳纹饰更加生动。据《铁围山丛谈》载：建溪贡茶，始于五代南唐，入宋后贡"龙凤团茶"以进；蔡君谟以"小龙团"作贡；神宗时龙焙又造"密云龙"以进；哲宗时复造"端云翔龙"；大观初年更贡"御苑玉芽"、"万寿龙芽"；政和间增贡"长寿玉圭"。出现了"名益新，品益出，而旧格递降于凡劣"的局面②。

2. 由团、饼向以散茶为主的转变（主要在宋元时期）　团茶和饼茶，不仅加工工序较复杂，而且饮用时要打碎，要煮，也很费事。入宋以后，随着饮茶习俗的进一步普及，团茶、饼茶除宫廷仍较崇尚外，民间制茶则纷纷转产蒸青和末茶。其实，早在唐代刘禹锡《西山兰若试茶歌》中已有"自旁芳丛摘鹰嘴，斯须炒成满室香"之句，说的是炒青绿茶。五代毛文锡《茶谱》中也说："其横源雀舌、鸟嘴、麦颗，盖取其嫩芽所造，以其芽似之也。又有片甲者，即是早春黄茶，芽叶相抱如片甲也。蝉翼也皆散茶之最上也。"说明隋唐五代时蒸青、炒青等各式散茶已经普遍存在。入宋后更有所发展，一些原来专产团茶、饼茶的地方，这时也转产和多产草茶或散茶了。如浙江长兴和江苏宜兴一带，"自建茶入贡，阳羡不复研膏，谓之草茶而已"。13世纪初陈鹄说："腊茶出于福建，草茶胜于两浙。两浙之品，日铸为上。自

① （宋）无名氏：《北苑别录》过黄。

② （宋）蔡絛：《铁围山丛谈》卷六。

景祐（1034—1038）以后，洪之双井、白芽渐盛，近岁制作尤精，囊红纱，不过一二两，以常茶十数斤养之，用避暑湿之气，其品远出日铸。”① 说明南宋时期草茶或散茶的制作技术尤有较大的发展。到南宋后期，散茶的产地已接近或已超过了片茶的产地。随之而来的是饮茶的方法也从“煮饮”，发展为用开水“冲饮”。

到了元代，散茶和末茶的生产已超过片茶而取得主导地位，这从宋元农书的取舍上已经得到体现。宋以前介绍的制茶文献，一般只讲团、饼，而不提散茶制法。而元代主要农书则十分重视散茶制法的介绍。如《王祯农书》首先介绍蒸青，然后介绍末茶，最后才约略提到腊茶（即团茶或饼茶）。《农桑衣食撮要》则只介绍蒸青一种，只字不提其他。明初叶子奇《草木子》称建宁贡茶为“嗷山茶”，“比之宋朝蔡京所制龙凤团，费则约矣。民间止用江西末茶，各处叶茶”②。说明元末明初时团茶、饼茶只作贡茶，民间基本不再饮用。

宋元时期还创制了一种新的茶叶种类——窨花茶。窨茶源于在贡茶中掺入龙脑、麝香的做法，但这种做法有损茶的自然风味，所以人们逐渐改用四时鲜花窨制。花茶的记载，始见于南宋前期施岳的《茉莉词》：“玩芳味，春焙旋熏。”周密注云：“茉莉岭表所产，……此花四月开，直至桂花时尚有玩芳味，古人用此花焙茶，故云。”③ 南宋时，如《调燮类编》所载，不仅已有成熟的窨花工艺，而且供窨的鲜花除茉莉花外，还有木樨、玫瑰、蔷薇、兰蕙、栀子、木香、梅花、荷花等10余种。窨花技术已接近明清时期的水平。

3. 芽茶和叶茶的全面发展（明清时期）　明代，朱元璋曾

---

① （宋）陈鹄：《西塘集耆旧续闻》卷八，山谷品题双井茶。

② （明）叶子奇：《草木子》卷之三下，杂制篇。

③ 转引自：黄杰：《两首宋人茶词所记茶事考》，《农业考古》2008年第2期。

因旧贡太费民力，诏罢团饼，改以芽茶为进。因而大大促进了芽茶和叶茶的进一步发展。宋元时期茶叶的加工大都采用甑蒸工艺，但蒸不如炒更便捷，入明以后，“蒸青”逐渐为“炒青”所取代，形成炒青一枝独秀的局面。明代谢肇淛《五杂俎》指出：“今茶品之上者，松萝也、虎丘也、罗岕也、龙井也、阳羡也、天池也。”① 所列6种名茶中只有罗岕茶是蒸茶，其他5种都改为炒茶了。

明代茶叶分为芽茶和叶茶，芽茶即早春摘嫩芽制作而成者，叶茶是摘二叶、三叶制作稍粗者。明代茶书对炒青绿茶的介绍非常详细，如屠隆在《考槃余事·茶》中所说，炒茶时不能用大力控转或摩擦，否则会散生碎片或细末。炒好后要冷却收藏，否则色、香、味俱减。明闻龙《茶笺》更指出炒茶时：“需一人从旁扇之，以祛热气，否则黄色香味俱减。”总结明代各种茶书所载炒青工艺的要诀，就是“锅要预热，高温杀青；现采现炒，炒量要少；炒不宜久，翻炒要快，退热要速。”这些要诀，一直沿用至今。

除了芽茶和叶茶之外，他如黑茶、乌龙茶和红茶也逐步发展起来。

黑茶又称乌茶，是蒸压茶的毛茶。明初产于四川，由于“茶马互市”的需要，万历时已扩展到湖南，清代成为湖南安化的一种特产。红茶的记载始于明代的《多能鄙事》。乌龙茶又称青茶，是一种介乎红茶和绿茶之间的半发酵茶类，始于明代，最早记载见之于王草堂《茶说》②。

清代中国茶叶由于出口的剧增，曾一度有过迅速的发展。刘靖《片刻余闲集》说，在道光以前，闽北和江西一带，红茶和乌龙茶曾因出口的需要而有明显的发展。《闽产录异》也说：“道光

① 《五杂俎》卷十一，物部三。

② （清）陆廷灿《续茶经》引。

甲辰（1844）冬，英国始由城外入居乌石山之积翠寺，以后各郡伐木为茶坪，且废磳田，种茶取利，闽中自此米薪倍贵。”①《东瀛识略》也提到：“自咸丰初，请由闽洋出运，茶利益溥，福（福州）、延（南平）、建（建阳）、邵（邵武）诸郡种植殆遍，比闻台北居民亦多以茶为业，新闢埔地，所植尤繁。”② 此外，湖北蒲圻和湖南临乡以及安徽祁门的红茶均得到迅速的发展。甚至俄国、英国茶商也抢先在汉口开设使用汽压机的砖茶厂，开了中国机器制茶之先河。

清代，由于茶叶对外贸易的关系，促使广州的茶艺工人和茶商曾对茶业的发展作出过重要的贡献。自乾隆二十二年（1757）对外通商口岸仅限广州一地后，广州成为我国惟一一个茶叶出口商港，全国各地的外销茶叶，都要经广州出口，这使广州茶商与各地茶商建立了较密切的关系。鸦片战争后，由于实施“五口通商”，广州出口的茶叶迅速下降，1855 年还占出口总量的 55.3%，1860 年便降至 23%，在这种严峻的形势下，他们并没有坐以待毙，而是分别深入到湖南、湖北、江西、福建、安徽等省茶区，传授制茶方法，购销茶叶产品，有的还自行租用茶山经营。例如当年在闽北经营茶叶的三帮（广州帮、潮州帮、下府帮）都是广东茶商。又如光绪初年广州茶商韦子丰、郭佩堂等曾亲至江西宁州（今修水）指导采制外销红茶。甚至福州、汉口的茶商也主要是广东商人。不仅国内如此，国外也大体如此。如日本曾于明治年间佣请潮汕人胡秉枢赴日传授乌龙茶制作技术，并于明治十年（1877）由日本内务省劝农局用日文刊印了胡氏所著的茶书《茶务佥戴》。道光十二年（1832）荷兰东印度公司茶师奇逊曾从广州带去茶种及种茶、制茶工人和工具。光绪十九年（1893）高要县刘俊周等 10 名

① （清）郭柏苍：《闽产录异》卷一，货属。
② （清）丁绍仪：《东瀛识略》卷五，物产。

茶工，曾应俄商波波夫之请，远赴黑海沿岸的阿扎里栽培茶树，所产茶叶，号称“刘茶”，1924年还被苏联政府授予劳动红旗勋章。这些事例均说明，广东虽不是茶叶生产的重点地区，但广东的茶商和茶业技术人员却对我国以至世界茶业的发展作出过重大的贡献①。

第二节　烟草栽培史

烟草（*Nicotiana*）是重要的经济作物之一，经济效益高，一般为投入成本的4～5倍，也是其他作物效益的4～5倍，据2003年的统计，我国烟草行业的财税收入高达1 600亿元，多年来一直占财税收入的10%左右。世界上有120多个国家和地区种植烟草，其中最主要的生产国是中国、美国、印度、巴西和津巴布韦。据1995—2001年的统计，我国年生产烟草量约为世界的43%左右，是世界上烟草生产量最多的国家。

（一）烟草的起源和传入

烟草起源于美洲、大洋洲及南太平洋的一些岛屿。美洲印第安人种植烟草历史悠久，考古学家曾发现中美洲土著人在公元前用烟叶祭祀太阳的雕刻。在墨西哥贾帕西州建于公元432年的神殿里，发现玛雅人在祭祀典礼时头人吸烟的浮雕。在美国亚利桑那州北部印第安人居住过的洞穴中，发现有公元650年左右留存下来的烟草和烟斗中剩下的烟丝。说明至迟在公元5世纪以前，美洲人已种植并吸食烟草了。

烟草传入我国的时间，大体在嘉靖至万历年间（1522—1620），以往均据明末名医张介宾《景岳全书》记载，谓：“此物自古未闻也，近自明万历时始出闽广之间，自后吴楚皆种之矣。”

① 详见拙著《从〈茶务佥载〉的发现谈广东茶工、茶商对茶业发展的贡献》，《农业考古》茶文化专号2005年第4期。

明方以智《物理小识》(1664)也说："万历末，有携(淡把姑)至漳泉者……皆衔大管而火点吞吐之，有醉仆者。"① 均说始自万历间。但1980年广西博物馆在发掘广西合浦县明代废瓷窑时，挖出三件瓷烟斗和一个做瓷器用的压槌，压槌背后刻有"嘉靖二十八年(1549)四月二十四日造"13个字。说明烟草也可能在嘉靖间由葡萄牙人传入我国广西。一般认为烟草传入我国的路线可能有4条：其一是由葡萄牙传到广西(约1522—1560)；其二是从菲律宾传到福建(约1563—1640)；其三是由日本传入朝鲜再到我国东北(约1616—1617)；其四是由印尼或越南传入广东(约1620—1627)。开始传入我国的都是晒晾烟，1900年烤烟首先在台湾试种，1913年在山东潍坊市试种成功并推广。

(二) 烟草的传播和推广

烟草引入初期，主要作药用，后又成为大众化的嗜好品，具有兴奋、祛瘴、攻毒、驱寒等功能。史称"吸之使其通体俱快，……终身不厌"的功效。张介宾《景岳全书》卷四十八还记载了一则传说："求其习服之始，则闻以征滇之役②，师旅深入瘴地，无不染病，独一营安然无恙，问其所以，则众皆服烟，由是遍传。而今则西南一方，无分老幼，朝夕不能间矣。"故明清以来，烟草种植，发展迅速，到17世纪前期，已"处处有之，不独闽矣"。甚至"男女大小，莫不吸烟"。虽然有人已发现它有"火气熏灼，耗血损年"的害处，且已产生与粮争地的矛盾，明清间政府曾屡下禁令，但却屡禁不止，反而种植面积不断扩大，到18世纪后期，已产生多种名烟及其集中产区，如衡烟(出湖南)，蒲城烟(出江西)，油丝烟(出北京)，青烟(出山西)，兰花香烟(出云南)，奇品烟(出浙江)，水烟(出甘陕)等。

---

① 《物理小识》卷之九，草木。

② 征滇之役，指天启初年云南永宁土司奢崇明起兵反明，朝廷命湖广、云南、广西征讨之役。

（三）栽培管理技术

清代徐树兰《种烟草法》、陈琮《烟草谱》及《滇南闻见录》、《食物本草汇纂》等书总结了烟草栽培管理方面的经验。指出江南应于春初播种育苗，苗成移栽，栽前劚地一二遍，然后作畦畛，畦要高些，沟要深些，每穴一株，株行距1～2尺①。又总结出“种烟当以砂山为上，土山次之，平地又次之，田土为下”的经验。主张以豆汁、米泔、草木灰、油饼为肥料。烟苗盛时要截去顶穗，并剪除叶间旁枝，以促进主茎生长，使养分集中于叶部，使烟叶厚大。采叶时以日中一二时为佳，随时暴干。方法是将叶摊于竹帘上铺平夹缚，向日晒之，翻转数遍，以干为度。到19世纪后期，南方稻区将春烟改为冬烟试种成功，较好地解决了稻烟争地的矛盾。

20世纪以前，中国烟叶主要是晒烟、晾烟，从1900年起，美商就在台湾试种美国烤烟，后又选定安徽凤阳、河南许昌等地为理想的烤烟产区。1902年“英美烟草公司”在中国宣告成立，并在上海、汉口、沈阳等地设厂大量生产香烟，不久，中国的“南洋兄弟烟草公司”也在上海创办了烟厂，并在青州等地推广种植烤烟新品种，从此豫中、皖北和鲁中三大烤烟基地逐渐形成。

1998年国家烟草专卖局制定了“市场引导，计划种植，主攻质量，调整布局”的政策，全国烟叶生产区域，逐渐向土壤和气候条件适于优质烟叶生产的区域转移。据2001年统计，西南烟区（云、贵、川、渝）烟叶总产占全国60%，其中云南一省几乎占30%，而植烟历史悠久的黄淮烟区（豫、鲁、陕、皖）仅占20%。

随着人们对吸烟影响健康的更加关注，对卷烟的安全性要求越来越高。因而改进烟叶品质，提高烟叶原料的安全性，减少吸烟危害性，已成为烟草科技发展的必然趋势。

---

① （清）陈琮：《烟草谱》卷二，种烟。

第七章　其他作物栽培史

第一节　染料作物(蓝、红花)栽培史

一、蓝栽培史

(一) 蓝栽培历史

蓝（蓼蓝 *Polygonum tinctorium* Ait.）是我国古老的染料作物，早在《夏小正》中已有五月“启灌蓝蓼”的记载。朱骏声《夏小正补传》曰：“启者，别也，陶而疏之也。”蓝蓼是蓝的一种，“启灌蓝蓼”，即将丛生的蓝蓼，别而栽之。说明蓝的栽培历史已有3 000多年。此外，《荀子·劝学》篇也有“青，取之于蓝而青于蓝”的成语。汉代《四民月令》三月更有“榆荚落，可种蓝”，五月可“别蓝”，六月可种“冬蓝”等记载。东汉赵歧的《蓝赋序》记载：当时陈留一带“人皆以种蓝染绀为业，蓝田弥望，黍稷不植。”说明当时已在某些地区形成大规模的专业化生产。北魏的《齐民要术》则对蓝的栽培技术和制作蓝靛的方法作了详细的总结。

我国的蓝靛生产，一直沿续到近代。近代以后，由于人工合成染料的大量生产，逐渐取代蓝靛生产的位置，使蓝的生产逐步衰落。但作为制作青黛和板蓝根等清热解毒良药的原料，仍有一定的价值。

(二) 栽培管理技术

北方要多耙防旱，《齐民要术》认为：“蓝地欲得良，三遍细耕。”[①]《群芳谱》也说：“临种时俱各耕地一次，爬平，撒种后，

① 《齐民要术》卷第五，种蓝第五十三。

横直复耙三四次”，“爬匀，上用荻帘盖之，每早用水洒，至生苗去帘。”南方则重视排水保苗。清代《农学丛书初集·种蓝略法》说：“初种时恐大雨压紧则不致掀开也，待苗出时，就苗两侧修成水沟，根旁之土，须稍高起，防止水淹。”①

南方气温高，所以播种期比北方早，代表苏州地区的《便民图纂》说：“正月中，以布袋盛子浸之，芽出撒地上，用灰粪覆盖。”② 而代表北方的《齐民要术·种蓝》则说：“三月中，浸子令芽生，乃畦种之。”除播种外，还可用根插活，《天工开物》说：“冬月割获，将叶片片削下，入窖造淀。其身斩去上下，近根留数寸，熏干，埋藏土内”③，以备春栽。“根插法”多用于南方山区不宜用播种繁殖的地方。一般是在春天，在烧净杂草，刨开山土，使其极肥松，然后用锥锄刺土打斜眼，将松蓝根插入眼内，自然活根生叶。赣、闽、皖等地山区，多采用此法种菘蓝，产量数倍于诸蓝之上。

播种繁殖的蓝，大都要进行移栽，早在《夏小正》中已有五月“启灌蓝蓼”的记载。到6世纪《齐民要术·种蓝》则有具体的叙述：“五月中新雨后，即接湿耧耩，拔栽之，三茎作一科，相去八寸。”《群芳谱》也说：“苗长四寸移栽肥熟畦，三四茎作一穴，行离五寸。雨后并力栽，勿令地燥也。”较之《齐民要术》，密度显著提高了。

关于锄草施肥，《群芳谱》说：“仅生五叶即锄。”移栽后，畦背发白即锄，一般锄五遍为好。“如瘦用清粪水浇一二次”④，天热还要洒粪水。《便民图纂》种靛中主张：“至五六月烈日内将粪水泼叶上，约五六次。待叶厚方割。”

---

① 题解：乐平产靛，每岁售价数百十万，其利甚厚，工商杂志刻有乐平种靛法，颇简明，录之以资采择，己亥五月，上虞罗振玉。

② 《便民图纂》卷第三，种靛。

③ 《天工开物》卷上，蓝淀，明崇祯刻本。

④ 据《广群芳谱》卷八十九，卉谱三，蓝。

《种蓝略法》认为：留种之靛要“另栽一处，使其开花结果，熟时仿收菜子法收取。”

（三）关于造靛的方法

《种蓝略法》认为菘蓝要剥老叶浸取，留小嫩叶待长。而蓼蓝、苋蓝、马蓝、槐蓝、吴蓝等，则要离土三四寸许，将茎叶割下，用水泡之。留其根再冒新茎叶，田间管理仍如前法。北方一年可收一至两次，南方可收两至三次，因而有头靛、二靛、三靛之分。《齐民要术·种蓝》介绍了造蓝的具体方法：“刈蓝，倒竖于坑中，下水，以木石镇压令没。热时一宿，冷时再宿，漉去荄（渣滓），内汁于瓮中。率十石瓮，著石灰一斗五升，急手抨之，一食顷止。澄清，泻去水，别作小坑，贮蓝淀着坑中，候如强粥，还出瓮中盛之，蓝淀成矣。”明代《天工开物》说：“凡造靛，叶与茎多者入窖，少者入桶与缸，水浸七日，其汁自来。每水浆一石，下石灰五升。搅冲数十下，淀信即结。水性定时，淀沉于底。”① 与《齐民要术》所载相比，浸的时间长了，下的石灰少了，是何原因？值得研究。

二、红花栽培史

红花（*Carthamus tinctorius* L.）是我国古代重要的染料和药用作物之一，栽培历史已有 2 000 多年。古代名称较多，曾称之为蓝花、红蓝、红蓝花、黄花等，唐宋以后才统称为红花。

（一）红花的栽培和传播

红花最早见载于西汉的《西河旧事》。书中所引《匈奴歌》说：“失去焉支山，使我妇女无颜色。”“焉支”就是燕支或胭脂的谐音。焉支山位于今甘肃河西走廊上。这首《匈奴歌》说明西汉时的焉支山是盛产红花之地。因为做燕支（胭脂）的原料就是红花。东汉时《金匮要略》中说：“妇女六十二种风，乃腹中血

---

① 《天工开物》卷上，蓝淀，明崇祯刻本。

气刺痛。红蓝花酒主之。”说明东汉时已用红花入药。东晋习凿齿在《与燕王书》中说：“山下有红蓝，足下先知否？北方人采取其花染绯黄。按：取其上英，鲜者做胭支。”说明当时河北一带也有红花生产，而且已作染料。《齐民要术》曾描述过红花的商品性生产：“负郭良田种一顷者，岁收绢三百匹。一顷收籽二百斛，与麻子同价，既任车脂，亦堪为烛。”[①] 说明当时已有较大规模的种植。并已用红花油作润滑油和照明用的“烛”。到了唐代，种植范围更广，关内、河南、山南、剑南、江南以至岭南等地均有红花生产。有些地方还将之作为贡品送上京城。宋代，特别是大量种植棉花后，更大大促进了红花等染料作物的发展。元明以后，常因与另一种红花，即番红花或藏红花混淆，所以在文献记载中有些混乱，难以分清。

4—5世纪，红花曾东传朝鲜、日本。日本称之为“吴蓝”（由中国东南传入）或“韩红花”（由中国传入朝鲜再传入日本）。

（二）栽培技术

综合列代文献记载，中国古代红花栽培技术中有如下三项较为突出：①实行冬播。宋代《图经本草》指出：“冬而布子于熟地，至春生苗。”[②] 由于冬播生育期特长，产量和质量均佳，陕、甘农民称之为“抱蛋”。②扶株，即打（橛）扶苗，防风吹折。明代《天工开物》说：“凡种地肥者，高二三尺，每路打橛，缚绳横阑，以备狂风拗折。若瘦地，尺五以下者不必为之。”[③] ③早上乘凉采花。《齐民要术》指出：“花出，欲日日乘凉取”，“不摘则干。”《天工开物》也说：“采花者必侵晨带露摘取，若日高露旰，其花即已结闭成实，不可采矣。其朝阴雨无露，放花较少，旰摘无妨，以无日色故也。”其他文献也有类似记载。由于

① 《齐民要术》卷第五，种红蓝花、栀子第五十二。

② （宋）苏颂撰：《图经本草》草部中品之下卷第七，红蓝花。

③ 《天工开物》卷上，红花，明崇祯刻本。

红花的开花授粉在早晨进行，若遇日晒便会萎缩，色素受到影响。而且日晒后，红花刺也会变硬，不便采摘。

（三）用途

花可制作胭脂供化妆；子捣碎煎汁，入醋，可拌食；子可榨油作润滑油及烛。此外，尚可入药。如作“红花油”等。

第二节　绿肥作物栽培史

绿肥作物是以获取有机肥料为主要目的的栽培植物，有些可兼作饲料或油料，栽培历史已有 1 700 年以上。

栽培绿肥作物是从远古时代利用杂草作肥料开始的。早在《诗经・周颂》中已有“其缚斯赵，以薅荼蓼，荼蓼朽止，黍稷茂止”之句。“荼蓼”即杂草，说明当时已认识到锄下的杂草腐烂以后，可使黍稷茂盛。《齐民要术》把绿肥肥田技术称为“美田之法”。《王祯农书》称为“草粪”。明代江南农书及方志称之为“花草”。中国古代绿肥作物以豆科植物为主，也有其他植物。

（一）绿肥作物的发展概况

栽培绿肥的最早记载见于西晋郭义恭的《广志》：“苕草，色青黄，紫华，十二月稻下种之，蔓延殷盛，可以美田，叶可食。”记载了公元 3 世纪时华南地区稻田套种绿肥的情况。但是这里有点可疑的地方，即十二月何来水稻？广东地区的晚稻十月已收割，这“十二月稻下种之”令人难以解释。是否“十二月稻下种之”或“十二月稻田种之”？《齐民要术・耕田》中说：“凡美田之法，绿豆为上，小豆、胡麻次之，悉皆五六月中穊种，七八月犁掩杀之，为春谷田，则亩收十石，其美与蚕矢熟粪同。”①《种葵》篇中也说：“若粪不可得者，五六月中穊种绿豆，至七八月

① 《齐民要术》卷第一，耕田第一。

犁掩杀之，如以粪粪田，则良美与粪不殊，又省功力。”[①] 说明使用绿肥，肥效与施肥效果相同而较省功力。至宋元时期，绿肥种植又有进一步的发展。北宋诗人苏轼曾有“春尽苗叶老，耕翻烟雨丛。润随甘泽化，暖作青泥融。始终不负我，力与粪壤同”的诗句，描述了以苕子作绿肥的情况。元代《王祯农书》记载种植绿豆等绿肥在“江淮迤北，用为常法。”说明当时在江淮以北已普遍种植绿肥。明清时期，绿肥种类更多，新增绿肥计有天蓝（有人认为是黄花苜蓿，即金花菜）、大麦、小麦、蚕豆、梅豆、拔山豆、穞豆、黎豆、油菜、白菜等20多种。关于绿肥的肥田作用，明清农书中亦有论述。如《沈氏农书》说：“一亩草（紫云英）可壅三亩田，今肥壅艰难，此项最属便利。”清代《抚郡农产考略》还将常用绿肥作了比较，认为“红花草比萝卜菜子尤肥田，为早稻所必需，可以固本助苗，其力量可敌粪草一二十石。无草者，虽以重本肥料壅之，其苗终不茂，故乡人种红花草者极多，不敢以籽种贵而稍吝也。”并说江西抚州草子种“出产甚多，运售建昌、饶州各府县。”[②] 说明当时抚州不仅种红花草作绿肥，而且还生产红草种子作商品销售。《广州农村》2008年第一期的封面和封底，刊登了几幅油菜花的照片，并说“冬种油菜不仅可以提高土壤有机质，培肥地力……而且还具有很高的观赏价值，成为农业生产观光旅游的新亮点。”是当地（从化、花都、增城的有关村镇）农民增产增收的好办法。

（二）绿肥栽培经验

综合古代对绿肥栽培的经验，大致有如下三项值得重视：①绿肥作物应与谷类作物或其他作物轮作，使种植绿肥的土地更肥美；②绿肥应在花期进行翻压，肥效更高；③绿肥作物也需进行翻耕和施肥。如明代《沈氏农书》认为，取猪厩肥“撒于花草田

---

① 《齐民要术》卷第三，种葵第十七。

② （清）何刚德：《抚郡农产考略》卷下，红花草。下引同。

中，一取松田，二取护草”。既是施肥，又是护草越冬，而且还可疏松土地。又如《抚郡农产考略》所说：在耕地种红花草后，“天旱须车水灌溉之，雨水太多，应开沟泄水，不使淹坏。”还要施“乌灰一二石，大肥十余石。”说明栽培绿肥作物，也应精心耕地、施肥和管理。

第三节　苜蓿栽培史

（一）苜蓿在中原地区的推广

苜蓿（*Medicago* L.）是我国古代重要的饲料作物和救荒作物，在中原的栽培历史始于汉代。《史记·大宛列传》说：“汉使取其实来，于是天子始种苜蓿”。晋代陆机《与弟书》则具体指出“张骞使外国十八年，得苜蓿归。”“大宛”即今中亚费尔干纳盆地，原苏联塔什干东南卡散赛。唐代颜师古在《汉书·西域传》的注解中说：“今北道诸州，旧安定北地之境，往往有苜蓿者，皆汉时所种也。”唐代种植更为广泛，官马都有规定数量的苜蓿地，作为饲料基地，大大促进了养马业的发展。《新唐书·百官志》说：“凡驿马，给地四顷，莳以苜蓿。”《元史·食货志》记载元代曾将苜蓿作为防灾作物扩种：“至元七年颁农桑之制，令各社布种苜蓿以防饥年。”明代《群芳谱》对苜蓿的分布有明确的记载：苜蓿以“三晋为盛，秦、齐、鲁次之，燕赵又次之，江南人不识也。”[①] 说明苜蓿主要在黄河流域广泛种植。清代，在西北、华北几乎每家每户均有种植，正如乾隆时河南《汲县志》所说：“苜蓿每家种二三亩”，南方则只有个别地方种植。

（二）苜蓿的栽培经验

1. 利用苜蓿改良土壤，特别是改良盐碱地　清代《增订教

① 据《广群芳谱》卷十四，蔬谱二，苜蓿。下引同。

稼书》说：盐碱地上“先种苜蓿，岁夷其苗食之，四年后犁去其根，改种五谷蔬果，无不发矣。苜蓿能暖地也，又鹹喜日而避雨，或乘多雨之年耕种，往往有收。又一法掘地方数尺，深之三四尺，换好土以接地气，二三年后，周围方丈之地亦变为好土矣。”并说这种方法是“得之沧州老农，甚验。”①《救荒简易书》也说：“祥符县老农曰：苜蓿菜性耐碱，宜种碱地，并且性能吃碱，久种苜蓿，能使碱地不碱。”② 河南道光《扶沟县志》也说：“唯种苜蓿之法最好，苜蓿能暖地，不怕碱，其苗可食，又可放牲畜。三四年后改种五谷，同于膏壤矣。”类似的记载，在北方的地方志中非常普遍。此外，《救荒简易书》还说苜蓿“宜种于又阴又寒石地淤地”以及“虫地”、“沙地”。河北光绪《宁津县乡土志》认为“沃壤多不种”，这些都同苜蓿具有“性能吃碱”，并具有固氮能力有关。

苜蓿［图片来源：（清）吴其濬著：《植物名实图考》卷三，蔬类，商务印书馆，1957年，第71页］

2. 苜蓿常与粮食作物轮作或混作 这与苜蓿根系具有固氮能力密切相关。《群芳谱》指出：苜蓿地“若垦后次年种谷，必倍收，为数年积叶坏烂，垦地复深，故今三晋人刈草三年，即垦作田，亟欲肥地种谷也。”说明古代农民对苜蓿的肥田作用已有深刻的认识。明代《养余月令》和清代《农圃便览》、《农桑经》

① （清）盛百二撰：《增订教稼书》鹹地沙地。

② （清）郭云升：《救荒简易书》卷二。

等农书都说苜蓿可与荞麦混作，主张夏月取子和荞麦混种，刈荞麦时苜蓿生根，明年自生。清代《救荒简易书》更说苜蓿菜七月和秋荞麦种，“闻直隶老农曰：‘苜蓿七月种，必须和荞麦而种之，使秋荞麦为苜蓿蔗阴，以免列日晒杀。’”又说：五月种苜蓿时“必须和黍种之，使黍为苜蓿遮荫，以免烈日晒杀。”[1] 说明当时苜蓿和荞麦、黍混作已相当普遍。《救荒简易书》还介绍了苜蓿和林木间种的经验，认为在林荫蔽处“若种苜蓿菜，必能茂盛”。

3.《群芳谱》还介绍了一种使苜蓿长期繁殖下去的方法 说是：“若效两浙种竹法，每一亩今年半去其根，至第三年去另一半，如此更换，可得长生，不烦更种。”是每棵半去其根，是两棵去其一棵，还是一亩地去一半，留一半？这里讲得不太清楚，仍需作进一步研究。

（三）用途

1. 作饲料 干、鲜均可。《豳风广义》还介绍了把苜蓿制成干粉，以备冬春饲畜。方法是“于春夏之间，待苜蓿长尺许，俟天气晴明，将苜蓿割倒，载入场中，摊开，晒极干，用碌碡碾为粉末，密筛筛过收贮”，以“待冬月，合糠麸之类”饲畜[2]。古人对苜蓿作饲料有很高的评价，《群芳谱》说它“开花时刈取喂马牛易肥健”，有的说它“刍秣壮于栈豆谷”[3]。

2. 供食用 《齐民要术》说它“为羹甚香”[4]。《元史·食货志》有：“至元七年……令各社布种苜蓿以防饥年”的记载。《本草纲目》说：苜蓿“数荚累累，老则黑色，内有米如穄米，可为饭，亦可酿酒。”[5] 徐光启也说其“嫩叶恒菜”。

① （清）郭云升：《救荒简易书》卷一。
② （清）杨屾：《豳风广义》卷下，收食料法。
③ 《植物名实图考》卷三，蔬类，苜蓿。
④ 《齐民要术》卷第三，种苜蓿第二十九。
⑤ 《本草纲目》菜部第二十七卷，苜蓿。

3. 可作“苜蓿露” 《群芳谱》介绍说“采其叶，依蔷薇露法蒸取馏水，甚芳香。”

4. 具有药用价值 《群芳谱》说它“味苦平无毒，安中利五脏，洗脾胃间诸恶热毒。”

第八章　果树栽培史

人类自远古以来便采集野果为食，后来才逐渐发展为果树栽培。目前，水果出口最多的国家是西班牙和意大利，出口果品以香蕉和柑橘为大宗。而主要进口果品的国家为德国、英国、法国、前苏联、日本和加拿大等国家。

在中国国土上分布有300多种果树植物，在生产上占有重要地位的栽培果树约有30多种。其中许多果树原产于中国，如梨、桃、李、杏、栗、枣、柿、柑橘、荔枝、枇杷、龙眼等。还有许多有待开发利用的优异果树和浆果植物资源。这些都将对推动世界果树业的发展发挥巨大作用。

20世纪末，中国水果总产值已接近900亿元，在种植业中仅次于粮食和蔬菜，而居第三位。按1998年的统计，世界水果人均占有量约为73公斤，中国年人均占有量为43公斤，所以中国果树总产量虽居世界首位，但人均占有量与世界水平尚有不小的差距。

目前，中国已建成苹果、梨、山楂、枣、柿、桃、李、杏、葡萄、草莓、核桃、板栗、柑橘、香蕉、龙眼、荔枝等16个国家种质资源圃，保存果树资源9 494份，为今后我国继续发展果树资源打下了坚实的基础。

第一节　果树嫁接和繁殖技术史

一、古代果树嫁接技术史

嫁接繁殖是中国古代果树栽培中应用最广的繁殖方法。《齐民要术》称之为“插”，《四时纂要》称之为“接”，元以后农书中多称为“接秧”或“接缚”。嫁接技术起源于何时，迄今尚无定论。有人认为《周礼·考工记》中说的“橘逾淮而北为枳”反映橘北移后，遇寒冷天气，接穗橘冻死，砧木枳仍生，说明3 000年前橘树已行嫁接。有人认为西汉《氾胜之书》区种瓠法中说的“下瓠子十颗，……既生，长二尺余，便总聚十茎一处，以布缠之五寸许，复用泥泥之。不过数日，缠处便合为一茎，留强者，余悉掐去，引蔓结子，子外之条，亦掐去之，勿令蔓延”。说这是我国园艺史上最早的嫁接技术。也有人认为《齐民要术》对梨树的嫁接，已有详细的叙述，说明果树嫁接已有一段历史。看来汉代至南北朝之间果树嫁接已较普遍地采用的说法是比较客观的。

（一）砧木的选择与处理

《齐民要术》虽详述了梨的嫁接技术，但尚无“砧木”之名，而称之为“主”，唐代《四时纂要》始有“砧”或“树砧”的专称。

古人采用嫁接繁殖方法，首先注意到其结果的年龄比较早。同时也很注意砧木树的大小和品质的影响。如《齐民要术》便说：“棠梨大而细理，杜次之，桑梨大恶。枣、石榴上插得者为上梨，虽取十，收得一二也。”但历代对上述结果也有一些不同的看法，如题郭橐驰《种树书》便说“桑上接梨，脆美而甘”等。随着不断的实践和总结，人们在砧木对嫁接果树的影响方面的观察也不断深入，发现在果实色泽、种子多少、树龄长短等各方面都有影响。如说梅砧上嫁接杏，结实味甜。桑砧上嫁接梅，结实不酸。梅砧上接李，易成活，树龄长，耐肥，果实红而甘。柿砧上接桃，果实都变成黄色等。凡果树经多次嫁接后，果核均变小，且不能再作种子播种。

古人还注意到不是任何植物互接都能成活，这就是今人说的“亲和力”。《齐民要术》便曾注意到：“枣、石榴上插得者，为上梨，虽治十，收得一二也。”到唐末五代时，人们已总结出“实内子相类者”互接容易成活，但据近人研究，嫁接视亲和力的强弱与亲缘关系的远近，并不成绝对正相关，一些远缘嫁接也能取得成功。

早期的嫁接，一般选用较粗（干径粗如手臂或斧柄）的砧木，砧木的苗龄比较大。到元代，砧木的苗龄大小均有，小者仅两年。清代文献中则明确地指出，选用二三年生的砧木，嫁接较易成活。

枝接砧的高度，《齐民要术》定的高度比较低，主张离地面5～6寸。《四时纂要》则主张根据砧木的粗细来决定留砧的高低。指出如果砧木粗而留砧低，则“地力大（太）壮矣，夹煞所接之木”，“若砧小而高截，则地气难应”①。这种注意树木地上部分和地下部分之间相互平衡的理论，是完全正确的。元代以后，留砧高度不一，低的可平地面截砧，高的则可平人之肩，名为“身接”。相当于今人所说的“高接换种”。

芽接一般选用树龄较小的小树作砧木，留砧的高度为1尺余。

（二）接穗的选择与处理

古代没有“接穗”这个名称，《齐民要术》称之为“客”，宋元时名为“接头”，南宋《橘录》中称之为“贴”，明清文献称之为“接条”。

《齐民要术》已知道接穗要选用优良品种，要选取向阳的枝条，不用背阴的枝条，否则结实少。枝接接穗的长度5～6寸。而且还认识到嫁接梨时，“用根蒂小枝，树型可喜，五年方结子；鸠脚老枝，三年即结子，而树丑。”唐代文献主张接穗应选用二年生粗细如筷子的枝条，长度为4～5寸。清代文献更明确指出接穗应从已开始结果的树上剪取。

---

① 《四时纂要》春令卷之一，正月。

接穗剪取后的处理方法，《齐民要术》说："凡远道取梨枝者，下根即烧三四寸，亦可行数百里犹生。"[①] 用火烧的目的，一说是"防止接穗中的养分流失"[②]，一说是"烧过可以防止伤口腐变"[③]。亦可能是两者兼而有之。元代文献中说，如接穗需从别处剪取者，可于农历腊月间剪取，埋于土中，至次春芽眼萌动时，取出嫁接。如从很远的地方剪取，则可将剪下的接穗，放在未曾盛过油的，用柿漆涂过的新竹篓中，用蒲草的果序、麦穰、谷穰之类的加以铺衬，密封篓口，虽经千里运输，也不至冻坏。

（三）嫁接时间的选择

《齐民要术·插梨》中认为：柿、梨应以"梨叶微动为上时，将欲开莩为下时。"莩，指叶芽外被覆的鳞片，开莩，即叶芽已经舒展，现出小叶的时候。《四时纂要》只说农历正月可进行嫁接。但是因各地气候冷暖不同，恐难规定统一的时间。元代农书认为最好在春分前 10 天进行嫁接，春分节前后 5 日也可以。又认为以树芽微显绿色时为准，应选择晴暖之日进行。明代，人们主张在春季树叶将萌发，及秋季树叶将黄落时进行嫁接。即春分节前和秋分节后均可嫁接。

（四）嫁接方法

古代的嫁接方法，元代以前只有枝接和根接，元代农书才提到芽接。

枝接方法多种多样，《氾胜之书》所记把 10 株瓠靠接成 1 株，以培养大瓠的方法，也是枝接的一种。《齐民要术·插梨》中介绍了两种方法，一种类似今天的插接，另一法为"十字破杜者"类似现在的劈接，又称割接（横竖二刀，把砧木中心劈成十

---

① 《齐民要术》卷第四，插梨第三十七。
② 引自《中国农业百科全书·农史卷》。
③ 《齐民要术校释》（第二版），292 页。

字)。但说它"十不收一(所以然者,木裂皮开,虚燥故也)",《四时纂要》介绍的方法,与上述"十字破杜者"相似,但《四时纂要》所说的是将砧面的两侧各切割一条缝。到元代,枝接的方法增加了,并分别名为插接、劈接、搭接、皮接等。但其中除插接和搭接与现在名实相通外,其他各种都与现在不一致;古代的劈接相当于现在的嵌接,古代的劈接,相当于现在的腹接。

根接的方法与枝接的方法相同。

芽接,古代称为"靥接",相当于现在的贴接(又称嵌芽接)。古今所不同的,在于古代先将砧木截断,剔去一侧树皮约1方寸,然后再揭取接穗的芽片嵌贴于砧木上。现在则在芽接成活后,才从芽接部位的上方截断砧木。

(五)保障嫁接成活的措施

《齐民要术·插梨》在叙述嫁接的操作过程中,特别指出:必须"木边向木,皮还近皮。"元代的《士农必用》进一步指出树木的皮肤(皮层)与坚骨(木质部)之间,是树木津液流动的渠道,砧穗之间的"津液"一旦相通,砧木对接穗的种种影响就会出现。用现在的话说,就是成活的关键在于砧木与接穗的形成层(皮层与木质部之间)的紧密接合。

元代农书特别强调嫁接要事先准备好厚背利刃、细齿利锯等锋利的工具,操作时要平稳快捷,以保证切口平滑,有利于砧穗紧密结合。

《四时纂要》、《士农必用》等文献,则强调在接穗插入砧木后,用树皮缠绕砧穗接合部,而且要松紧适中,目的在于使砧木与接穗的形成层紧密结合。嫁接以后,需要保持一定的温度和湿度,才能保证愈伤组织的形成,促进嫁接苗的成活。《齐民要术》记载的方法是,在插入砧木后,用丝棉裹住砧面,上封熟泥,再用土培壅,露出接穗的顶端,并常浇水,以保湿润。《四时纂要》则改"熟泥"为"黄泥"。《士农必用》的记载,已有较明显的改进,认为接穗的切削妥当后,要随即噙于口中。并指出,嫁接前，操作的人不可喝酒或吃滋味浓厚的食物。接穗插入砧木后，要用树皮缠缚砧穗结合部，再用新鲜牛粪和泥封涂，最后再用湿土壅培。特别值得注意的是文中提到切好的接穗要噙于口中，和砧穗接合处要用新牛粪和泥涂封，是否人的唾液和新鲜牛粪中含有某种可促进产生愈伤组织的生长激素？值得进一步研究。现在果农在嫁接中，也常将切好的接穗噙于口中，证明这种古法，一直沿用至今。

（六）嫁接苗的管理

嫁接苗在成活以前，四畔培壅的泥土要经常浇水，以保持湿润。成活后，所壅之土暂时也勿扒开，要待接合部分生长充实后，最好等到秋季再扒开。另据《群芳谱》等书记载，认为砧木上如有芽萌发，应及时除去，"勿分其力"。还有些书主张，在一株砧木上同时嫁接多枝接穗者，成活后应选留一枝生长健壮者，其余均除去之。接穗成活萌发成新梢后，需及时立支柱保护，防止折断。

二、果树栽殖技术史

果树繁殖，除实生苗和嫁接繁殖外，还有扦插、压条、分株三种无性繁殖法。这三种方法，南北朝时已普遍采用，《齐民要术》用"栽"字泛指这三种繁殖方法及其繁殖成的苗木。

（一）扦插繁殖

此法在战国时已有记载。用之繁殖果树的最早记载，见于汉代文献。古人常称之为"扦"（或"签"）或"插"。明代《农政全书》首次将它们连在一起叫"扦插"。采用此法繁殖的果树，主要有葡萄、石榴、无花果、枣、杜梨等。按取用器官，可分为枝插、根插、芽插和叶插。枝插依取材性质的不同又有"硬枝扦插"和"软枝扦插"（"绿枝扦插"）之分。硬枝插的插条或于春季随剪随插，或预先于冬季剪下，埋窖在熟粪中，至春季开始萌动时再插。插条通常选用健壮的一年生枝条，或连带一段二年生枝条剪下，古人称之为“鹤膝”。《齐民要术》强调插条剪下后，需用火烧灼下端4～5厘米的一小段，以防树液流失。古代所用插条的长度，因所插果树的种类不同而有较大的出入。南北朝时石榴的插条长约45厘米，元代葡萄的插条长约92厘米。插条较短者，插时将插条的一半插入土中，另一半露在土外；插条较长的，则将大半插入土中，小部留在土外。或者采用类似现在盘条插法，如插葡萄，将插条剪成长约120～150厘米，卷成小圈，埋入土中，只留两节在土外，据说不到两年即可使葡萄长成大棚，并且“实大如枣”。插石榴，如果插条不够，可剪取较长的插条，盘成一圈，横埋于土中，可以萌发成多株，但发根较差。古书中还提到扦插时不将插条直接插入插床中，而是先将插条插入芋头、萝卜或芜菁中，然后连同芋头等一起插入插床。这种插法有何优越性，似仍值得研究。古人还注意到扦插的时间要选在阴天进行，插后要常浇水，还需搭棚遮阴，冬天则用暖棚保温，次年春暖后方可拆除。

（二）压条繁殖

此法的记载，首见于《齐民要术》，常用于苹果、荔枝和柑橘等果树的繁殖。古代的压条法，分为“屈枝压条法”和“空中压条法”（又称“高枝压条法”）两种，屈枝压条法，古代简称为“压”，或“压条”，一般于农历正二月间，将树下部较低的枝条压到地上，取木钩固定于土中，用燥土壅培近树干的部分，而将树梢露于土外，至梅雨天气时即可生根。到次年正月，便可截取栽种。也可于次春先行从母株截断，到霜降后再移栽则更好。空中压条，古人称为“脱果法”，最早见于南宋温革《琐碎录·农艺门》。对于一些树型高大而扦插不易生根的果树，如荔枝等，多采用此法繁殖。不同地区，对此法有不同的称谓，如锯芦、穞、掇树法、夺接、博、圈枝等。荔枝的高接压条法，首见于徐𤊹《荔枝谱》：“于清明前后十日内，将枝梢刮去外皮一节，上加腻土，用棕裹之。至秋，露枝上生根，以细齿锯从根处截下，植之他所，勿令动摇，三岁结子累然矣。”邓庆寀《荔枝谱》及吴戴鳌《记荔枝》也有类似的记载。

（三）分株繁殖

果树分株繁殖，首载于《齐民要术》。其法分为根蘖分株和吸芽分株两种，前者主要用于李和苹果等果树，后者仅用于橡胶。李树采用分株繁殖时，常先将根蘖挖出，植于园圃中培养，待长大一些后再行定植。对于难于发生根蘖的苹果树，古人往往在距树干数尺处掘坑，露出根头，促使萌生根蘖。

第二节　桃、李、杏栽培史

一、桃栽培史

桃［*Prunus persica*（L.）Batsch.］是古老的栽培果树之一，原产于中国。其在世界上的栽培面积和产量，均居苹果、梨和葡萄之后而列为第四大落叶果树。据世界粮农组织 2003 年的统计，全世界桃的栽培面积为 140 万公顷，总产量为 1 540 万吨。其中中国排第一位，占总产量的 36.02%，占总面积的 42.98%。意大利、美国和西班牙紧随其后。

（一）桃的起源和传播

桃原产中国，一般认为起源于中国西部山区谷地，包括西藏东部、四川西部和云南的西北部。沿着金沙江首先传至云南、贵州和四川等西南地区，形成西南次生基因中心；同时向西北，在甘肃、陕西西南部形成西北次生中心。然后再传至全国其他地区。目前除黑龙江北部外，全国各地均有分布。

由于属于良渚文化的杭州水田畈和吴兴钱山漾新石器时代遗址出土有桃核，加之近年来在天目山还发现有野生桃，而水蜜桃又是杭州地区最先培育成功，因而有人认为中国桃的起源中心可能不止一个。

桃是中国最古老的栽培果树之一，栽培历史已有 4 000 多年。从文献记载上看，《诗经》中已有“园有桃，其实之殽”并赞美它“桃之夭夭，灼灼其华”。

汉代张骞通西域后，桃即沿着“丝绸之路”传至波斯，以后继续西传至欧洲各国。公元530年法国从意大利引进，13世纪左右英、法、比、荷等国从法国引进栽培。1633年前后传入美国。日本的桃亦是从中国引种的。

（二）桃的品种

中国古代栽培的桃，基本上都是普通桃，在各地的长期栽培下，形成了许多变种和品种，其中较著名的有蟠桃（又名饼子桃、盒盘桃）、油桃（又名白桃、杏桃、柰李、李桃和光桃），这些在11世纪的文献中已有记载。寿星桃出现稍迟，16世纪成书的《学圃杂疏》中才见记载。

早期桃的品种大都是晚熟品种，在不同的地区和不同的时期有不同的名称，如王母桃、昆仑桃、十月冬桃、仙人桃、雪桃等。随着长期的栽培和选育，到了晋代（265—420）早、中、晚熟的品种都一应俱全了。唐初出现了黄肉桃。宋代后期，浙江杭州一带培育成功了水蜜桃。明中叶以后，上海一带逐渐成为水蜜桃的著名产区。1813年褚华的《水蜜桃谱》，详细记述了上海水蜜桃的栽培历史、产区变迁、品种特性、繁殖方法及栽培管理方法。此外，尚有一些著名品种，如山东肥城桃等，也陆续见之于记载。

（三）桃树的栽培管理

宋代以前，桃树的繁殖基本上都采用实生繁殖。到了宋代，品质优良的桃树则大都改用嫁接繁殖，以保持其优良种性。所用砧木大都用本砧，也偶有使用樱桃为砧木者。嫁接方法大都采用切接法，于春季或秋分后嫁接。

汉代已横直成行栽培桃树，但株行距较宽（约8米×2.2米），南北朝时栽培桃树的营养面积有所缩小（约为3.6平方米），到了清代，则改为以“枝不相碍”为标准。

古人认识到桃树“性耐肥”、“喜干恶湿”，所以常于早春、采果后及秋冬时节多次施肥。在南方多雨地区则开排水沟，以利排水。

桃树的耐寒力不如苹果和梨，为了帮助桃树抗寒，12世纪时在吉林省的北部地区即已采用冬季埋土防寒的匍匐形栽培法。

水蜜桃枝弱怕风，清代上海一带的水蜜桃园，常用竹子树立支架，以防风害。

桃树树龄短，为了补救这一缺陷，南北朝时已想出一些补救措施：一是在桃树四龄以后，采取纵伤处理，但这种方法容易发生流液病，不是个好办法。另一方法是在桃树结实变小后，齐地面砍去地上部分，促使萌发不定芽，长成新株，可使桃树得到一定程度的更新复壮。

（四）桃的用途

桃果除可生食外，还可制成桃干（古称桃诸）。南北朝时已知道收集桃的落果，酿制果醋。桃仁、桃花、桃胶等可入药，古人认为桃仁有活血、润肠的功效。

二、李栽培史

（一）李的起源和传播

李（*Prunus* Linn.）是中国最古老的栽培果树之一，原产于我国长江流域，周代以前已驯化栽培。《诗经》中已多次出现，如“华如桃李”、“丘中有李”、“投我以桃，报之以李”等。其在中国的分布范围很广，北起吉林，南至广东均有分布。

中国李还向国外传播，西汉时已传播到日本和伊朗，1627年传至法国，1880年前后传入美国。目前已在世界上广泛栽培。据联合国粮农组织统计，2002年全世界李的总产量为9 314 727吨，中国最多，为4 384 900吨，其次为罗马尼亚、德国、俄罗斯、美国和乌克兰。

（二）李的品种

经过长期的栽培和选择，中国李形成了许多传统名果，据

《檇李谱》记载，浙江嘉兴桐乡的名果檇李始见于东周。并且因果名地，名嘉兴为檇李。《尔雅》中载有3个品种，《西京杂记》记载上林苑收集到15个品种[①]。晋代《广志》中著录的品种也有15个，并注意到有些品种有离核的特点，北宋时仅洛阳一地便有27个品种。到了明代，李的品种已有近百个。不同的品种间，不仅果实的大小、形状、色泽、成熟期等各有不同，而且果核也有离核、无核与合核（即黏核）等区别。有些古代的优良品种，如檇李，至今仍在栽培。清代王逢辰《檇李谱》对檇李的栽植、移接、虫害、采摘、贮藏、食用等方面进行了叙述，内容翔实。福建省栽培的名贵果树——奈，是李的变种，其栽培历史可追溯到宋代，福建《莆阳志》（1192）中已有记载。此外，如御皇李、青李、黄李、紫李、牛心李、蜜李、胭脂李、潘园李、三华李等都是从古代流传至今的优良品种。

李［图片来源：（清）吴其濬著：《植物名实图考》卷三十二，果类，商务印书馆，1957年，第757页］

（三）李的栽培管理

古代李的繁殖方法主要有分株繁殖和嫁接繁殖。分株繁殖的方法是先将根蘖挖出，植于苗圃中培养，待长大一些后再行定植。或于根蘖长出后，用石压之，三四年后枝叶长茂，再于腊月间带土移栽。嫁接繁殖始见于宋代的文献，嫁接时间为春季或秋

① 《广群芳谱》引《西京杂记》只列14种，少了一个“车下李”。

分后。所用砧木有本砧或桃、梅、杏。古人认为用桃或梅作砧木者，嫁接易成活，树龄长，耐肥，结子“红而甘”；用本砧嫁接槜李，所结果实，风味较差。此外，清代文献还提到可以掘取李树根，截成6～9厘米，畦种繁殖，类似现在所说的根插法。古籍中还提到李树的实生繁殖方法，即在果实成熟时，连同果肉一起播种土中，次年带土移栽。

李树的栽培方法，在汉代已按照一定的距离，横直成行地栽培，当时的株行距较宽，约合8米×2.2米。南北朝时营养面积约合3.6平方米，到了清代则改成2.6平方米。管理方面，主要是要及时锄草而不行翻耕。施肥方面，主要施猪粪，不施人粪。认为李树开花时晴雨调匀，则结实繁盛，是为大年；否则，结实稀少，则为小年。《齐民要术》中提出了克服李树大小年的方法：其一是“正月一日或十五日，以砖石著树歧中，令实繁。”其二是“腊月中，以杖微打歧间，正月晦日（每月最后一天为晦日）复打之，亦足子也。”① 这和今天对李树疏花疏果获得高产的方法颇有相似之处。

古代在纬度较高的寒冷地区栽培李树，往往采用冬季埋土防冻的匍匐形栽培法。

古代采收李实，非常重视掌握果实的成熟度。并按不同的成熟度，贮藏于不同的器皿中。其经验是：“生李可贮木器中二三日，半熟李可贮瓷器中二三日，全熟李可贮竹器中二三日。若欲致远，须以生李贮竹器中，护以蕉叶，取其凉爽耐久。”

（四）李的加工利用

古代对李的加工利用，主要是制李干。《齐民要术》记载的“制白李法”就是加工李干的方法。明代福建省是李干的主要产地。发展到现代，李的加工品有罐头、果脯、果干、果酒、果酱、蜜饯、果汁、话李等多种，深受消费者欢迎。李树的各器官

① 《齐民要术》卷第四，种李第三十五。

都有医药功能，据《本草纲目》、《医林纂要》、《本草求真》等医药类古籍记载，中国李的果实味甘酸、性寒，能清热利水、消食积，有养肝、泻肝、治肝肿硬和肝腹水、去痼热、破淤。李的核仁味苦、性平，有活血利水、滑肠的功能。他如李花、李叶、李根皮、李树胶等均有药用价值。

三、杏栽培史

杏（*Armeniaca* Mill.）是中国早期栽培的珍贵果树之一。杏树抗旱、耐寒、耐瘠薄，是公认的阻止荒漠化的先锋果树。按其特性和栽培目的的不同，可以分为食用果、仁用果和观赏果三大类。

杏（普通杏）[图片来源：（清）吴其濬著：《植物名实图考》卷三十二，果类，商务印书馆，1957年，第750页]

（一）杏的起源和传播

杏树原产我国，《夏小正》中已有正月“梅杏杝桃则华”，四月“囿有见杏”的记载。按蔡德晋的注释“有藩曰园，有墙曰囿”。“囿有见杏”，即院内种的杏树，说明4 000年前已有杏树的栽培了。《管子》中有“五沃之土，其木宜杏”的记述。《卢谵祭法》提到“夏祠用杏”①，说明杏还是祭祀宗庙的祭品。也说明其栽培历史之悠久。

汉代以来，杏树栽培有很大的发展。东汉《嵩高山记》说：“东北有牛山，其山多杏。至五月烂然黄茂。自中原丧乱，百姓饥饿，皆资此为命，人人充饱。”唐代诗人钱起在《酬长

① 《太平御览》卷九六八，果部五，杏。

孙绎蓝溪寄杏》诗中有“爱君蓝水上，种杏近成田”之句，说明杏已被大面积种植了。到目前，除广东、海南和台湾外，其余各地均有杏树分布。其中以河北、山东、新疆、山西、河南、陕西、甘肃、北京、辽宁、内蒙古、宁夏等省区栽培较多，品质也较好。

我国的杏约在公元前2世纪以后，即通过“丝绸之路”传至伊朗，再传至亚美尼亚、希腊、罗马及地中海沿岸国家。公元10世纪前后红杏传至日本。约在18世纪后传至美洲。

（二）杏的品种

中国古代栽培的基本上都是食用杏（即普通杏），现在世界上各地栽培的优良杏树，大都是它繁衍的子孙。西汉时长安“上林苑”中便曾种植文杏和蓬莱杏。《广志》中有荥阳白杏、邺中赤杏、黄杏、奈杏等。《酉阳杂俎》载有汉帝杏“大如梨，色黄如橘”①，又名金杏。《群芳谱》说它“种类不一，有金杏、白杏、沙杏、梅杏、奈杏、金刚拳、木杏、山杏、巴旦杏，又有赤杏、黄杏、蓬莱杏”②。发展到今天，就更加琳琅满目了。大概到元代，个别地区才开始专门栽培仁用杏。仁用杏分布于我国东北、华北和内蒙古等地，抗寒性很强，据说能忍耐－50℃的低温。我国著名的仁用杏品种有河北的黄荷色、串铃扁、龙王扁，陕西的克拉拉杏和迟梆子杏。观赏杏的栽培历史也很早，早在汉代，长安上林苑中便有花杂五色的蓬莱杏。宋代已培育出重瓣杏和紫叶杏等观赏杏品种。宋代宋祁《杏花赋》中便有“红杏枝头春意闹”的名句。南宋诗人叶绍翁也有“借问酒家何处有，牧童遥指杏花村”之句。清代陈淏子《花镜》中说：“杏花有二种，单瓣与千瓣，剑川山有千叶杏花，先红后白，但娇丽而不香。树

---

① 据《太平广记》引。

② 《群芳谱》果谱卷二，杏。

高大而根生最浅，须以大石压根，则花易盛，而结实始繁。”①说明我国古代杏树品种相当丰富。

（三）杏树的栽培方法

南北朝以前，主要采用实生繁殖方法，《齐民要术》说它“栽种与桃李同”②。嫁接繁殖方法则始见于五代的文献。古代杏的嫁接时间为春季或秋分后，所用砧木为梅、桃或本砧。据说用梅为砧木者，所结的杏味甜。《群芳谱》认为：“桃树接杏，结果红而且大，又耐久不枯。”③ 杏树易遭霜害和虫害，古人已有熏烟防霜的方法。《酉阳杂俎》记载了用人工钩杀杏树害虫天牛类幼虫的方法，并指出钩杀害虫后，还应控制杏树结实的程度，以便恢复树势。

（四）杏的加工和利用

古代杏的加工方法很多，主要有杏油、杏脯和蜜饯。现代的加工品更加丰富多彩，如糖水杏罐头、杏仁罐头、杏干、包仁杏干、杏脯、杏话梅、青红丝、杏酱、杏冻、果丹皮、杏茶、杏汁、果酒、杏仁霜、杏仁露、杏仁茶、杏仁酪、杏仁油、杏仁乳等多种。其中的杏仁油是高级润滑油，用于飞机及精密仪器的润滑和防锈。杏脯、杏仁，特别是甜杏仁是出口创汇的重要产品。杏仁是重要的中药材，杏花、杏叶、杏枝、杏根也可入药。

第三节　梨、枣栽培史

一、梨栽培史

（一）梨的起源与传播

世界上有梨属（*Pyrus* L.）植物60种左右，中国占有14

---

① （清）陈淏子：《花镜》卷三，花果类考，杏。

② 《齐民要术》卷第四，种梅杏第三十六。

③ 《群芳谱》果谱卷二，接杏。

种，种植面积和产量均占世界第一位。一般认为中国和欧洲地中海、高加索地区是梨属植物的起源地。

梨在世界上是栽培历史最久的果树之一，根据瑞士湖滨居民遗迹中发现有梨的事实推断，梨已有4 000年的栽培历史。古希腊在3 000年前已有关于梨的记载。罗马在公元前2世纪已有梨的栽培品种。

中国梨树早在西周时期（约公元前11世纪—前771年）已有栽培，《诗经》中已有关于野梨（“甘棠”、“树檖”）的记载。《周礼》中则谈到周代国王祭祀祖先宗庙时要以梨作为祭品。战国时已被视为珍贵的果品，秦汉之际栽培梨的经济效益很可观，有如《史记》所说：“淮北荥南河济之间千树梨，其人与千户侯等。”《三辅黄图》记载上林苑中梨的盛况时说：“《云阳宫记》曰：云阳车箱坂下，有梨园一顷，数百株，青翠繁密，望之如车盖。”① 梨在中国分布极广，几乎遍及全国各省区。初步统计，典籍中著录的梨的品种名称，至少在百种以上。

梨［图片来源：（清）吴其濬著：《植物名实图考》卷三十二，果类，商务印书馆，1957年，第756页］

未经栽培驯化的梨，古代称为“樆”、“檖”、“萝”、“杜”、“槈”等，作为栽培梨专名的“梨”字，最早见于《尔雅》。历史上以黄河流域所产的梨的品种较好，江南地区稍次。宋代《图经本草》记载了11个北方梨的品种，《洛阳花木记》则列举了洛阳地区27个梨的品

① 《三辅黄图》卷之四。

种。历史上的一些优良品种，有些一直流传至今，如红肖梨、雪梨、香水梨、秋白梨、鸭梨等。

（二）梨的繁殖和栽培管理

古代繁殖梨的方法有实生、嫁接和扦插三种。实生繁殖法，据《齐民要术》记载，是在梨果成熟时，连同果肉一起种入土中，次春发芽分栽，加强水肥管理。至冬季，贴地面剪去地上部分，剪口用炭火烧过，经两年即可结实。这种促进实生苗提早结果的方法，在现代梨的杂交育种中仍有参考价值。

实生梨不仅结果迟，而且品质差，容易劣变。所以很早便采用嫁接繁殖方法。《齐民要术》曾对梨的嫁接方法作过总结，认为梨树嫁接时间以叶芽萌动时为好，花芽即将开放时效果差。嫁接时先用麻皮在树砧上缠十来道，然后锯去上部，留五六寸长的树桩，接着用竹签刺入砧木的树皮和木质部之间，深 1 寸许。再截取梨树阳面的枝条，斜削成尖状，插入竹签刺到的深处，令其“木还向木，皮还近皮”，紧密接合。接好后用丝绵将杜砧裹紧，封上熟土，再用土掩埋，让梨枝稍稍露尖，周围培上土，给梨枝浇水，可保百分之百成活。梨树不仅可和杜嫁接，而且还可和棠、桑、枣、石榴等嫁接。按照《齐民要术》的说法是：“棠，梨大而细理，杜次之，桑，梨大恶。枣、石榴上插得者，为上梨，虽治十，收得一二也。”① 但郭橐驼《种树书》却有不同的说法，认为：“桑上接梨，脆美而甘。”究竟谁是谁非，值得研究。

宋代已经采用套袋套梨防虫的方法，所用套袋材料有油纸、箬竹叶、棕叶等②。梨园管理方面，古籍中提到要在正月壅培，结实后要常行灌溉。

---

① 《齐民要术》卷第四，插梨第三十七。

② 见宋罗愿《尔雅翼》、明《汝南圃史》等书。

（三）梨果贮藏方法

关于梨果贮藏方法，《齐民要术》曾有详细记述："初霜后，即收。霜多，不得经夏也。于屋下掘作深廕坑，底勿令潮湿。收梨置中，不须覆盖，便得经夏也。"《物类相感志》则说："梨与萝卜相间收，或削梨蒂种于萝卜内藏之，皆可经年不烂。今北人每于树上包裹，过冬乃摘，亦妙。"① 近代陕西省子长县杨家园大队社员，在继承前人经验的基础上创造的"地窖贮梨法"，据说可贮梨至来年八月，色泽不变，风味更佳。

（四）梨的加工和利用

古代梨果除供生食外，还有许多加工利用的方法，如加工成梨菹、梨糁、梨脯、梨膏等。近代以来，更将梨加工成梨罐头、梨汁、梨干、梨酒、梨醋、梨脯、梨果露、梨饴糖、梨酱、梨膏等。有些已成为出口创汇的产品。

梨果是重要的中药。梨有生津、润燥、清热、化痰的功效。可以治疗热病烦渴、热咳、惊狂、噎嗝、便秘等病症。其他医书如《唐本草》、《滇南本草》、《本草纲目》等还分别谈到梨叶、梨皮、梨枝等也可作中药。

二、枣栽培史

枣（*Ziziphus* Mill.）是中国的特产果树，原产中国，栽培历史已在3 000年以上。

（一）枣的起源和传播

关于枣的起源，中外大多数学者都认为起源于中国，但也有少数学者，如前苏联瓦维洛夫、日本星川清等则持多起源说。还有人认为枣的原产地至今尚不明确。但根据文献记载，考古资料和野生枣的分布状况等证据，枣的原产地应该是中国。黄河下游一带是最早的栽培中心。中国的古代文献，如《诗经》、《尔雅》、

① 《本草纲目》卷三十引。

《夏小正》、《西京杂记》等均有关于枣的记载。从考古方面说，20世纪70年代在河南新郑裴李岗、密县新石器时代遗址和陕西西安半坡遗址发掘出碳化枣核和干枣，是距今7 000多年的遗物。说明在7 000多年前，我们的祖先已经采集利用枣果了。此外，还在湖北、湖南、广东、江苏、四川、甘肃、新疆等省区的古墓中发掘出不少2 000多年前的枣核或干枣遗迹，说明在2 000多年前，中国已广泛栽培枣树。此外，枣的野生种酸枣树，在中国也广泛分布，特别是北部的太行山、吕梁山、五台山等均有大量分布，这些都是枣树原产中国的证据。枣在中国，除黑龙江、吉林和西藏外，各地均有分布。国外的枣树都是从中国引进的。中国枣最先传入朝鲜、日本等亚洲国家，而后沿丝绸之路传到欧美等地，现已分布于五大洲30多个国家和地区，但迄今为止，除韩国已形成规模性的商品生产外，其他各国仅限于庭院栽培或作为种质资源保存。

枣［图片来源：(清) 吴其濬著：《植物名实图考》卷三十二，果类，商务印书馆，1957年，第745页］

（二）枣的分布及品种

历代枣树主要分布于华北一带，尤以山东和山西所产的枣品质特佳。一般认为江南所产枣“坚燥少脂”，品质稍差。在长期的栽培和改良下，各地都形成了一些著名产区，如河南灵宝、山东乐陵、浙江兰溪等。

中国枣的品种众多，《尔雅》中著录的已有10个，且其中已有胚退化的无核枣。晋代《广志》中著录的品种已达20种以上，包括长枣型、铃枣型、小枣型、葫芦型等多种类型。元代柳贯《打枣谱》汇录了72个枣名，但其中有少数几种，如羊枣、沙枣、波斯枣、万岁枣等实是徒有枣的名称的其他科属的果树。明清时期枣的品种仍在增加。明初出现了以供观赏为主的龙须枣。清代山东乐陵一带便有无核枣、金丝枣、脆枣和圆铃枣等品种。

（三）枣的繁殖、栽培和管理

宋代以前，中国枣树繁殖主要靠选择良种进行实生苗繁殖。宋代文献始提到枣的嫁接繁殖法，嫁接时间为春分节，所用砧木为本砧。明代《便民图纂》介绍用贴接法："将根上春间发起小条移栽，俟干如酒钟大，三月终，以生子树贴接之，则结子繁而大。"① 为了提高枣的坐果率，《齐民要术》提出："正月一日，日出时，反斧斑驳椎之，名曰'嫁枣'……侯大蚕入簇，以杖击其枝间，振去狂花（不打花繁，不实不成）。"这些类似今日采取的环割技术和疏花法，是古人常用的方法。古人还很重视枣树的防雾工作，《格物粗谈》强调要以苘麻或秸穰拴缚在树冠上防雾②。《花镜》则主张：在"于白露日，根下遍堆草焚之，以辟露气，使不至于干落。"③ 这大概是指防治枣锈病。

（四）贮藏、加工和利用

《齐民要术》、《多能鄙事》、《臞仙神隐书》等均记有枣果的贮藏方法，现举《群芳谱》所载为例，以资说明："将才熟枣，乘清晨，连小枝叶摘下，勿损伤，通风处晾去露气，简（拣）新缸无油酒气者，清水刷净，火烘干，晾冷。取净秆草晒干候冷，一层草，一层枣，入缸中，封严密，可至来岁犹鲜。"④

---

① 《便民图纂》卷第五，枣。

② （宋）苏轼：《格物粗谈》卷上，天时。

③ （清）陈淏子：《花镜》卷三，花果类考，枣。

④ 《群芳谱》果谱卷二，收枣。

枣除作果品食用外，还可加工为多种产品，如干枣、枣脯、红枣、牙枣、枣醋、枣酒、蜜枣、醉枣等。近代以来，还可作滋补精、烟用香精、食用红色素等。枣果含有丰富的营养物质，是上等滋补食品，古代将其入药，《神农本草经》将其列为上品药。枣树木材坚重，古人将其制作大车轮轴、武器和乐器等。

第四节　苹果、葡萄栽培史

一、苹果栽培史

苹果（*Malus domestica* Borkh.）是世界上最主要的果树之一，中国古代栽培的苹果主要是中国绵苹果，与现在常见的苹果（洋苹果）有所不同，我国现代栽培的苹果是19世纪70年代才开始从国外引入，因而在论述苹果栽培史时，只好分为世界苹果栽培史和中国苹果栽培史分头进行论述。

（一）世界苹果栽培史

苹果栽培历史悠久，分布也较广泛。在距今7 000年前新石器时代的欧洲湖栖居民遗址，已发掘到炭化的苹果果实和果核，还有切片干燥的炭化果片，这是人类利用苹果的最早实证。一般认为它起源于中亚地区的塞威士苹果，在向西推进、演变的过程中，又逐渐掺入了东方苹果和欧洲森林苹果的血缘，并在欧洲发展了起来，成为苹果的次生起源中心。欧洲苹果逐渐发展成为多汁、肉脆、风味酸甜的现代苹果。17世纪以前，欧洲苹果主要供酿造和餐用，直至19世纪开始才逐渐以鲜食为育种目标。17—18世纪，苹果随同欧洲移民传入美洲，并在北美洲得到很大发展，形成很多优良品种。19世纪苹果又从北美洲返传至欧洲及亚洲与南半球。19世纪70年代始从美国传入我国山东。

20世纪中叶以前，世界苹果栽培发展缓慢，20世纪50年代初，世界苹果总产量只有 1 358.1 万吨。20 世纪中叶后，苹果在世界上发展迅速，尤其是中国苹果生产突飞猛进，跻身于世界苹果生产大国之列。到 2000 年，世界苹果产量已达到 5 896.1 万吨，2001 年又增至 6 023.7 万吨，51 年间增长了 4.4 倍多。

20 世纪亚洲苹果栽培的迅猛发展，从生产规模上说，欧洲苹果已逐渐让位于北美洲和亚洲，目前欧洲苹果的生产总量已不到世界的 30%（2001 年）。亚洲除中国外，尚有日本、印度、土耳其、朝鲜、韩国、伊朗、乌兹别克斯坦等国家栽培苹果。2001 年上述 8 国苹果总产量将近占亚洲总产量的 95%，而中国即占亚洲总产量的 68.3%①。

南半球的苹果栽培，主要分布于澳大利亚、新西兰、巴西、阿根廷、智利和南非。2001 年这 6 个国家的苹果总产量（456.90 万吨）约占南半球总产量的 79%，占世界总产量的 7.6%。由于南北半球季节相反，以至苹果成熟季节也不相同，所以南半球生产的苹果多出口到北半球销售。

（二）中国苹果栽培史

1. 中国苹果的栽培引种和发展 中国古代栽培的苹果属果树主要有苹果、花红（又名沙果）和楸子（又名海棠果）三大系统。但它们在古代的称谓错综复杂，不易分清。其名称有奈、来禽、文林郎果、林檎、楸子、楟、海红、花红、苹婆、沙果、火刺宾、呼刺宾、槟子等。

绵苹果的祖先是新疆野苹果，广泛分布于中亚和中国新疆西部和天山北麓。绵苹果当是从新疆野苹果选育出来，并沿丝绸之路向内地传播。考古学家在湖北江陵战国时代的古墓中发现了苹果及其种子，表明我国栽培苹果已有 3 000 多年的历史。文献记载方面，公元前 1 世纪司马相如《上林赋》（约公元前 126—前 118 年）中已有白奈、紫奈和绿奈的记载，公元 3 世纪的《广

① 《中国作物及其野生近缘植物·果树卷》，42～43 页。

志》也记载："奈有白、青、赤三种，张掖有白奈，酒泉有赤奈。西方例多奈，家以为脯，数十百斛，以为蓄积，如收藏枣栗。"说明早在公元3世纪以前，我国西北地区，不仅已经大面积种植苹果，而且还晒以为脯，蓄积备用。

柰［图片来源：（清）吴其濬著：《植物名实图考》卷三十二，果类，商务印书馆，1957年，第757页］

中国历史上的花红苹果，也起源于中国的西北地区，有人认为花红可能是由新疆野苹果的种子实生而来，分布范围较广，西北、华北分布较多，华东、华中、西南地区也有分布。但随着西洋苹果的传入，目前除西北、华北外，其他地区已极少栽培。

历史上关于楸子类的栽培较少。

"苹果"这一名称始见于明代王世懋的《学圃杂疏》(1587)，但仍不是指现代栽培的西洋苹果，而是指古代的频婆。中国现代的栽培的苹果是1871年前后由美国传教士诺维·约翰传入，并在山东烟台栽种，共有13个品种。1895年德国人又将欧美苹果传入青岛，1902年俄国人也在大连开设苹果园。1909年辽宁省熊县地区又从日本传入一些品种，后来，河北、新疆、四川、西藏、南京、昆明等地也先后引入苹果。

新中国成立前，中国苹果生产发展缓慢，20世纪五六十年代以来发展迅速，栽培品种向良种化发展，主要栽培品种有国光、金冠、元帅、红星、红富士等，经过50年的努力，2001年中国苹果总产量2 155.9万吨，栽培面积240.1万公顷，均已达到世界首位。2000年出口苹果和苹果加工品的金额达2亿美元。但栽培品种仍需不断更新和发展，栽培技术也需不断提高，以适应苹果发展的趋势。

2. 栽培技术和用途 古人认为苹果实生繁殖大都会劣变，所以大都采用自根营养繁殖法。即应用压条或距树干数尺处掘坑，露出树根，促使生蘖，用根蘖苗繁殖。古代嫁接苹果树所用的砧木主要为同属植物或本砧，间或也用棠梨为砧木。嫁接时间为春季或秋季，嫁接苹果的记载始见于宋代。《齐民要术》还提到："林檎树以正月、二月中翻斧斑驳椎之，则饶子。"① 这一方法与现代的环状剥皮技术相类似。关于害虫防治方面，明初的文献记载用铁丝刺杀树干蛀虫，然后用百部粉末塞入洞中，再用杉木钉封闭洞口的除虫方法。

古代苹果除生食外，还加工成果脯，果丹皮等，如《齐民要术·柰、林檎》引《广志》曰："西方例多柰，家以为脯，数十百斛以为蓄积，如收藏枣栗。"《齐民要术》卷四柰、林檎中载有"作柰麨法"（麨，米麦等炒熟后磨粉制成的干粮）、"作林檎麨法"和"作柰脯法"。苹果还可入药，用以治疗腹泻等症。

二、葡萄栽培史

葡萄（*Vitis uinifera* L.）是世界上重要的水果之一，其栽培面积和产量长期以来位居水果生产的首位，近年来随着柑橘生产的发展，才让位于柑橘而退居第二位。欧洲与亚洲是当今世界葡萄的主产地，其栽培面积和产量，欧洲占 61.9%和 52.6%，亚洲占 23.0%和 22.6%，美洲和大洋洲也有生产。亚洲在鲜食葡萄生产方面占据重要地位，2001 年世界鲜食葡萄产量前 10 名中，亚洲国家占了 4 个。

（一）葡萄的起源和传播

葡萄原产地中海东岸以及小亚、中亚地区。古埃及第一、二

① 《齐民要术》卷第四，柰、林檎第三十九。

王朝的陵墓中发现的“王家葡萄园”印章和众多酒具以及出自公元前27世纪的《梅腾自传》中记录的王朝官吏梅腾住宅周围种有无花果和葡萄，还有葡萄园，并酿造葡萄酒。公元前2 500年前的埃及古墓中保存有采收葡萄和酿酒的壁画，说明早在四五千年前古埃及已大量种植葡萄，并酿造葡萄酒。较早种植葡萄的还有小亚细亚古国郝梯、古代希腊和古代罗马①。

我国中原地区种植葡萄始于西汉时期，《史记·大宛列传》载：公元前138—前137年，张骞出使西域，看到“宛左右以蒲陶名酒，富人藏酒万余石，久者数十岁不败”。又说：“汉使取其食来，于是天子始种苜蓿、蒲陶肥饶地。”说明西汉时中原地区始引种葡萄，并以葡萄酿酒的事实。但也有人认为早在张骞出使西域以前，我国新疆地区早有葡萄栽培和葡萄酒的酿造，这也是可能的，只是《史记》没有说明罢了。

葡萄的别名叫菩提子、提子。中国古籍往往把葡萄写作“蒲陶”（《史记》）、“蒲桃”（《汉书》）和“蒲萄”《后汉书》），显然是外来语的音译。葡萄一词，直到宋代文献（如苏颂《图经本草》才开始使用。

葡萄引入中原后，发展相当快，三国时魏文帝曹丕曾对葡萄和葡萄酒大加赞赏，认为它“味长汁多，除烦解悁，又酿以为酒，甘于麴米”②。晋代已按颜色，把葡萄分为黄、白、黑三种③。唐代则从高昌把马乳葡萄引入长安。到明清时期，我国葡萄已有马乳葡萄、紫葡萄、绿葡萄、水晶葡萄、琐琐葡萄、奇石蜜石（无核白）等多种。近代又从国外引入一些新品种，如19世纪末，张振勋在烟台创办张裕酿酒公司时，曾于1897年、1898年两次大规模引种优良的欧美品种。

---

① 参见周一良等主编《世界通史》上古部分及《世界通史资料选辑》上古部分。

② 《艺文类聚》卷八七，果部下，葡萄。

③ 《太平御览》卷九七二引《广志》。

新中国成立以后，特别是改革开放以后，中国葡萄产业，特别是鲜食葡萄产业发展迅速，并先后从国外引入巨峰、黑奥林、红富士等优良品种，精心培育，据统计，2001 年中国葡萄面积居世界第七位，葡萄产量居世界第五位，排在意大利、法国、美国、西班牙之后。但单位面积产量相对较高。

（二）栽培和加工技术

古代葡萄主要采用扦插法繁殖，一般于春分前，树液尚未流动时，剪取一年生枝条就地扦插。或于冬季剪取插穗埋于窖熟粪内，至次年春扦插。明代文献中还提到可于农历二月，用压条法繁殖。也有记载用枣树做砧木，靠接葡萄，可使葡萄“肉实如枣”，是否可靠，有待验证。欧洲引种的葡萄抗寒性较差，在中国北部栽培，冬季需要防寒，《齐民要术》对此曾有记载说：“十月中，去根一步许，掘作坑，收卷蒲萄悉埋之。近枝茎薄安黍穰弥佳。无穰，直安土亦得。不宜湿，湿则冰冻。二月中还出，舒而上架。性不耐寒，不埋即死。其岁久根茎粗大者，宜远根作坑，勿令茎折。其坑外处，亦掘土并穰培覆之。”[①] 在葡萄园管理方面，据古籍记载，主要是天旱时进行灌溉，平时注意删减繁叶，以利通风透光。

葡萄是较难贮藏的水果，《齐民要术》种桃柰第三十四中载有藏葡萄法：“极熟时，全房折取。于屋下作荫坑，坑内近地凿壁为孔，插枝于孔中，还筑孔使坚，屋子[②]置土覆之，经冬不异也。”这一方法，一直沿用至今，北方现在的窖藏法，可将葡萄藏至春节前后。

（三）用途

在古代，葡萄除生食外，还加工成葡萄酒、葡萄干、葡萄汁、葡萄膏以及葡萄糖、醋等。葡萄酒创始于地中海东岸以及小亚、

---

① 《齐民要术》卷第四，种桃柰第三十四。

② “屋子”费解，疑为“坑上”之讹。

中亚地区。在我国，最早产于新疆一带。《史记·大宛列传》载有“宛左右以葡萄为酒，富人藏酒万余石。”有人认为“宛左右”，便包括了新疆的一些地方。三国时曹丕曾对葡萄酒大加赞赏，说葡萄“酿以为酒，甘于鞠蘖”①。说明当时中原地区已能生产葡萄酒。到了唐代，则有中原地区酿葡萄酒的明确记载，《唐书》曰：“及破高昌，收马乳葡萄实，于苑中种之，并得其酒法。太宗自损益造酒，为凡有八色，芳辛酷烈味兼醍，既颁赐群臣。”②

关于葡萄干的作法，已见载于《齐民要术·种桃奈第三十四》：“蜜两分，脂一分，和，内蒲萄中，煮四五沸，漉出，阴干便成矣。”

第五节　柿栽培史

柿（*Diospyros kaki* L.）是我国古代重要的果、粮兼用的果品，原产中国，文献记载最早见于《礼记·内则》，说是当时已有“枣、栗、榛、柿、瓜、李、梅、杏、楂、梨等果品”。说明柿树在我国的栽培历史至少也有 2 500 年以上。

（一）柿的传播、分布和品种

据古籍记载，中国柿的分布很广，除最北部和最西部少数省区外，大部分省区都有柿的栽培，其中尤以陕西、山西、河南、山东等省栽培较多。古人常把柿作为木本粮食广为栽培，常利用山坡陡地种植，荒年以助民食。

唐宋（618—1279）以来，分化出来的品种已经很多，最早记载柿品种的文献是《新唐书·地理志》，主要是按形状和大小命名：“柿有数种，有如牛心者，有如鸡卵者，又有如鹿心者。”北宋苏颂则按颜色把它分为红柿、黄柿、朱柿、椑柿。元明清时

① 《艺文类聚》卷八七引。

② 《太平御览》卷九七二果部引。

代，由于柿果有救荒作用，所以在各地方志上多有记载，品种也越来越多。目前，据不完全统计，现有品种963个，但存有许多同物异名和同名异物的现象，仍不是品种的准确数量。

中国柿曾先后传入韩国、日本和巴西，但目前仍以中国为主产国，据2004年统计，全世界柿栽培面积为76.78万公顷，中国栽培面积约为70.32公顷，约占世界的91.6%。全世界年产鲜柿245万吨，中国、日本、韩国合占世界总产的94.3%。所以柿果可说是东亚的特产。

（二）栽培和脱涩技术

《齐民要术》已记载用根插法繁殖柿树："取枝于软枣（君迁子）根上插之，如插梨法。"① 此外，古代嫁接柿树所用的砧木还有本砧和油柿。古人虽然已认识到嫁接繁殖的柿树优于实生繁殖者，但为了图方便，还是有不少人使用实生繁殖。

柿有甜柿、涩柿两大类，甜柿在树上自然脱涩。涩柿必须经人工脱涩才能食用。古人创造了多种脱涩方法，如仁果类（榲桲、木瓜等）混入脱涩法、温水脱涩法、石灰水脱涩法和异物刺入脱涩法等。脱涩，主要是用各种方法破坏果皮的细胞组织，使其不能进行正常的呼吸，经过一段时间，果肉内的单宁便可以由可溶性转变为不可溶性，从而达到脱涩的目的。此外，《王祯农书》和《本草纲目》所载，将柿果置容器中，经贮藏后也能自然脱涩。自然脱涩的柿，一般叫烘柿。

（三）用途

古代柿果除生食外，主要用来加工柿饼。早在南北朝时已有柿饼生产，加工方面有日晒和火烘两种。后来一般都在刨皮以后，在爊厨内爊过再晒，晒时还要逐日用手指拿捏，使其扁而成饼。光用火烘成的柿饼，一般无柿霜，名为乌柿；经日晒而成的柿饼都有白色的柿霜，故称白柿。白柿上落下或刮下的柿霜，经

---

① 《齐民要术》卷第四，种柿第四十。

熬制后称柿霜，是珍贵的加工品之一。此外，古代还用柿果酿酒、制醋、制柿漆。

第六节　板栗栽培史

（一）起源和传播

栗在分类学上属山毛榉科，栗属。世界上约有10余个种，其中经济栽培种主要有板栗、日本栗、欧洲栗和美洲栗。中国的栽培种主要是板栗。

我国是板栗的原产地之一，山东临朐山旺曾发掘出距今1 800万年前中新世的大叶板栗化石。1954年在西安半坡村遗址中发现了栗的坚果，证明早在6 000年前人们已在利用栗实。1951年又在湖熟文化遗址中发现了距今3 600年前用来炼铜和烧制陶器的栗炭。湖北江陵望山也曾出土战国时的板栗。《庄子·杂篇·盗跖》曾说："古者禽兽多而人少，于是民皆巢居以避之。昼食橡栗，暮栖树上，故命之曰巢氏之民。"说明当时人们已把橡栗作为主要的食品。《诗经》中已有多处反映人工栽培栗的诗句，如《诗·鄘风·定之方中》："树之榛栗。"说明当时已对其进行人工栽培。《诗·郑风·东门之墠》："东门之栗，有践家室。"孔颖达等疏："传以栗在东门之外，不在园之间，则是表道树也。"说明当时已把栗作为行道树栽培。《战国策》说：幽燕"有枣栗之利，……此所谓天府也。"《吕氏春秋》则说："果之美者，江浦之橘，箕山之栗。"说明春秋战国时期栗的栽培已很普遍。到了汉代，《史记·货殖列传》则认为："燕秦千树栗，安邑千树枣……此其人与千户侯等。"说明汉代栗的栽培不仅规模大，而且价值也高。汉晋以后，板栗的栽培不断有所发展，至辽代，还设有专门管理栗园的官员，《辽史·文学上·萧韩家奴传》载："萧韩家奴，字休坚……统和二十八年为右通进，典南京（今北京市）栗园。"直到今天，仍有不少古栗园里的古栗树留存至今。

如泰山玉泉寺（佛爷寺）仍有10余株千年古栗树。陕西西安上王村一带“官栗园”仍有500年以上古栗树。

新中国成立以后，特别是20世纪60年代初以后，国家把板栗和核桃等干果作为木本粮油，大力提倡种植，使板栗的种植得到迅速发展。据联合国粮农组织近10年的统计，世界食用栗的生产主要在亚洲和欧洲。其中中国为最大的生产国，2002年栽培面积为111 000公顷，约占世界栽培总面积的1/3；产量为599 077吨，为世界总产量的2/3，栽培的主要是中国板栗。其次韩国、意大利和土耳其等也是栗的主要生产国。

（二）分布和品种

板栗在我国分布广泛，全国有24个省区栽培。北方主要分布在山东、河南、河北；南方主要分布在湖北、安徽、江苏、浙江。一般认为北方的品种优于南方。

板栗的品种也不少，最早记载栗树品种的著作是汉代司马相如的《上林赋》，说是陕西有候栗、榛栗、瑰栗和峄阳栗。宋代，河北易县、天津以及燕山一带盛产优质板栗，并在良乡（治所在今北京房山县东南）集散，因有“良乡栗”之称。在我国劳动人民的精心培育下，我国板栗的优良品种日见增多，如河北迁安的明栗、陕西长安的明简栗、陕西郯城的大油栗、泰安曹栗、广西青栗以及峄阳（今江苏邳县西南）栗、易州栗等，都是产量高、品质好、脍炙人口、驰誉中外的著名品种。

（三）栽培和贮藏技术

北魏贾思勰《齐民要术》对于栗的留种和栽培技术已有详细的记载，认为：留作种子之果，必须“初熟出壳，即于屋里埋着湿土中。埋必须深，勿令冻彻。若路远者，以韦囊盛之。……至春二月，悉芽生，出而种之。……三年内，每到十月，常须草裹，至二月乃解。不裹则冻死。”① 明代《农政全书》曾介绍种

① 《齐民要术》卷第四，种栗第三十八。

黄栗之法："候秋季，落子多收。择高厚之处，掘地为坑，下用砻糠铺底，将种放下，上用稻草盖定，以土覆之。俟来年春气盛时，治地成畦，约一尺二寸成行分种。空地之中仍要种豆，使之二物争长，又可使直而不曲。待长一二尺，……移苗栽之。"①事实上行间种豆，不仅可使栗"直而不曲"，而且豆科植物的根瘤菌还有肥田作用。明代《便民图纂》则记载了板栗的嫁接技术："腊月或春初，将种埋湿土中，待长六尺余移栽。二、三月间，取别树生子大者接之。"②

关于板栗的贮藏方法，《齐民要术·种栗第三十八》曾介绍《食经》藏干栗法说："取穰灰，淋取汁渍栗。出，日中晒，令栗肉焦燥，可不畏虫，得至后年春夏。"宋代《格物粗谈》卷上记载了另一方法："霜后，取沉水栗一斗，用盐一斤，调水浸栗，令没，经宿漉起，晾干，用竹篮或粗麻布袋掛背日少通风处，日摇动一二次，至来春，不损不蛀不坏。"③ 明代《臞仙神隐书》详细记载有藏生栗法："霜后收栗子，不拘多少，投水盆中，浮者不用。沉者漉出控干，晒少时，先将沙炒干，待冷，用新坛罐收贮，一层栗，一层沙，装九分满，每瓶只可放二三百个，不可满。用箬叶覆盖，以竹篾按定。扫净地，将瓶倒覆地上，略以黄土封之，逐旋取用。不可近酒气，至来春不坏；又一法：取栗子一担，盐二斤，化水浸一二宿，漉出晒干，以芝麻二石拌匀，于荆囤内收之，永远不坏。"④

(四) 利用

板栗除作果用外，还是重要的木本粮食。据近人分析，栗肉中含有蛋白质5%～10%，脂肪7%～8%，糖分10%～20%，

① 《农政全书》卷三八，种植，木部，梧桐。

② 《便民图纂》卷第五，栗。

③ （宋）苏轼：《格物粗谈》卷上，果品。

④ （明）朱权《臞仙神隐书》卷四，九月，收栗子。

淀粉62%～70%，还有各种维生素、脂肪酶等，是干果中的上品。《吕氏春秋》说柱厉叔："夏日则食菱芡，冬日则食橡栗。"[①]《韩非子》记载：秦大饥，应侯请曰："五苑之草著，蔬菜橡果枣栗，足以活民，请发之。"[②] 意即应侯建议把御花园里的"蔬菜橡果枣栗"采摘下来救济饥民。

此外，板栗具有较高的药用价值，苏颂《图经本草》说："果中栗最有益，治腰脚，宜生食之"。[③] 陶弘景《名医别录》说：栗"主益气，厚肠胃，补肾气，令人耐饥。"[④] 《中药大辞典》更说栗树的叶片可作收敛剂，治漆疮；栗壳研末，服治便血；栗花治泻痢；栗的内果皮，烧灰存性治胃鲠；树皮、树根等亦可作配伍中药。无怪乎明代李时珍《本草纲目》赞美栗果："厚肠胃、补肾气、令人耐饥之说，殆非虚语。"[⑤]

栗树材质坚硬，纹理通直，耐湿抗腐，可以制作磨心、轮轴、桥梁、枕木和各种家具，是一种优质木材。

第七节　核桃栽培史

核桃（*Juglans regia* L.）是胡桃科核桃属植物，树干高大，寿命长，分布范围广，亚洲、欧洲、南北美洲及非洲均有分布。据联合国粮农组织2000年统计，中国、美国、伊朗、土耳其等是核桃的主产国。其中中国产量最多，达30万吨[⑥]。中国栽培核桃以普通核桃和铁核桃为主，此外尚有核桃楸、河北核桃、

① 《吕氏春秋》恃君览第八。

② 《韩非子》外储说右下第三十五。

③ （宋）苏颂：《图经本草》果部卷第十六，栗。

④ （梁）陶弘景著，尚志钧辑校：《名医别录（辑校本）》上品，卷一，人民卫生出版社，1986年。

⑤ 《本草纲目》果部第二十九卷，栗。

⑥ 《联合国粮农组织年鉴FAO2001》。

野核桃、黑核桃、吉宝核桃、心形核桃等多种。核桃古名胡桃、羌桃、万岁子、播罗师等。核桃之名，至宋代文献始见著录。

（一）起源和分布

关于中国核桃的起源，过于多以为中国栽培核桃是从西亚引进的。近些年来，中国学者根据河北武安、河南密县出土炭化核桃，西安半坡遗址遗存的核桃孢粉以及新疆野生核桃林等的发现和分析，认为中国应是核桃原产地之一。其中铁核桃的原始群落，主要分布于西藏念青唐古拉山东南端、喜马拉雅山南坡及云南澜沧江流域。1981 年，四川省林科院曾在冕宁县发掘出铁核桃坚果遗存，经^{14}C测定为距今 6 058±167 年。说明早在 6 000 年前四川省内已有铁核桃存在。1980 年在大理白族自治州漾濞县原平坡公社发现了一段核桃古木（枋板），经^{14}C鉴定为距今3 325±75 年，树轮校正年代为 3 656±125 年①。说明早在3 500年前，云南也有铁核桃存在。加上在西藏、云南等地发现有多处野生铁核桃林，都充分说明我国是铁核桃的起源地之一。

中国核桃分布非常广泛，主要包括辽宁、天津、北京、河北、山东、山西、宁夏、青海、甘肃、新疆、河南、安徽、江苏、湖北、湖南、广西、四川、贵州、云南及西藏等省市区。其中铁核桃主要分布于四川、云南、贵州等西南地区。据《中国统计年鉴 2001》统计，中国核桃产量最高的是云南省，达 68 788 吨，其次是山西、陕西、四川、河北、甘肃、河南、新疆、山东、北京等省市。

（二）繁殖和移栽

古代的核桃繁殖多采用实生繁殖法，据明代《群芳谱》记载：实生繁殖是“选平日实佳者，留树上勿摘，俟其自落，青皮

① 杨源编著:《云南核桃》，云南科技出版社，2001 年。

自裂。又拣壳光纹浅体重者作种。”种的时候要“掘地二三寸，入粪一碗，铺片瓦，种一枚，覆土踏实，水浇之。冬月冻裂壳，来春自生。”之所以要铺瓦片，目的是要“使无入地直根，异日好移栽也。”① 关于嫁接繁殖，南宋文献始见记载，所用砧木为本砧或枫杨。据说使用枫杨做砧木，不仅易于成活，且能早结果。但历史上除云南、四川、贵州等西南地区栽培铁核桃时多采用嫁接繁殖外，其他栽培普通核桃的地区，大都采用实生繁殖法。

关于果实的收藏，《物类相感志》认为："藏胡桃不可焙，焙则油了。"② 《便民图纂》则主张："以粗布袋，盛掛风当风处，则不腻。"③

（三）用途

核桃营养丰富，在国际市场上被称为四大干果之一。又因为核桃肉中含油量高达65%～70%，所以又被誉为“木本油料之王”。核桃向来是美味的食品，据说近年来云南大理州用核桃仁为主辅料的加工食品，多达200多种。

核桃除作食用外，还具有明显的药用价值，并可作工业原料。唐代孟诜《食疗本草》认为核桃仁可以健脾开胃，通润血脉，使骨肉细腻。宋代《开宝本草》则说：“食之令人肥健，润肌、黑须发。”近代的《中药大辞典》更指出核桃仁对慢性气管炎、肾虚腰痛、肺虚咳嗽、大便燥结、阳痿遗精等均有良好的疗效。在工业上核桃仁可以用来制造高级油漆、化妆品原料和印刷油墨。核桃壳可以制造活性炭。甚至核桃的青皮（外果皮）和叶片都具有明显的药用价值，可以作为相关工业的原料。

核桃树木质坚韧，纹理细腻，是制造精密仪器和高级家具的

---

① 《群芳谱》果谱三，核桃。

② （宋）苏轼：《物类相感志》果子。

③ 《便民图纂》卷第十五，收藏核桃。

好材料。

第八节　银杏栽培史

银杏（*Ginkgo biloba* L.）在古代有许多别称，如鸭脚子（因其叶似鸭掌）、公孙树（因其生长期长，“公植树而孙得食”故名）、白果、仁杏、灵眼、白眼、佛指甲等。在中生代的三叠纪，银杏一群植物在地球上十分繁盛，至侏罗纪末期则逐渐衰落，以至近千年来成为仅存于中国的裸子植物银杏纲中唯一留存下来的古老树种，故有“活化石”之称。

（一）栽培历史、分布和分类

中国何时开始人工栽培银杏树，史无明文。但山东莒县浮来山定林寺大殿前一株银杏古树，据《左传》记载：“（鲁）隐公八年（公元前 715）九月辛卯，公及莒人盟于浮来。”另清顺治间莒县县令陈全国在树下所立的碑志铭所记，此处“相传为鲁隐公与莒公会盟处，盖至今已三千余年”。如果此说可信，则中国栽培银杏树的时间可以推至春秋战国时期。此外，在贵州福泉县李家湾村也有一株远古银杏树，树高、冠幅均超过了浮来山古银杏树，但因其为雄性植株，生长速度快于雌株，所以推断其栽培时间约与浮来山古银杏树不相上下。

银杏作为果树以生产种子为主的栽培，如湖北的江陵、安徽的宣城等地，在北宋时期已有文献记载。宋代梅尧臣、欧阳修也有诗歌吟咏。当前仍然存在的山东郯城、江苏泰兴、广西桂林、江苏邳州、贵州盘县等银杏种子集中产地，据调查，均始自明代中叶，约距今 600 年左右。只有浙江长兴的银杏种子集中产地始自北宋南迁时期。说明北宋以来，我国的银杏栽培业相当旺盛。根据调查，银杏在我国分布的范围很广，北至沈阳、南至广州、东南至台湾省的南段，西达西藏的昌都，东到浙江的舟山普陀岛，几乎遍布全国。并且自宋代开始传至日本。18世纪中叶由日本传至欧洲。再由西欧传入美洲。目前世界上只要气候适宜，几乎都有栽培。据2005年以前的不完全统计，中国生产的银杏种核，已达2 000万公斤以上，高居世界第一位。

银杏的分类较为复杂，有多种不同的见解。有的按枝叶的形态和色泽，划分为直枝银杏、裂叶银杏、花叶银杏、金叶银杏、叶果银杏。有的则以银杏种实的形态为据，将之划分为长子类、佛指类、马铃类、梅核类、圆子类等五大类。每类下面又分为若干品种，共计46个品种①。对此虽仍有不同意见，但大致都认为是比较合理的分类。

（二）繁殖和采收

银杏是雌雄异株植物，南宋《分门琐碎录》已提出栽培银杏必须雌雄同种。并已认识到银杏种子有二棱者长成雌株，有三棱者则长成雄株。明代宋诩《竹屿山房杂部》也说："雌雄同种，相望乃结实。"此外，《物理小识》、《农政全书》等文献亦有类似记载。银杏的繁殖方法有实生、嫁接、分株等数种。实生繁殖法，据元代《农桑辑要》介绍：要在"春分前后移栽，先掘深坑，下水搅成稀泥，然后下栽子。"移栽的时候则要"连土封，用草要或麻绳缠缚，则不致碎破土封。"② 《农桑衣食撮要》和《群芳谱》等文献也有类似记载。分株繁殖一般采用根部的萌蘖进行。嫁接繁殖则多用本砧。明代《群芳谱》曾引《昆山县志》介绍了宋末龚猗从高宗南渡，道经昆山贞义里时曾折一枝银杏插地，后来果然长成大树，枝繁叶茂的故事。清代《花镜》则记载银杏正月扦插③。把"扦插"作为银杏的繁殖方法之一。《格物粗谈》卷上记载了一种采摘银杏果实的方法："银杏熟时，以竹

① 《中国果树志·银杏卷》。

② 《农桑辑要》卷五，银杏。

③ （清）陈淏子：《花镜》卷一，花历新裁，正月事宜，扦插。

篾箍树本，击篾则自落。”[①]《群芳谱》也有类似的记载。

银杏是一种集果用、药用、材用、绿化和环境保护于一身的珍贵树种。果用方面，营养价值很高。可以生食、煮食、炒食、煲汤、蜜饯，或作“八宝饭”中的一宝，或做白果罐头远销海外。银杏作为中药应用，较早记载见于公元14世纪吴瑞的《日用本草》，认为银杏性味甘平，苦涩有毒。说它具有敛肺气，定喘咳，缩小便的功用。清代《花镜》还说：以往考生考举人或进士时，为了要减少大小便的次数，常自带白果服食。时至今日，白果仍为治疗大小便频数的涸涩要药[②]。

古人已发现白果少吃有益，多吃有害，《群芳谱》引《三元延寿书》说：“白果食满千颗杀人。昔有岁饥，以白果代饭食饱者，次日皆死。”[③] 清代《本草求真》也说：“稍食则可，再食令人气壅，……昔有服此过多而胀闷欲死者。”据近人研究，白果外种皮中含有白果酸，白果酚和白果醇，吃多了会有中毒的危险。《上海常用中草药》（1970）介绍，如果发生白果中毒现象，“用生甘草二两煎服，或用白果壳一两煎服”，可以缓解或消除中毒症状。

近七八十年来，由于人们发现银杏叶片中含有黄酮类和内酯类药用成分，具有软化血管，防止动脉硬化，防止血小板凝聚，保持血流通畅等多种作用。因而使以银杏叶为主要原料的药物（如天宝宁、银杏叶片等）和保健食品（如银杏胶囊、银杏叶茶、银杏叶酒等）加工业迅速发展起来，具有广阔的前景。

银杏树纹理细腻而光滑，不变形，不反翘，不开裂，是制作家具、雕刻工艺品和木模、桥梁等的优质木材。

---

① （宋）苏轼：《格物粗谈》卷上，树木。

② （清）陈淏子：《花镜》卷四，花果类考，银杏。

③ 据《广群芳谱》卷五十九，果谱六，银杏。

银杏自古以来便被看作是绿化、观赏和环境保护的优良树种，凡名山胜迹、著名园林、寺庙观庵、宏伟建筑，大都栽种银杏以供观赏。以至今天，留存下来的千年古杏仍然屡见不鲜。

第九节　柑橘栽培史

柑橘（*Citrus* L.）在中国是仅次于苹果的第二大水果。2001年中国柑橘的栽培面积已达132万公顷，产量达到1 160万吨。面积为世界第一，产量为世界第三，排在巴西和美国之后。中国柑橘的单位面积产量有待提高。世界上有110个国家生产柑橘，其中巴西、美国、中国、墨西哥和西班牙为主要生产国。

（一）起源和传播

中国是世界柑橘原产地之一，枳属、金柑属和柑橘属的多数种类都原产于中国。据《禹贡》记载，约在公元前2 000年左右的夏禹时代，扬州“厥包橘柚锡贡”，说明早在4 000年前荆州地区已有柑橘栽培。其后《周书》、《山海经》、《庄子》、《韩非子》等都有关于柑橘栽培的记载。《吕氏春秋》更有：“果之美者，……江浦之橘，云梦之柚。”① 司马迁《史记·货殖列传》则记载：“蜀汉江陵千树橘。……此其人皆与万户侯等。”说明秦汉期间，柑橘栽培已有相当规模。在生产上已有重要地位。

1972年在湖南长沙马王堆西汉古墓发掘出的文物中，有记载死者随葬品的竹简，竹简上记有“橘一笥”。广西贵县罗泊湾西汉古墓中也发现了柑橘的种子。说明在汉代，柑橘生产在苏浙、两湖、两广等地区已相当普遍。

古代，在柑橘的集中产区往往会设置“橘官”，专司柑橘生产的管理、征收柑橘赋税以及选送优质柑橘贡奉皇帝。如东汉杨

---

① 《吕氏春秋》孝行览第二。

孚《异物志》记载："交趾有橘官，置长一人，秩三百石，主岁贡御橘。"晋代贾充《晋令》也说四川的"阆中县，置守黄甘吏一人"①。说明柑橘生产在国民经济中占有重要地位。

唐宋时代柑橘生产得到进一步的发展，据《杨太真外传》卷上记载："开元末，江陵进乳柑橘，上以十枚种于蓬莱宫，至天宝十载九月秋结实。"这是南方柑橘向北推移的记载。宋代陈景沂《全芳备祖》则说陕西商洛地区"木瓜大如拳，橙橘家家悬"②。到了近代，中国21个省（市、区）有柑橘分布，而栽培面积较大的主要产区，则集中在浙、赣、湘、鄂、川、渝、闽、粤、桂等省市区。

中国是世界上主要栽培柑橘类果树（除柠檬、葡萄柚之外）的原产地之一。世界各国不少柑橘类果树都是直接或间接地从中国引种过去的。枸橼在公元前300多年已传到欧洲和伊朗一带。酸橙在10世纪经亚拉伯传入地中海西南一带的国家。甜橙则在14—15世纪传入意大利、西班牙、葡萄牙、北非及土耳其等地。15世纪，哥伦布将甜橙带到北美大陆、西印度群岛及巴西，在美洲得到很大的发展。公元8世纪，来我国浙江天台山国清寺留学的日本和尚田中间守，曾将温州的良种蜜橘种子，带回日本鹿儿岛的长岛村培育成功，后经日本果农和园艺家的长期选育，培育出了无核的"唐蜜橘"，因其最早种子自温州，所以又称"温州蜜橘"。

（二）种类与品种

柑橘类果树为芸香科、柑橘亚科、柑橘族、柑橘亚族、柑橘属植物。因其种类繁多，别名也很多，因而对其分类的问题，历史上长期没有取得一致的意见。同名异物或异物同名的情况时有发生。一般来说，现代的地方品种分类与国家柑橘品种分类有差

---

① 《太平御览》卷九六六引。

② 《全芳备祖》后集，卷八。

异，但目前柑橘的销售活动中仍多以地方品种的划分依据为准，柑橘地方品种的传统分类法主要依据果实大小、甜酸与品尝风味等性状；另还根据果实成熟时节与果实用途与民间风俗等进行分类。例如广东新会的柑与年橘按国家柑橘品种分类均属宽皮橘类，但新会人认为新会柑就是柑，年橘才是橘，新会柑果大，年橘果小，两者成熟期也不同①。历史上，先秦文献中已有橘、柚、枳和卢橘之名。西汉的文献中开始出现“甘”和“橙”。北宋曾巩在诗中首次提到“香橙”这一名词。明万历十四年（1586）《绍兴府志》首次提到“甜橙”。清代道光间的《新会县志》提到“酸橙”。虽然“香橙”、“甜橙”、“酸橙”的名称已经出现，但此后的许多文献仍然不加区分地统称之为“橙”。东汉《说文解字》首次提到“柚”。《异物志》首次提到“枸橼”，也有文献称之为“香橼”。“佛手柑”之名也见之于宋代的文献《格物粗谈》。

宋代韩彦直的《桔录》（1178），是世界上最早的一部柑橘专著，问世以后广为流传，为国内外的柑橘发展作出了重要贡献。英国著名科学史家李约瑟先生曾给予很高的评价，说：“直至1500年，即三个多世纪以后才出现了可以与韩彦直的著作相匹敌的著作。”②《橘录》不仅系统地论述了柑橘的种植、栽培、病虫防治、灌溉、采摘、收藏、入药等技术，而且还首次明确地将柑橘类果树分为柑、橘、橙三大类，共27种（其中“自然橘”不是品种）。并对树冠形状、枝叶姿态、果实大小、果皮色泽、种子多少、成熟期早晚等作了详细的描述，基本上把我国古代温州地区的柑橘品种作了科学的分类。

虽然韩彦直对柑与橘的分类作了准确的论述，但后来的文献仍有不少误解。明代李时珍在《本草纲目》中再次为之作了

---

① 简成宝编著：《新会柑橘及其栽培》，广东科技出版社，2009年，52页。

② 李约瑟《中国科学技术史》第六卷第三十八章，中译本第320页。

总结，认为：柑“其树无异于橘，但刺少耳。柑皮比橘皮色黄而稍厚，理稍粗而味不苦。橘可久留，柑易腐败。柑树畏冰雪，橘树略可。此柑、橘之异也。”① 此外，《本草纲目》还根据果皮的特征，对它们作了区分：“橘皮纹细，色红而薄，内多筋脉，其味苦辛，柑皮纹粗，色黄而厚，内多白膜，其味辛甘。……但以此别之，即不差矣。”② 这些分类方法已基本接近近代的分类方法。

（三）繁殖和栽培

柑橘的繁殖方法主要采用实生法和嫁接法。实生繁殖一般于春季在苗圃中播种，有的于次年移栽，有的则于苗高二三尺时移栽。较寒冷的地区，苗期常需搭棚遮护，以防霜冻。

嫁接繁殖法，宋代温革《分门琐碎录》和吴怿《种艺必用》始见著录。《种艺必用》强调“于枳壳树上接者易活”。《游宦纪闻》也强调：“‘朱栾’乃好柑之祖，栽接之法，始取‘朱栾’核洗净，下肥土中，一年而长，名曰‘柑淡’，其根簇簇然。明年移而疎之，又一年，木始大盈握。遇春，则取柑之佳品，或橘之美者，接于木身。”③《稼圃辑·木果品》记载了吴中接橘能手王梅村的先进经验，认为：“两枝相合，贵在生气流通，脂膏浃合。起初一缚，切要宽宽随力，外来以渐从紧。”④ 该书还说：“用柿树接则无核，即本色接三次，亦无核。”是否如此，尚须试验。

栽培方面，古人主张因地制宜。平原地区需筑成高垄，并开排水沟以利排水；山地则要选择向阳的南坡，修成梯田栽种。宋代韩彦直《橘录》主张移栽时要剪断主根，认为：“树高及二三尺许，剪其最下命根，以瓦片抵之，安于上，杂以肥泥，实筑

① 《本草纲目》果部第三十卷，柑。

② 《本草纲目》果部第三十卷，橘。

③ （宋）张世南：《游宦纪闻》卷五。

④ （明）王芷：《稼圃辑》。

之，始发生。命根不断，则根迸于土中，枝叶乃不茂盛。”① 民国《潮州府志·实业》则主张柑橘幼苗与豆科植物间作，主张：“树苗幼时，通常间栽豆科护土植物，俾覆为绿肥。”

关于柑橘防寒方面，宋代《避暑录话》认为：“地必面南，为属级次第，使受日。每岁大寒，则于上风焚粪壤以温之。”《调燮类编》则主张：“冬月用稻草紧束树，以防寒雪。”②《农政全书》论述更加详尽，认为：“宜于西北种竹，以蔽寒风。又须常年搭棚，以护霜雪。霜降搭棚，谷雨卸却。树大不可搭棚，可有砻糠衬根，柴草裹其干，或用芦席宽裹根干，砻糠实之。”③ 借以维护柑橘安全越冬。

利用黄猄蚁防治柑橘害虫是《南方草木状》中最早提出来的生物防治方法。后来《酉阳杂俎》、《岭表录异》等多种文献均有论及，清代《广东新语》讲述得较为详尽：“广中蚁冬夏不绝，有黄赤大蚁，生山木中，其巢如土蜂巢，大容数升，土人取大蚁饲之，种植家连窠买置树头，以藤竹引度，使之树树相通，斯花果不为虫蚀，柑橘林檬之树尤宜之。……故场师有‘养花先养蚁’之说。”④ 直到1918年美国的植物生理学家沃尔特·温斯格尔和岭南大学格罗夫教授一起，在广州附近的农村考察时，还发现当地农民种桑养蚕，以蚕喂蚁，然后将蚁连巢卖给柑农的情况⑤。

《橘录》和《调燮类编》等文献还介绍了防治天牛的方法。《橘录》中提出：“木间时有蛀屑流出，则有虫蠹之，相视其穴，以物钩索之，则虫无所容。仍以真杉木作钉，窒其处。”有的还

---

① 《橘录校注》卷下。

② （宋）赵希鹄：《调燮类编》卷四，草木。

③ 《农政全书》卷三十，树艺，果部下，橘。

④ 《广东新语》卷二十四，虫语，大蚁。

⑤ （美）黄兴宗：《华南的柑橘蚂蚁与西方早期的生物防治》，《农业考古》1985年第2期。

主张用硫磺灌入虫孔，或用硫磺和土堵塞虫孔。还有的主张用铁器刮去柑橘枝上的地衣，以保证枝干上的养分不会被地衣吸走。

（四）采收和贮藏

关于柑橘的采收，宋代《橘录》中有较详尽的记载。认为重阳节前后，可以少量采摘，以供市场之需。但全面采收，要在经霜二三夕后，选择晴天进行。还强调要小心操作，要“以小剪就枝间平蒂断之，轻置筐筥中。护之必甚谨，惧其香雾之裂则易坏。雾之所渐者亦然。尤不便酒香，凡采者竟日不敢饮。”

柑橘的贮藏方法很多，有藏之于树上者，如《齐民要术》卷十引《吴录》说：“朱光禄为建安郡，中庭有橘，冬月于树上覆裹之，至明年春夏，色变青黑，味尤绝美。”[①] 有主张：“以蜡封其蒂献之，香气不散。”[②] 有主张：“于绿豆中藏之，可经时不变”者[③]。还有主张藏于地窖中者，藏于有眼竹笼内者，带枝插于萝卜或大芋中者等。方法甚多，不胜枚举。

（五）加工利用

我国柑橘除鲜食外，还可做工业加工品和药品。苏轼《洞庭春色赋并序》已有“始安定郡王以黄柑酿酒，名之曰‘洞庭春色’”的记载。《梅溪词注》则说：“柑橘花蒸之为香，可辟衣书之蠹。”[④] 明代韩奕《易牙遗意》载有“糖橘”的加工方法。《本草纲目拾遗》卷八引《同寿录》则介绍了“制橙饼方法”。《臞仙神隐》还记载了制作蜜橘的方法。发展到近代，果肉可以制成罐头、果酱、果汁、果醋等，果皮可以蜜饯、盐渍，可提炼酒精、果酸。种子可以榨油。柑橘还具有很高的药用价值。《神农本草经》把它列为上品。《名医别录》、《唐本草》、《本草纲

---

① 《齐民要术》卷第十，五谷、果蓏、菜茹非中国产者。

② 《格致镜原》卷七五引《隋书·五行志》。

③ 《归田录》卷二。

④ 转引自：曾畅、余国斌编：《柑橘文献书目索引（1950—1994）》典故、遗闻，第204页。

目》以及现在的《中药大辞典》等对其药用价值均有详尽的论述。中药中的枳实、橘红、枳壳、陈皮等都是柑橘类果实或果皮的制成品。

我国柑橘及其加工产品虽然源远流长，素负盛名，但据近些年来的统计，无论产量和加工品的质量，都远落在美国和巴西之后。

第十节　枇杷栽培史

枇杷［*Eriobotrya japonica*（Thunb.）Lindl.］为蔷薇科，枇杷属植物。原产中国。是中国南方名贵的特产果树之一。直至目前为止，中国一直是枇杷的首要生产国，据2001年统计，中国的枇杷生产量约占世界的55%以上。其他生产较多的国家有西班牙、巴基斯坦、阿尔及利亚、日本、土耳其等国。目前枇杷在世界水果总产量中所占份额虽很小，但其作为营养果品、药品及园林绿化树种，却具有较大的发展潜力。

（一）起源和扩展

中国是枇杷的起源地，据章恢志等专家的研究认为，中国枇杷的原产中心大致在四川境内大渡河中游、泸定县城关以东至雅安县城关以西地区。然后随着大江东去，通过不同生态条件的进化演变，在达到江苏、浙江、福建以后，逐渐形成了世界闻名的枇杷大产区。

早在2 000年前，《周礼·地官》便记载：场人“掌国之场圃，而树之果蓏、珍异之物。”郑玄注：“珍异，蒲桃、枇杷之属。”《西京杂记》也提到汉武帝修上林苑时，远方群臣各献各果异树，其中“有枇杷十株”①。公元3世纪张勃的《吴录》中记载浙江一带出产枇杷果。1975年，湖北江陵文物挖掘工作中，

---

① （晋）葛洪：《西京杂记》卷一。

发掘出 2 000 多年前汉代古墓中有随葬竹笥一件，内藏生姜、红枣、桃、杏、枇杷等果品。说明早在 2 000 多年前湖北等地枇杷生产已较普遍。常璩的《华阳国志》、裴渊的《广州记》也有当地枇杷生产状况的记载。

唐宋以后，枇杷生产有所发展，四川、湖北、江苏、浙江等地都有枇杷入贡。唐代的气候较温暖，枇杷分布的北沿到达淮河流域，宋朝以后温度下降，加上经济重心南移，枇杷生产的重心也有南移的倾向。宋苏颂《图经本草》说："枇杷叶旧不著所出州郡，今襄、汉、吴、蜀、闽、岭皆有之。"《八闽通志》（公元1491）记载："福建泉、漳、汀、延、邵、兴、福、宁有产。"发展到现在，福建、浙江、四川、台湾、广东、广西、云南、重庆、安徽、江西、江苏等共 20 个省（市区）均有栽培。

大概在唐代，我国枇杷已经传到日本，据日本古籍《延喜式》(927) 记载，当时从我国引进的枇杷已在多个地方种植。直到现在，日本枇杷品种中仍有"中唐枇杷"、"晚唐枇杷"之称。约在 18 世纪前后，我国枇杷引种至欧洲和地中海沿岸国家。世界上各国种植的枇杷，都是直接或间接从我国引种过去的。

（二）繁殖、品种和收藏

古代采用实生繁殖和嫁接繁殖枇杷，嫁接繁殖至迟在宋代已经采用。宋代陆游诗中已有"无核枇杷接亦生"之句。所用砧木为本砧，嫁接时间为春季。并认识到嫁接繁殖可改进果实的品质。宋代《格物粗谈》还有"枇杷开花时，将中间黑心摘去，则结果无核"的记载①。

关于枇杷品种，早在晋代已有关于无核枇杷的记载。并按果肉的色泽分为白色与黄色两类。《群芳谱》认为：果肉"白者为上，黄者次之。"② 发展到现在，枇杷已有 100 多个品种，较著

---

① （宋）苏轼：《格物粗谈》卷上，树木。

② 据《广群芳谱》卷五十六，果谱三，枇杷。

名的优良品种有浙江塘栖的大红袍、五儿种、软条白沙、硬条白沙等；江苏洞庭山的青种、照种、早黄白沙、鸡蛋红等；福建莆田的大钟、梅花霞、解放钟等；湖南沅江的红沙枇杷、牛奶枇杷等；广东潮汕的乌脐、青边等。古人还注意到枇杷的收藏，《稼圃集》所谈"腊水同薄荷一握，明礬少许，入瓮中，浸之，可久"①，便是一例。

（三）利用

枇杷除作果品生食外，还可加工成罐头、蜜饯、果酱、果酒。枇杷的花、果、叶、核均可入药治病。明代《群芳谱》说枇杷具有："止渴下气，利肺气，止吐逆，润五脏，主上焦热。可充果实，……花治头风鼻流清涕。木白皮止吐逆不下食。叶治肺胃病，取其下气，气下则火降痰顺，而逆呕咳渴皆愈。"但最重要的药用部分是枇杷叶，枇杷叶中含有橙花椒醇和金合欢醇为主要成分的挥发油类，具有清肺和胃、降气化痰的功能，是治疗肺气喘咳的要药。中成药中的枇杷露、枇杷膏，都是以枇杷叶为主要原料制成的。

枇杷树冠美丽，负雪扬花，是独具特色的园林绿化树种。秋冬扬花，是优良的蜜源植物。木质优良，是制作木梳、手杖和农具柄的好材料。

第十一节　杨梅栽培史

杨梅（*Prunus mume* Sieb. Et Zucc.）是杨梅科杨梅属植物，古代有机子、白帝梅、朱红、树梅、圣僧梅、珠蓉等别名。是原产我国东南部的特产果树。李时珍《本草纲目》说它"其形如水杨子而味似梅"②，所以叫杨梅。

① （明）王芷：《稼圃辑》，木果品。

② 《本草纲目》果部第三十卷，杨梅。

(一) 起源、分布和品种

杨梅原产中国，在我国东南部山区仍有大量野生杨梅分布。浙江余姚河姆渡新石器遗址发掘出的杨梅属花粉，说明早在7 000多年前，该地区已有杨梅生长。新中国成立后在长沙马王堆和广西贵县罗泊湾西汉古墓中发掘出的杨梅果核，则证明早在2 000多年前这些地方已有杨梅栽培。有关杨梅的文字记载，最早见于司马相如的《上林赋》。其后，东方朔《林邑记》、陆贾《南越行纪》中均有记载。晋代嵇含《南方草木状》说："杨梅，其子如弹丸，正赤，五月中熟。熟时似梅，其味甜酸。"对其色、香、味、形都作了准确的描述。唐宋以后栽培的范围更广，从目前情况看，主要分布于浙江、江苏、广西、广东、湖南、江西等省区。台湾、云南、贵州、四川及安徽南部也有栽培。

除中国外，在日本、朝鲜也有少量栽培或野生。欧美各国多引作观赏或药用植物。缅甸、印度、越南、菲律宾等国家则在庭园中种有另一种观赏杨梅。

关于杨梅品种，一般认为江浙两省所产者品质最佳，因有杨梅"为吴越佳果"之誉。宋代诗人杨万里诗中有"梅出稽山世少双，情知风味胜他杨"之句。明代王象晋《群芳谱》也说：杨梅"会稽产者为天下冠。吴中杨梅种类甚多，名大叶者最早熟，味甚佳。"此外，他还介绍了吴中较好的品种，如下山梅、青蒂梅、白蒂梅、大松子梅、小松子梅等。发展到现在，仅浙江一省便有品种 80 多个，福建省也有 40～50 个。

(二) 栽培技术

中国古代的杨梅主要靠嫁接繁殖，明代的《便民图纂》和《群芳谱》均有较详细的记载。《群芳谱》记载说：将其核"投粪池中浸，六月取出，收润土中。二月锄地种之，待长尺许，次年移栽。三四年后，以生子枝接之。次年仍移栽山地，多留宿土。腊月内离根四五尺，于高处开沟，灰粪壅之，不宜着根。每遇雨，肥水渗下，则结子大而肥。"《格物粗谈》还有"桑上接杨梅则不酸”的记载①。《物类相感志》则说：“杨梅树癞了，以甘草钉钉之即无。”② 这类记载是否可行，仍需验证。

（三）贮藏加工和利用

杨梅是一种不易贮藏和运输的水果，所以古人创造了多种贮藏加工的方法，如盐渍杨梅、糖渍杨梅、蜜渍杨梅、晒杨梅干、榨杨梅汁、制杨梅酒等。《太平御览》引《食经》“藏杨梅法”，说：“取完者一斛，盐渍之，曝干，别取杬皮③二斤，煮（盐汁）渍之，不加蜜渍，梅色如初美好，可留数月。”④《南方草木状》则说：用杨梅酿成的酒，“号称杨梅酎，非贵人重客，不得饮之。”唐代李白则有“玉盘杨梅为君设，吴盐如花皎雪白”的诗句，描述盐渍杨梅的风韵。《易牙遗意》卷下记载了“薰杨梅”，说：“大杨梅置竹筛，放缸内，下用糠火熏，缸上用盖，以核内仁熟为度。入瓮时每一百个用盐四两，层层掺上，则润而不枯。”⑤《稼圃辑》还介绍了用“腊水同薄荷一握，明矾少许，入瓮中，浸之可久”等方法⑥。

古代还以杨梅入药，说是具有消食、祛痰、止吐等功效。据近人研究，其果实、根、核、皮均可入药，具有生津止渴，助消化、止呕吐、利尿、治痢疾等功效。杨梅树姿优美，四季常绿，是绿化造林的良好树种。

第十二节　荔枝栽培史

荔枝（*Litchi chinensis* Sonn.）是驰名古今中外的珍贵水

① （宋）苏轼：《格物粗谈》卷上，树木。
② （宋）苏轼：《物类相感志》杂著。
③ 杬，南方木名，其皮煎汁可用来腌制果品和禽蛋。
④ 《太平御览》卷九七二，果部九，杨梅。
⑤ （明）周履靖编：《易牙遗意》卷下，夷门广牍本。
⑥ （清）王芷：《稼圃辑》。

果，色香味均佳，营养也很丰富，自古以来便脍炙人口。唐代诗人白居易称之为："嚼疑天上味，嗅异世间香。润胜莲生水，鲜逾橘得霜。"宋代苏东坡被贬岭南，虽然身处逆境，但仍情不自禁地感叹："日啖荔枝三百颗，不辞长作岭南人。"由此也可见人们对荔枝的喜爱。

（一）起源和分布

中国是荔枝的原产地，直到现在，海南省的五指山霸王岭和金鼓岭还有成片的野生荔枝林，广东省的徐闻、广西的十万大山和云南省的西双版纳傣族自治州和海南岛霸王岭和金鼓岭等地仍有野生荔枝分布。文字记载最早见于西汉司马相如《上林赋》。据史籍记载，西汉初年南越王尉佗曾将荔枝作为土特产进贡给高祖刘邦。说明早在汉代以前，岭南地区已经广泛栽培荔枝。

唐宋以后，荔枝的商品化生产已有很大的发展，这从宋代蔡襄《荔枝谱》的一段记载中可以充分体现出来：荔枝"福州种殖最多，延迤原野，洪塘水西，尤其盛处。一家之有，至于万株。……初着花时，商人计林断之以立券①，若后丰寡，商人知之，不计美恶，悉为红盐者②，水浮陆转，以入京师，外至北戎西夏。其东南，舟行新罗、日本、流球、大食之属，莫不爱好，重利以酬之。故商人贩益广，而乡人种益多。一岁之出，不知几千万亿。"类似盛况，在其他的主要荔枝产地也普遍存在。

由于荔枝最适于在年平均温度 21～23℃的环境下生长，平均温度在 20℃以下的地方便不能生长结实。所以长期以来其栽培范围都局限于我国南部地区，主要分布在四川、广东、广西和福建等省区。云南南部也有分布，但数量不多，台湾的栽培荔枝，大概是在 18 世纪初从大陆引种过去的。四川的荔枝栽培主

---

① 券，契据、凭证。立券，即对荔枝进行估产定购，订立契约。

② 红盐，荔枝干的一种。即先以盐梅卤浸佛桑花而成红浆，然后投荔枝渍之，捞起曝干，色红而甘酸，可三四年不虫。

要集中在川东南，唐代以后逐渐衰落。福建的荔枝栽培，主要集中在福、兴、漳、泉 4 郡，宋代成为全国的主要产地。岭南地区从 2 000 年前一直兴旺到现在。

有人根据汉代司马相如《上林赋》曾经描写上林苑扶荔宫专门引种南方奇花异果，其中，包括荔枝在内，都曾“罗乎后宫，列乎北园”的情景，认为当时曾经成功地将荔枝引种到长安。其实这只是一种误解。《三辅黄图》便曾记载：“汉武帝元鼎六年破南越，起扶荔宫宫以荔枝得名。……荔枝自交趾移植百株于庭，无一生者。连年犹移植不息，后数岁，偶一株稍茂，终无花实，帝亦珍惜之。一旦萎死，守吏坐诛者数十人，遂不复莳矣，其实则岁贡焉，邮传者疲毙于道，极为生民之患。”① 《铁围山丛谈》记载当时苑囿：“自阳华门入，则夹道荔枝八十株”，荔枝成熟时，宋徽宗召集群臣赏玩，并分赐荔枝，“每召儒臣游览其间，则一瑠执荔枝簿立石亭下，中使一人宣旨，人各赐若干，于是主者乃对簿按树以分赐，朱销而奏审焉。”② 这应是宋代开封移植荔枝成功的见证。但是宋代梁克家《淳熙三山志》却明确记载说：“宣和间，以小株结实者置瓦器中，航海至阙下，移植宣和殿，赐二府宴。”③ 清楚地说明艮岳的荔枝是从南方将已结果的小株荔枝，以盆栽的方式水运至开封的盆栽荔枝，并非开封已经成功移植荔枝。

除中国外，世界上还有印度、巴基斯坦、泰国、美国、南非、巴西、缅甸、澳大利亚等 30 多个国家有荔枝栽培，他们的栽培品种大都是直接或间接从中国引进过去的。印度早在唐宋之间已从中国引进荔枝栽培。1802 年从印度传入斯里兰卡。1873 年由广东输入夏威夷。1875 年由毛里求斯传入南非。1886 年自

① 《三辅黄图》卷三。

② （宋）蔡絛：《铁围山丛谈》卷六。

③ 《淳熙三山志》卷三九，土俗类一。

印度输入美国佛罗里达州，但效果不佳，1903 年美国传教士蒲鲁士从中国福建莆田运出荔枝苗木 86 株，在美国各地试种成功。目前，中国仍是世界上第一位荔枝生产国，面积占 80%以上，产量将近 20%；印度是第二位的荔枝生产国，栽培面积约占世界的 8%，由于气候适宜，单位面积产量最高。

（二）繁殖和栽培技术

古代荔枝的繁殖方法有实生、高压与嫁接三种方式。实生繁殖因结果时间迟、果实品质差，因而很少采用。高压繁殖的最早记载见于南宋张世南的《游宦纪闻》，说："三十年来始能用'掇树法'。"其具体方法《游宦纪闻》、徐𤊹《荔枝谱》、邓道协《荔枝谱》等均有记载。徐𤊹《荔枝谱》对高压与嫁接繁殖方法都作了详细的记载："乡人于清明前后十日内，将枝削去外皮一节，上加腻土，用棕裹之。至秋，露枝上生根，以细齿锯从根处截下，植之他所，勿令动摇，三岁结子纍然矣。接枝之法：取种不佳者，截去元树枝茎，以利刀微启小隙，将别枝削针插固隙中，皮肉相向，用树皮封系，宽紧得所，以牛粪和泥斟酌裹之。化接枝，必待时暄，盖欲借阳和之气，一经接缚，二气交通，则转恶为美也。"①

古人还把荔枝分为水枝和山枝二大类进行栽培，《广东新语》说："凡近水种水枝，近山则种山枝。"又说："广州凡矶、围、堤、岸皆种荔支、龙眼，或有弃稻田以种者，田每亩可二十余本。"种的方法是："以淤泥为墩，高二尺许，使潦水不及。以蒻草盖覆，使烈日不及。"②

古代对荔枝的施肥方法，多在农历三月或秋冬之际，用粪

① 邓庆寀在评论这节记载时说："龙目有接法，荔枝恐无接法。"但事实上荔枝虽因枝条淀粉含量低，单宁多，形成层不规则而嫁接比较困难，但只要掌握好嫁接时间和方法，仍能获得良好效果。

② 《广东新语》卷二十五，木语，荔枝。

土、淤泥壅压荔枝根际。荔枝开花时，用盐或咸沟泥施于荔枝根际，据说施盐有利于促进果实增大。

古人还十分重视对荔枝，特别是荔枝幼树的防寒保护，主要方法是遮盖或熏烟。徐𤊹《荔枝谱》便曾记载说："乡人有爱其树者，当极寒时，树下以稻草煨火缊之，寒气不侵，叶无凋殒。"

椿象，古名石背，是荔枝的主要害虫。明清时期广东已采用黄猄蚁进行生物防治，说："高州西荔枝村，兼种橘柚为业。其树连亘数亩，繫竹索引大蚁往来出入，藉以除蠹。蚁即于叶间营巢窠，多至什百，结如斗大。"[①] 这种大蚁，广东人称之为黄猄蚁，在广东已成为商品，可以买置树头。此外，为防止蝙蝠、鸟雀蠹食，蔡襄《荔枝谱》还记载园家："又破竹五七尺，摇之答答然，以逼蝙蝠之属。"

（三）贮藏、加工和利用

荔枝是一种不耐贮运的水果，唐代的白居易在《荔枝图序》中把它总结为"一日而色变，二日而香变，三日而味变，四五日外，色香味尽去矣"。针对荔枝的这一特性，古人创造了许多贮存荔枝的方法。如明代《臞仙神隐书》记载："临熟时摘入瓮，浇蜜浸之，以油纸封固瓮口，勿令渗水，投井中，虽久不损。"徐𤊹《荔枝谱》则记载说："乡人常选鲜红者，于竹林中择巨竹，凿开一窍，置荔节中，仍以竹箨裹泥封固其隙，借竹生气滋润，可藏至冬春，色香不变。"[②] 道光间《白云越秀二山合志》记载了一种利用井水进行低温贮藏的方法，说："在树时并叶剪之，置新瓦坛中，泥柊叶封其口，倒沉井中。有佳宴非时出之，色如

① （清）吴应逵：《岭南荔枝谱》引吴震方《岭南杂记》。

② 当时，邓庆寀曾对这一技术提出质疑，徐𤊹则以他亲眼所见三山（今福州市）人把鲜荔保存至次年元宵节敬神的事实，写信作答。并录其兄之《元夕词》为证。词云："闽山庙里赛灵神，水陆珍馐满案陈。最爱鲜红盘上果，荔枝如锦色犹新。"（见《广群芳谱·果谱八》）。

新，可支一日。”[①]

关于鲜荔枝的采运方法，晋代顾微《广州志》说：“旧时采贡，以腊封其枝，或蜜渍之，而近代奸幸之徒，连株以进，南人苦之。”[②] 宋代梁克家《三山志》记载说：“宣和间，以小株结实者置瓦器中，航海至阙下，移植宣和殿，钖二府宴赏。”[③] 到了清代徐崑《遯斋偶笔》更详尽地指出：“贡船所载，预择其枝之实大而多者，截其皮，以木桶就树箍之，实以土，晨夕洒水，候生根，截其枝为小树，飞舸计日北上，至京而实始红，香美如在闽时。”以上三书虽然都提到晋代以后，向皇室进贡荔枝的方法都是“连株以进”，但是具体的操作方法却各不相同。

古人还把荔枝加工成荔枝干、荔枝煎和荔枝酒。荔枝干除“红盐法”外，还有“白晒者，正尔烈日干之，以核坚为止，畜之瓮中，密封百日，谓之出汗。去汗耐久，不然踰岁坏矣。”蜜煎也有两种方法，一是“剥生荔枝，笮去其浆，然后蜜煮之。”一是“用晒及半干者为煎，色黄白而味可爱。”[④] 关于荔枝酒则见载于《闽小记》：“莆以荔枝入酿，岁之三年，其色如墨。倾之，则满座幽香郁烈，如荔熟坐枫亭树下时也。”[⑤] 近代以来更有生产荔枝露、荔枝膏、荔枝罐头、荔枝茶叶者。

此外，荔枝花芳香多蜜，是理想的蜜源植物。荔枝树质地致密，是古代建筑或制作乐器、弓、棋盘等的好材料。荔枝的枝干富含单宁，渔民往往将其浸水，用作渔网的防腐剂。荔枝的花、

---

① 笔者家乡广东省陆河县水唇镇，70 多年前还有人运用类似方法，把鲜荔枝保存至翌年元宵节敬神。

② 《岭南荔枝谱》卷六转引。

③ 徐𤊹《荔枝谱》卷三引。

④ 均见蔡襄《荔枝谱》第六。

⑤ （清）周亮工：《闽小记》卷之一，莆田宋去损祖谦闽酒曲。

果肉、果核、果壳等古代均入药，具有药用价值。

第十三节　龙眼栽培史

龙眼（*Dimocarpus longana* Lour.）为无患子科龙眼属植物，是原产我国南方的名果。果实肉质晶莹爽脆，清甜鲜美，且具有很高的营养价值，历来与荔枝齐名。

（一）起源、分布和品种

龙眼在古代有许多别名，如益智、龙目、比目、荔枝奴、绣水团、川弹子、亚荔枝、圆眼、骊珠、蜜脾、燕卵、细荔、木弹等。据说它在我国历史上是“自尉佗（南越王赵佗）献汉高帝始有名”①。而据《三辅黄图》记载，早在2 000多年前，人们已试图从南方向北方移植龙眼树：“汉武帝元鼎六年（公元前111）破南越，起扶荔宫，以植所得奇草异木……龙眼荔枝……皆百余本。”东汉杨孚《南裔异物志》则说：“龙眼荔枝生朱提南广县，犍为僰道县。”《谢承后汉书》记载唐羌字伯游，曾经上书请求和帝，禁止交州向皇上贡献龙眼荔枝，帝从之②。说明早在汉代以前，我国南方的龙眼栽培已较普遍。加上我国的云南、海南岛和广西等地均有大片的野生龙眼分布，都说明我国南方是龙眼的原产地。龙眼的地域分布与荔枝差不多，由于它对产地的温度有严格的要求，所以古今的分布地域没有太大的变化。北宋苏颂的《图经本草》记载：“龙眼生南海山谷。今闽、广、蜀道出荔枝处皆有之”。③ 直至今天，其主要产区仍集中在福建省东南部、广东、广西、四川南部和台湾省西南部。此外，云南南部、贵州西北部和南部、浙江南部也有少量栽培。海南省

① 《群芳谱》引《浔梧杂佩》。

② 原书已佚，此据范晔《后汉书》卷四李贤注引。

③ （宋）苏颂：《图经本草》木部中品卷第十一，龙眼。

则利用自然地理优势，大力发展反季节龙眼生产。除中国外，美国、巴西、泰国、印度、越南和菲律宾等国也有一定数量的龙眼栽培。

关于龙眼的品种，古书中极少记载，直至明代的《华夷花木鸟兽珍玩考》才记载："有一种最大者曰虎眼，肉厚味甘，食之益人。"① 清代赵古农的《龙眼谱》，是我国历史上唯一的龙眼谱，谱中记载："粤之龙眼，当以十叶（石硖）为第一。"还分别介绍了蜜糖埕、秋风子、青皮、花壳、孤圆等品种。并说闽中龙眼"品尤见称者为桂圆"。其后郭柏苍《闽产录异》则介绍了福建产的桂圆、红核仔、兴化三、兴化四等品种。总之，在我国劳动人民长期的选择和培育下，先后培育出数以百计的龙眼品种。其中如产于福建晋江的福眼、产于福建仙游的乌龙、产于福建同安的赤壳、产于广东南海的石硖、产于广西的广眼、产于四川泸州的八月鲜等都是久负盛名的优良品种。

（二）繁殖栽培技术

古代关于龙眼的记载相当多，但大都停留在对其色香味以及形态习性的描述，以及医疗功效的记载，对于栽培繁殖技术却极少涉及。周亮工《闽小记》首次记载了龙眼的嫁接技术，认为："核之初种，经十五年始实，实甚小，俗呼为胡椒眼。觅善接者，锯木之半，去大实之幼枝接之。至四五年又锯其半，接如前，若此者三数次，其实满溢，倍于常种。若一二接即止者，形小味薄，不足尚也。三接者曰针树，未接者曰野笼。"② 说明了嫁接繁殖较实生繁殖具有明显的优越性。清代郭柏苍《闽产录异》记载了一种特殊的嫁接技术："核入土，十四五年始实，其实无肉，名曰'柂'。实之最大者曰'榛'。锯柂之枝、干，留其本，以榛

① （明）慎懋官：《华夷花木鸟兽珍玩考》卷之二，龙眼。

② （清）周亮工：《闽小记》卷之一，接龙眼。

枝之壮旺者接之，谓之‘接针’。借栳本之力，使榛枝易于畅茂。接针之法：取石枣花卵[1]二枚，一夹于栳本、榛枝衔接之处，一束于栳本、榛枝接笋之外，石枣卵在土中，形如小枣，既能黏合，又经久不干，凡接树必用之。”[2] 石枣花卵是什么东西尚需作进一步的研究，但这种接枝方法确实值得称道。清代《广东新语》记载说：“龙眼用接”，“接之法：以核漏出萌芽，长至三四月为栽。乃以龙眼之枝屈而接之，其栽之枝叶尽脱，乃以树上之枝叶为栽之枝叶。其法与闽中异。闽中之龙眼树，三接者为顶圆，核种十五年始食，实小不可食，则锯木之半，以大实之幼枝接之，至四五年，又锯其半接如前，如此者三数次，其实满溢，倍于常种。”[3] 用现在的说法，福建使用的是枝接，广东使用的是靠接。清代赵古农《龙眼谱》举出广东龙眼繁殖的二种方法，即露核和挨口。露核即实生繁殖，挨口即靠接繁殖，并对挨口繁殖方法作了详尽的描述：“将树仔（幼树）连根錾起，用禾秆包围之，使泥不脱落。移至大树旁，尽将其叶撇去。其杪选大树壮枝，略省其叶，只留其巅叶一两片。将老枝削去一边，附以树仔之秃杪，二者相合无缝，札以绳草，使合为一。用它叶包裹，不漏风，不沾水，不使日晒，数日一浇，树仔之生气接矣。一月后，两枝黏连，遂用快刀割断大树老枝之根本，而树仔已借杪生矣。随将树仔移栽他处，再用禾秆密缠其身，防烈日晒，狂风侵，不快大也。”

关于龙眼的栽培技术，古书中甚少记载。《广东新语·木语》认为：“龙眼之干，欲其皮中之水上升，以稻秆東之。欲其实多而大，以盐瘗之。生虫，则以铁线濡药刺之”。赵古农《龙眼谱》

---

① 福建省莆田农业局房其英同志认为，石枣花卵是一种蕨类块茎，可能是圆羊齿。但这只是一种推测。

② （清）郭柏苍：《闽产录异》卷二，果属。

③ 《广东新语》卷二十五，木语，荔枝，下引同。

认为：龙眼“每岁尤须倩工浇粪、挑泥敷之，培作一墩。所谓沃其根而枝叶自茂，结实多而且大也。”并认为：“春末夏初开细白花时，须拗其花头，通其顶，疏其气，名曰省花，结子乃甜，且大而多。”

（三）加工利用

龙眼有很高的营养价值，是我国南方著名佳果之一。李时珍《本草纲目》认为：龙眼多食能益人智，“食品以荔枝为贵，而资益则龙眼为良。”[①] 龙眼除作果品外，还是重要的药材。《神农本草经》说：它“味甘，平，无毒，治五脏邪气，安志、厌食。久服强魂魄，聪明，轻身，不老，通神明。”[②] 谢肇淛《五杂俎》说：龙眼干“煎汁为饮，尤养心血，治怔忡、不寐、健忘诸疾。”李时珍《本草纲目》说它具有“开胃健脾，补虚益智”的功效。总之，根据前人的经验，龙眼确实具有补心、益脾、养血安神、强魄健体的功效。古人为了便于贮藏和运输，常把龙眼加工成龙眼干，《图经本草》已有“暴干寄远，北中以为佳果”的记载。《王祯农书》所载晒龙眼法说：“采下，用梅卤浸一宿，取出晒干，用火焙之，以核干硬为度，如荔枝法，收藏之。成朵干者，名龙眼锦。”[③] 赵古农《龙眼谱》记载了“焙龙眼作果干法”和生晒龙眼干法。认为：“龙眼生晒比火焙者更佳，以其无火气，食之尤见效于补心润肺温中也。”此外，龙眼还可制成龙眼饼、龙眼膏、龙眼酒、桂圆肉、糖水罐头、冷冻龙眼等多种加工品。

龙眼树材坚实，纹理细致，色泽紫艳，既可做精巧工艺品和名贵家具的材料，又可为建筑、造船的优良材料。龙眼花期长，花穗大，是优良的蜜源植物。还可作美化环境，绿化山地的经济

---

① 《本草纲目》果部第三十一卷，龙眼。

② 《神农本草经》卷三，龙眼。

③ 《王祯农书》百谷谱集之七，果属，龙眼。

树种。

第十四节　香蕉栽培史

香蕉（*Musa nana* Lour.）是芭蕉科芭蕉属植物，是著名的热带、亚热带水果。野生蕉的起源，从印度绵延到巴布新几内亚，包括马来西亚和印度尼西亚，我国南方也有广泛分布。说明南亚、东南亚和我国南方都可能是香蕉的起源地。目前世界上已有130多个国家和地区生产香蕉，其产量仅次于葡萄和柑橘，而居世界水果产量的第三位。

（一）起源和传播

香蕉是世界上最古老的栽培果树之一，至今已有3 000多年的栽培历史。最早的梵文记载，可以追索到公元前500年。我国西汉时代司马相如《子虚赋》中提到的“巴苴”，便是后人所说的“巴蕉”。《三辅黄图》中所记“汉武帝元鼎六年，破南越，起扶荔宫，以植所得奇草异木”，其中便有“甘蕉十二本”。虽因“土本南北异宜，岁时多枯瘁”，但已说明当年在我国南方已盛行香蕉栽培。东汉杨孚《异物志》记载说：甘蕉“一房有数十枚，……剥其皮，食其肉，如饴蜜甚美，食之四五枚可饱。”三国万震《南方异物志》和晋代郭义恭《广志》等著作更详细描述了香蕉的形态和用途。据《图经本草》、《遯斋偶笔》、《海槎余录》等文献记载，蕉类植物在长江中下游地区也有栽培，但不能开花，更不能结实。所以对香蕉进行食用的经济栽培地区，仅局限于两广、福建、台湾、海南和云南等南方省区，贵州、四川、重庆也有少量分布。

（二）品种、繁殖和栽培技术

公元3世纪时万震《南方异物志》记载了香蕉的三个品种：“一种子大如拇指，长而锐，有似羊角，名羊角蕉，味最甘好。一种子大如鸡卵，有如牛乳，味微减羊角蕉。一种大如藕，长六七寸，形正方，名方蕉，少甘，味最弱。”[①] 清代屈大均《广东新语》卷二七草语中记载有香牙蕉、牛乳蕉、鼓槌蕉、板蕉、佛手蕉等为“甘蕉之知名者”。

蕉类植物一向都采用地下茎或吸芽进行繁殖，这在《洛阳花木记》和《群芳谱》中也有记载。关于香蕉的栽培方法，古书中记载不多，仅《广东新语》曾介绍增城西洲人的种蕉经验：“种至三四年，即尽伐以种白蔗。白蔗得种蕉地，益繁盛甜美。而白蔗种至二年，又复种蕉，蕉中间植香牙蕉与蜜橘、羊蓣等，皆得芳好。其蕉与蔗，相代而生，气味相入，故胜于他处所产。”这里介绍的是采用蕉与甘蔗轮作制度的经验。公元 1777 年成书的《南越笔记》也有内容与此基本相同的记载。古人还采用“断蕾”的方法，以促进果实长大。这在明代方以智《物理小识》中已有记载。《广东新语》讲得更加详细：“予家园蕉，每生一岁即结子，花将谢，摘去花端，使滴出精液，益大结子。”[②] 古人还用立支柱的方法以防大风吹折蕉干，这在《广东新语》和《南越笔记》中都有相同的记载：香牙蕉“植必以木夹之，否则结实时风必吹折，故一名折腰娘。”[③] 这是对香牙蕉的保护措施。

（三）加工利用

古代香蕉除作水果生食外，还晒制果干，宋代周去非《岭外代答》记载说：“以梅汁渍，暴干，按匾，所云巴蕉干是也。”《图经本草》也说：“可暴干寄远，北土得之，以为珍果。”[④]《桂海虞衡志》也有类似记载。晋代徐衷《南方草物状》则说蕉果“亦可蜜藏”。蕉干的纤维可用作纺织的原料。东汉杨孚《异物志》说：“其茎如芋，濩而煮之则如丝，可纺织也。”西晋郭义恭

① 佟屏亚：《果树史话》，农业出版社，1983 年，259 页所引《齐民要术》的引文，是《要术》转引《南方异物志》的引文。

② 《广东新语》卷二十七，木语，芭蕉。

③ （清）李调元：《南越笔记》卷一四，芭蕉。

④ （宋）苏颂：《图经本草》草部下品之下卷第九，甘蕉根。

《广志》也说："其茎解散如丝，织以为葛，谓之蕉葛，虽脆而好。"古人还用香蕉治病，陶弘景《名医别录》说它的"主治痈肿、结热"①。李时珍《本草纲目》更说香蕉的果、汁和根均能治病。近代以来更有人把香蕉加工成香蕉粉、香蕉炸片、香蕉面、香蕉汁、香蕉酱及糖水香蕉罐头等。说明香蕉的用途非常广泛。

第十五节　芒果栽培史

芒果是漆树科芒果属植物，果形美观，肉质甜美，营养丰富，是极受欢迎的热带果树之一。芒果起源于印度、缅甸、马来西亚、越南、印度尼西亚及巴基斯坦等国。在印度的栽培历史，已达 4 000 年以上，一直被信徒视为圣果，稳居拱佛礼品的首位。目前世界上已有印度、中国、印度尼西亚、墨西哥、泰国、菲律宾等 80 多个国家有芒果生产。

（一）引进和分布

据《中国作物及其野生近缘植物·果树卷》记载："中国共有芒果属植物 6 个种，其中桃叶芒果和冬芒 2 个种原产中国，林生芒在中国云南也有野生分布，另 3 个种则引自国外。"② 但中国古籍所载，则多为国外引进的芒果。引入的途径有二种说法：一为唐代玄奘从印度引入，说他在《大唐西域记》中曾说"庵没罗果，见珍于世"。庵没罗便是芒果的梵文音译。但是这一说法未见古书的明确记载。有些今人的著作提到陈藏器的《本草拾遗》称芒果为蜜望子、庵罗果③。但《本草拾遗》是一本佚书，其他古书转引中亦未见有蜜望子、庵罗果的著录。可能是一种误

① （梁）陶弘景著，尚志钧辑校：《名医别录（辑校本）》下品，卷三，人民卫生出版社，1986 年。

② 见该书，中国农业出版社，2006 年，601 页。

③ 见《中国果树栽培学》，农业出版社，1960 年版，1054 页；《果树史话》，农业出版社，1983 年，289 页。

传。另一种说法是在明代分别由海路和滇缅间陆路传入我国。最早记载芒果的古书是嘉靖十四年（1535）成书的《广东通志》。明代后期成书的云南方志《滇略》也有记载。台湾则在嘉靖四十年（1561）由荷兰人引进芒果。到清代康熙年间，广东、福建、台湾各省的方志和屈大均的《广东新语》都出现了有关芒果的记载。从文献记载的情况看，似乎后一种说法比较可信。

在古代，芒果有蜜望、望果、檨等多种别名。芒果的芒字也有杧、牤、槰、莽等多种写法。云南省的一些方志中还使用芒果傣语名字的汉字对音“抹猛”（亦作骂木、榪栂或榪檬）。由于它是热带果树，只适应热带、亚热带的环境，所以仅分布于广东、广西、云南、海南、四川、福建、台湾等省区。

（二）加工利用

芒果除作果品生食外，亦可加工制成果干、蜜饯。在台湾还作为蔬菜食用。清代施鸿保的《闽杂记》说：它“初生时和盐捣为菹，名蓬莱酱，可以馈远。”① 郭柏苍《闽产录异》也有类似说法。芒果还具有一定的医疗保健功效，《广东新语》记载说：“凡渡海者，食之不呕浪。”②《本草纲目拾遗》认为番蒜（芒果）“可治鳖苋毒”③。

芒果树是一种很好的蜜源植物。《广东新语》说：“蜜望树高数丈，花开繁盛，蜜蜂望而喜之，故曰蜜望。”又说：“蜜望其花，人望其果。”芒果树形美观，也是庭院和街道很好的绿化树种。

第十六节　菠萝栽培史

菠萝是凤梨科凤梨亚科凤梨属植物，是世界上著名的热带水果之一。在我国它还有凤梨、黄梨、地波罗、草波罗、打锣槌、

① 申报馆丛刊，光绪刻本。

② 《广东新语》卷二十五，木语，蜜望。

③ 《本草纲目拾遗》卷八，诸蔬部，番蒜。

露兜子等别名。

(一)起源和引进

菠萝起源于南美洲,1493 年哥伦布第二次航行新大陆时,在中美洲的西印度群岛上印第安人村落中首次看到菠萝,对其色、香、味感到惊异。从此以后菠萝便逐步传到世界各地,到 20 世纪,菠萝已分布到泰国、菲律宾、巴西、中国、印度、尼日利亚、肯尼亚等 90 多个国家。

菠萝传入我国的时间没有明确的记载,大概是明末清初传入。清代康熙(1662—1722)年间的一些方志,如广东《新兴县志》、《花县志》、《福建通志·台湾府》、《台湾府志》、福建《漳浦县志》、《龙溪县志》等均有旧录。说明当时广东、福建和台湾等地已有较普遍的栽培。在广西,迟至乾隆三十三年(1768)《桂平县资治图志》始见著录。在云南,则迟至道光十七年(1837)《威远厅志》才首次提及。此外,在海南岛和贵州南部地区也有栽培。

菠萝传入我国后,在我国南方,特别是台湾曾经迅速发展,据 1940 年国际贸易局的报导,仅台湾一省的产量,已占世界第三位。据联合国粮农组织统计,2002 年我国菠萝产量 1 273 691 吨,占世界第四位,仅次于泰国,菲律宾和巴西。

(二)栽培方法和加工利用

关于菠萝的栽培方法,史书上极少记载。仅《植物名实图考长编》说:"顶有丛芽,分种之无不生者。"① 记载了用其冠芽进行繁殖的方法。此外,据《中国果树栽培学》的记载,我国劳动人民早在百余年前已采用倒株法(偃顾仔)② 和熏烟法以促使菠

① 《植物名实图考长编》卷一六,果类,露兜子。

② 据该书 1960 年版 945 页介绍,其方法是在 8—9 月间收果后,以竹竿插入株旁土中,将一边菠萝叶撩起,以便工作。然后在植株周围 2/3 圆周处,挖半圆形的穴,用脚将植株基部踏入穴中,保持 45°倾斜,全园吸芽要保持同一方向。培土后吸芽位置恰能保持在地面上约 3 厘米左右。大概两个月后(11 月左右)开始抽花,翌年 4—5 月可有收获。但只有 60%左右的效果。

萝提早开花结实。

菠萝味道鲜美，营养丰富，古人已知道它可多吃而不损人。古人除生吃菠萝外，据《潮州风情录》记载，潮州人还曾用简易的方法制造菠萝酒："人们在收获前几天上山，挑选几个半生半熟的番梨（即菠萝），用刀子轻轻切开顶端一片，往里钻几个小洞，把酒饼塞进洞里，再把上盖盖好。等到上山收获番梨那天，拿掉上盖，便有四溢的酒香扑鼻而来。原来番梨经过发酵，除了外面的皮，里面的肉早已化作酒。"发展至近代，人们更用菠萝制造罐头和菠萝汁。

古人除食用菠萝果实外，还利用其叶片纤维编席织布。《中山传信录》说其"叶可造席"。《植物名实图考》及《植物名实图考长编》说其茎叶去皮存筋，可织菠萝麻布。

第九章　蔬菜栽培史

第一节　蔬菜的起源及其种类的变迁

一、蔬菜栽培的起源

我国的蔬菜栽培和谷物栽培同样具有悠久的历史。《国语·鲁语》中说："烈山氏"之子"柱"能"殖百谷百蔬"。把百谷和百蔬相提并论，正好说明了这一道理。中国蔬菜栽培的历史，可以追溯到 5 000 年前的仰韶文化时期，20 世纪 50 年代在西安半坡遗址的一个陶罐中发现了芥菜（或白菜）的种子[①]，后来又在甘肃秦安大地湾遗址出土了十字花科芸薹属种子[②]，又在郑州大河村发现了两枚莲子[③]，这些都是仰韶文化时期的遗存。此外，中国南方长江下游的一些遗址中也发现了芡实、菱角、甜瓜子等遗存，估计其中可能有一部分是人工栽培的果实。这些都说明早在 5 000～7 000 年前我国仍处在母系氏族社会繁荣期时，人们已经从事蔬菜生产了。

早期的蔬菜，往往种在大田疆畔，或住宅四旁。到商周时才逐渐出现了不同于大田的园圃，园圃的形成可能有二条途径：其一是从大田中分化出来，如西周有些耕地春夏种菜，秋收后修作晒场；其二是从"囿"中分化出来，"囿"是上古人们保护和繁

---

① 中科院考古所《西安半坡》，图版伍陆，1.2。

② 《1980 年秦安大地湾一期文化遗存发掘简报》，见《考古与文物》1982 年第 2 期。

③ 郑州市博物馆《郑州市大河村遗址发掘报告》，见《考古学报》1979 年第 3 期。

殖草木鸟兽的地方，有点类似现在的自然保护区，可能后来从保护到种植某些蔬果，从而发展成为园圃。大致到西周晚年，园圃才专门化，所以《周礼》中设有“场人”一职，“掌国之场圃，而树之果蓏珍异之物，以时敛而藏之”，这已是国营的专门场圃了。

二、蔬菜种类的变迁

我国原始社会已有芥菜（或白菜）、莲子、十字花科芸薹属种子、菱角、芡实、甜瓜、蚕豆、瓠等食物，但这些食物中哪些是野生采集的，哪些是人工栽培的，是纯粹的蔬菜还是粮蔬兼用作物？似乎仍不易分清。

到了夏商周时期，根据《诗经》等文献记载，当时食用蔬菜有20多种，但肯定是人工栽培的却只有韭、芸、瓜、瓠等4种。有些虽未明确说明是人工栽培的蔬菜，但从文献阐释结合考古文物综合分析，也应确认其为人工栽培的蔬菜。例如《诗经·邶风·谷风》有“采葑采菲，无以下体”之句，毛亨以“须”释“葑”，邢昺疏谓葑、须、芜菁、蔓菁、薞芜、芜、芥，七者一物。当时人们常把芜菁、芥菜、白菜之类统称为“葑”，而白菜、芥菜的菜籽早在仰韶文化的半坡遗址中出土，说明其早已是人工栽培的蔬菜了。所以“采葑”的“采”并不是采集野生蔬菜，而是收获栽培蔬菜。这样说来，夏、商、西周时期便有上述10多种人工栽培蔬菜了。

秦汉时期，据《氾胜之书》、《四民月令》和《南都赋》等文献的记载，当时栽培的蔬菜有葵、韭、瓜、瓠、芜菁、大葱、小葱、芥、小蒜、胡葱、杂蒜、薤、蓼、苏、蕺荠、蘘荷、胡豆、豍豆、芋、苜蓿、芸、蒲、笋、胡蒜等20多种。其中包括了葵、韭、瓜、瓠等古老蔬菜作物，也有相当一部分是从西北少数民族地区引入的，如胡葱、胡蒜、胡豆等。辛香调味类蔬菜占有相当的比重，说明人们对蔬菜品味的要求有所提高。

魏晋南北朝时期，蔬菜种类有明显的增加。《齐民要术》卷二和卷三中记载了栽培蔬菜30多种，又在卷十中列了“非中国产者”蔬菜30余种，再加晋代嵇含《南方草木状》所记当年南方蔬菜30多种，真是林林总总将近百种。当然其中有不少是重复记载，有些则是野生或半野生状态。其中值得注意的是白菜栽培在江南地区有较大的发展，南齐周颙说“春初早韭，秋末晚菘”是蔬食中“味最胜”者。此外，莼、藕（其实为莲）、芡、芰（菱）等水生蔬菜也在江南地区得到较大的发展。

隋唐五代时期，蔬菜又有了新的发展，城郊地区已注重商品化生产，正如《齐民要术·卷首·杂说》所言：“如去城郭近，务须多种瓜菜茄子等，且得供家，有余出卖。”菜地也开始征税了。蔬菜的种类，据唐末五代间成书的《四时纂要》的记载，已有瓜（甜瓜）、冬瓜等35种，其中菌、枸杞、莴苣、百合、术、黄精、牛膝、决明、牛蒡和薯蓣10种是隋以前未见记载的新增蔬菜。而莴苣、莙达、菠菜、西瓜等则是从国外新引进的蔬菜。

明清时期，随着商品经济的发展，商品性蔬菜生产基地也随之兴起。这一时期栽培蔬菜种类变化的特点有：其一是外国蔬菜大量引进，1492年哥伦布发现美洲新大陆后，辣椒、番茄、马铃薯、南瓜、菜豆等原产南美洲的蔬菜，很快被引进到欧洲，16世纪下半叶至17世纪末则由商人或传教士转引进我国。其二是白菜和萝卜后来居上，成为人们生活中的主要蔬菜。其三是夏季蔬菜种类的增多。在我国的蔬菜栽培史中，早期的夏季蔬菜种类相对较少，《齐民要术》中共记载了35种蔬菜的栽培方法，其中夏季蔬菜只有甜瓜、冬瓜、瓠、黄瓜、越瓜和茄等6种。《王祯农书》也讨论了35种蔬菜的栽培方法，其中夏季蔬菜只比《齐民要术》增加了一种苋菜。但清末《农学合编》中的夏季蔬菜却占了57种蔬菜中的17种，即白菜、菜瓜、苋、南瓜、蕹菜、冬瓜、黄瓜、丝瓜、瓠子、辣椒、刀豆、豇豆、茄子、藊豆、西瓜和甜瓜。说明以瓜、茄、菜、豆共同组成的夏季蔬菜格局，是在明清之际形成的。

各种栽培蔬菜，在中国复杂而多样的自然环境和栽培条件的影响下，发生各种特性的相应变化，形成了适应于不同地区和季节生长的各种生态类型和品种。千姿百态，品种繁多。

第二节　各种蔬菜栽培史

一、大蒜栽培史

大蒜（*Allium sativum* L.）引入前，中国原有一种蒜类植物，单名为“蒜”，又名蒚、卵蒜、山蒜、泽蒜、石蒜、宅蒜。这些别名，还如李时珍《本草纲目》所说：“山蒜、泽蒜、石蒜，同一物也。但分生于山、泽、石间不同耳。”① 自从引入大蒜后，为便于区别，古人始称外来蒜为大蒜、胡蒜，中国原有蒜为小蒜或夏蒜。如《农政全书》所说：“初，中国只有小蒜，一名泽蒜，余唯山蒜、石蒜。自张骞使西域得大蒜种归种之。……蒜有大小之异，大曰胡，即大蒜，每头六七瓣。……小曰蒜，叶似细葱而涩，头小如荞，即今山蒜也。”②

（一）引进和传播

大蒜的起源地有多种说法，一般认为中亚（包括中国新疆的天山东部地区）是大蒜的第一起源地，地中海盆地为第二起源地。中国的大蒜是汉武帝时张骞出使西域，从西域带回来的，《太平御览》引《正部》有“张骞使还，始得大蒜苜蓿”③。

大蒜引入后传播相当快速，据《东观汉记》、《后汉书》等文

① 《本草纲目》菜部第二十六卷，山蒜。
② 《农政全书》卷二八，树艺，蔬部，蒜。
③ 《太平御览》卷九七七，菜茹部二，蒜。

献记载，东汉时中国的山东、山西、江苏等地均已普遍种植大蒜。北魏时期的《齐民要术》则记载了当时相当高的栽培技术。唐宋以后，大蒜已成为人们的家常便菜，大蒜生产已遍及全国。明清时期，大蒜的商品性生产日益活跃。如江苏松江府所需的大蒜由崇明供销，河北昌黎的大蒜远销辽宁营口。清末山东平度的大蒜更经由铁路远销远方，到民国时期，浙江梅里、广东开平的大蒜更成为出国商品，远销南洋。

蒜［图片来源：（清）吴其濬著：《植物名实图考》卷三，蔬类，商务印书馆，1957 年，第 79 页］

（二）栽培技术

《齐民要术·种蒜第十九》详细总结了当时大蒜的栽培技术：认为种蒜的土地应选择“白软地”，长出来的大蒜味甜，蒜头也大，黑软地次之，坚实地里长出来的大蒜味辛辣，蒜头亦小。播种期一般在农历八月或九月，播前将地耕翻三遍，作成沟垄，进行点播。种后勤加中耕锄草，令满三遍，勿以无草而不锄，否则长成的鳞茎瘦小。在严寒的冬季，宜用谷穗覆盖于大蒜的行间，以免冻害。《要术》还记载大蒜的气生鳞茎可以用来繁殖，第一年长成独瓣蒜，第二年“则长成大蒜，科皆如拳，又逾于凡蒜矣。”① 还说大蒜应在叶黄时采收，过晚则蒜头易开裂。蒜头采收后，可藉叶鞘编成蒜辫，悬挂于室内通风凉爽的横梁上。这种方法，直到现在农民仍在采用。到元代《居家必用事类全集·戊

① 《齐民要术》卷第三，种蒜第十九。据 1963 年山东农业大学的试验，此法确有提高繁殖率和增加产量的效果。

集》则载有育苗移栽的方法："九月初，于菜畦内稠栽蒜瓣，俟来年春，二月间，先将地熟犁数次，每亩上粪土数十担，再用犁翻过、耙匀。手持木橛，二寸许插一窍，栽蒜秧一株。如此栽遍。如旱时常以水浇。至五月间起。每窠如拳许大。极妙。"[①]《群芳谱·蔬谱》还提倡用拔或剪蒜薹的方法，促进蒜头生长，认为："拔去薹则瓣肥大，不则瘦小。泽潞[②]种蒜，初出如剪韭，二三次愈肥美。"

（三）加工利用

大蒜的嫩苗、花茎（蒜薹）、鳞茎（蒜头）均可食用。大蒜营养丰富，并含有多种人体需要的微量元素。蒜头和蒜薹耐贮运，还可加工成各种制品，一年四季供应。明代朱权的《臞仙神隐书》卷三曾记载有晒蒜薹的方法："捡肥嫩者，不拘多少，用盐汤淖掉，晒干。用时汤浸令软，食之。与肥肉同食尤佳。"《易牙遗意》上介绍了蒜苗的收藏方法："蒜苗切寸段，一斤，盐一两，淹出臭水，略晾干，拌酱糖少许，蒸熟晒干收藏。"[③]古人认为大蒜性温，味辛。入脾胃经，能开胃健脾，消风水，破冷气，治劳疾，解温疫，消痈肿。民间多用之入药治痛。元代《王祯农书》认为大蒜是食疗的上品。

二、葱栽培史

古籍中记载的葱，包括百合科葱属的大葱（古代名汉葱或木葱）、分葱（古代称冬葱或冻葱）、胡葱（古人又名蒜葱、回回葱）和楼葱。但历代栽培的主要是大葱（*Allium fistulosum* L. var. giganteum Makino）。大葱属葱科、葱属二三年生草本植物，是我国栽培历史较久的蔬菜和重要的调味品之一。

---

① （元）无名氏：《居家必用事类全集》戊集，种菜类，种蒜法。

② 泽潞，唐代方镇名，治所在潞州，即今山西省长治市。

③ （明）周履靖编：《易牙遗意》卷上，蒜苗干。

（一）起源和分布

据初步推测，大葱可能是原产于中国新疆西部、黑龙江北部、中亚、西伯利亚和蒙古的阿尔泰葱在家养条件下演变而来。因而有人推测其起源于中国西部和俄罗斯的西伯利亚。中国的栽培历史已有2 600多年。《管子》一书中已有“齐桓公五年（公元前681）北伐山戎，出冬葱与戎菽，布之天下”的记载[①]。《礼记·内则》也有记载。成于汉代的《尹都尉书》（已佚）则有“种葱篇”。中国大葱栽培区域主要在秦岭淮河以北，以山东、河北、河南、陕西等省为主，形成许多名特产区，如山东的章丘、历城、河北的赵县、隆尧，辽宁的盖县、朝阳、陕西的华县，吉林的公主岭等。在黄河下游地区常与小麦套作，且是玉米的前茬作物。中国各地均有葱的栽培，只是栽培的种类各有不同而已。清代山东不仅有多种不同品种，而且有些品种如鸡腿葱等直到现在仍有栽培。

（二）栽培技术

《汉书·召信臣传》：“太官园种冬生葱韭菜茹，覆以屋庑，昼夜燃温火，待温气乃生。”说明葱在汉代已有温室栽培。《齐民要术·种葱第二十一》对葱的栽培技术有详细的记载：认为“收葱子，必薄布阴干，勿令浥郁。”准备葱的土地“必须春种绿豆，五月掩杀之。比至七月，耕数遍。”以绿豆为绿肥。种的时候，一亩用子四五升，并且要炒粟谷拌种之。原因是“不以谷和，下不均调，不炒谷，则草秽生。”于农历七月播种，至次年“四月始锄，锄遍乃剪，剪与地平，……良地三剪，薄地再剪，八月止。”至第三年二三月间收获。这些都是《齐民要术》记载的方法。《王祯农书》中详细介绍了大葱的栽培方法。至元代东北地区开始采用育苗移栽的方法，将葱苗种于垄沟中，用粪土培壅。清代后期，苏北地区栽培大葱，播种期为春、秋两季，但需在春

① 《齐民要术》卷第三，种葱第二十一。

社或秋社（立春或立秋后的第5个戊日）后，不可过早，过早则易抽薹。

（三）利用

葱具有丰富的营养物质，除作蔬菜和调味品外，还有药用价值。《本草纲目》已有专门论述，认为葱白性温味辛，中空入肺，有解表发汗、通阳利窍、健胃排痰、镇痛抗菌的功效。此外，一般医书还认为葱有通乳、解毒、利尿、治便秘及强壮身体的作用。

三、姜栽培史

姜（*Zingiber officinale* Rosc.），又称生姜、黄姜，为姜科姜属植物，多年生草本宿根植物，但多作一年生栽培，其食用部分为肉质根茎。姜主要分布亚洲和非洲的热带、亚热带地区，以中国、印度、日本、牙买加、尼日利亚、塞拉利昂等为主要产姜国家，欧美栽培较少。

（一）起源和分布

关于姜的起源，存在三种不同的学说或推论，即苏联瓦维洛夫20世纪20年代提出的东南亚起源说、李璠（1984）提出的中国云贵及西部高原地区起源说和吴德邻（1985）提出的长江、黄河流域起源说。经近年的进一步研究，一般认为姜的起源范围应在亚洲的热带、亚热带地区，很可能起源于中国的长江流域和云贵高原。因为从历史文献上看，《论语·乡党》中有“食不厌精，脍不厌细，……不撤姜食，不多食”的记载。《管子·地员篇》则有“群药安生，姜与桔梗、小辛、大蒙”的记载。表明春秋战国时代姜已成为经常食用和药用的农产品了。从出土文物上考证，从湖北江陵战国墓葬和湖南长沙马王堆汉初墓葬中都出现了完整的土姜块，说明战国时代人们已把姜作为陪葬品。西汉的《史记·货殖列传》说：“千畦姜韭，其人与千户侯等”、“江南出姜桂”、“蜀亦沃野，地饶姜。”《别录》也说：“姜生犍为（四川）

山谷及荆州、扬州。”[①] 说明当年的长江流域和四川等地已有较大面积的栽培。唐代扬州广陵郡（今苏州江都）、杭州余杭郡（今浙江余杭县）、台州临海郡（今浙江临海）出产的姜的加工品，如蜜姜、干姜等都是著名的贡品。长江以北地区古代较少姜的栽培。直至清代以后陕西、河南、山东等省的某些地方，才逐步发展姜的栽培。清代，由于商品经济的发展，逐步形成了不少姜的商品性生产基地，如湖南攸县、江西于都、浙江嘉兴、河南鲁山等。到了现代，中国除东北、西北寒冷地区以外，几乎全国各地都有种植，南方以广东、四川、浙江、安徽、湖南等省种植较多，而北方则以山东省种植面积最大。

（二）栽培技术

汉代崔寔《四民月令》已有关于姜的栽培技术的记载：认为三月清明“节后十日封生姜[②]。至立夏后芽出，可种之。”“九月藏茈姜（即子姜、紫姜）、蘘荷。”记载了姜的催芽、下种和收藏的节令。北魏《齐民要术·种姜第二十七》对姜地的选择、施肥、耕耙、下种方法、株行距、姜苗保护等均有论述。认为：“姜宜白沙地。”耕“不厌熟，纵横七遍尤善。”三月种姜的时候要“寻垄下姜，一尺一科，令上土厚三寸。”“六月作苇屋覆之”，至“九月，掘出，置屋中。”[③] 关于种姜的收藏，古代南方多于小雪前收姜时，将种姜稍经日晒，即置于室内的熏姜阁上，用微火熏之，至次年清明停火，谷雨后取出栽种。明代刘基《多能鄙事》卷三则说：“生姜与大蒜俱晒，今断温[④]，同器收之，姜、蒜俱可芽，可久留。”浙江嘉兴一带则将采收的种姜先行窖藏，次年春分才取出熏烘。关于姜田遮荫方面，古代也创造了多种方法，

① 据《本草图经》引。

② 封生姜，即对种姜进行催芽处理。有的将晒过的种姜封在缸内催芽，有的采用“炕姜”的方法催芽。

③ 苇屋，用苇箔覆盖的阴棚。因为姜忌强光直射，所以要搭棚遮荫。

④ 断温，即晒后待冷，令热气散尽。

有的用苇叶搭棚遮荫，有的扦插带叶的树枝，有的则采用姜与芋或烟草等间作，借烟叶或芋叶遮荫。正如《农桑衣食撮要·三月》所说：种姜后要于“六月棚盖。或插芦敝日，东西为坑，坑口种芋头，以遮日色。”关于栽姜后的施肥管理技术，明代的《群芳谱》作了详细记载：认为栽后要“盖土三寸，覆以蚕沙，无则用熟粪、鸡粪尤妙。芽出后，有草即耘，渐渐以土盖之。已后垅中却令高，不得去土，为芽向上长也。芽长后，从旁揠去老姜，耘锄不厌数。”收姜的时间，《物类相感志·蔬菜》认为：“社前[①]收无筋，秋分后次之，霜后则老矣。”主张秋社前收姜最好。

（三）收藏和利用

姜具有辛辣风味，营养丰富，是人们喜爱的调味品和蔬菜，也是药用工业和食品工业的加工原料。据古籍记载，它性温味辛，具有解毒、散寒、温胃、发汗、止咳、止呕、祛风等功能。正如《群芳谱·蔬谱》所说：“气味辛，微温，无毒。通神明，辟邪气，益脾胃，散风寒，除壮热。治胀滞，去胸中臭气，解菌蕈诸毒。生用发热，熟用和中。留皮则凉，去皮则热。”说明它在我国传统医学上是具有多种用途的物品。古人还发明了多种姜制品的制作方法，明代《便民图纂》卷十四记载了造脆姜、糟姜、醋姜的方法。《广群芳谱》卷十三认为“生熟醋酱糟盐蜜煎皆宜”。并记载了制造伏月姜、蜜煎姜、脆姜、法制姜、醋姜、糟姜、五味姜等多种制造姜制品的方法。到了现代，姜还可加工成姜干、姜粉、姜汁、糖姜片、姜油、姜醋、酱渍姜等多种食品，其中不少产品还大量销往日本、美国和东南亚，在国际市场上享有盛誉。

四、葵栽培史

葵是锦葵科的冬葵（*Malva verticillata* L.），今名冬寒菜，

---

① 社前，即社日以前，“社日”有春社、秋社之分，各在立春、或立秋后第五个戊日。这里指秋社以前。

又名葵菜、滑菜。是我国古代大部分地区栽培的主要叶菜。

(一) 起源和衰落

葵原产中国，《诗经·豳风·七月》中已有“七月烹葵及菽”之句。汉代《尹都尉书》中已有《种葵》篇。湖南长沙马王堆一号汉墓出土的随葬品中发现有葵的种子。《仪礼·少牢馈食》中有“韭菹在南，葵菹在北”的记载，说明它和韭菜并用于祭祀，同样具有悠久的栽培和利用的历史。后魏贾思勰的《齐民要术》把葵列为蔬菜的第一篇，并对其栽培方法作了详细的叙述，说明当时对葵的栽培是相当重视的。直到元代的《王祯农书》还认为葵是“百菜之主”。但到了明代，由于白菜类的迅速发展，和葵本身存在的一些缺陷①，葵在蔬菜中的地位江河日下，李时珍《本草纲目》说它：“古人种为常食，今种之者颇鲜。”又说：“今人不复食之，亦无种者。”事实上明代中叶以后，葵已渐渐鲜为人知了。只在福建、江西、湖南和四川的某些地方仍有种植，有些地方至今仍有栽培，但有些地方已把它改称为冬苋菜、葵菜或滑菜。以至今人对它已感到陌生，现代蔬菜专书中也鲜有提及了。

冬葵［图片来源：(清) 吴其濬著：《植物名实图考》卷三，蔬类，商务印书馆，1957 年，第 46 页］

(二) 栽培技术

东汉《四民月令》记载：正月可种“芥、葵”，又六月“六

---

① 如明代《群芳谱》便曾说它“性太滑利，不益人。热食全人热闷。三月食生葵，动风气，发宿疾，饮食不消。四月食之，发风疾”等。

日，可种葵”，“中伏后，可种冬葵。”① 说明当时已采取分期播种，以便长年有葵可食的方法栽培葵菜。至南北朝时《齐民要术》对葵的栽培技术作了详细的记载。说明当时已培育出葵的不同品种，并且根据不同的栽培目的选用不同的品种，分别在春季、农历五月初、六月一日和十月末分期播种。并根据不同的播种时间和不同的栽培目的，采用不同的播种方式。认为：“早种者，必秋耕。十月末，地将冻，散子劳之，人足践踏之乃佳。地释即生，锄不厌数。”这是比较粗放的大田生产方式。但如果这时不播种，“正月末散子亦得”。但由于春旱多风，所以必需“畦种水浇”。而且还要“深掘，以熟粪对半和土覆其上，令厚一寸，铁齿杷耧之，令熟，足踏使坚平；下水，令徹泽。水尽，下葵子，又以熟粪和土覆其上，令厚一寸余。葵生三叶，然后浇之。”这是精耕细作的种葵方式，但这种方式费工费肥多，只能少量栽培以供鲜食。书中还记载：“三掐更种，一岁之中，凡得三辈。”② 即在同一块田中，一年内连种三次。其后至元代，葵始终是黄河中下游一带的主要叶菜。《王祯农书》说：“春宜畦种，冬宜撒种，然夏秋皆可种也。”③

（三）收藏利用

葵除鲜食外，还可作葵菹。东汉崔寔曾说：“九月作葵菹。其岁温，即待十月。”《食经》种记有作葵菹法：“择燥葵五斛，盐二斗，水五斗，大麦干饭四斗。合濑④：案葵一行，盐、饭一行，清水浇满。七日黄，便成矣。”《齐民要术》认为：“世人作葵菹不好，皆由葵太脆故也。葵，社前三十日种之。使葵至藏，皆欲生花乃佳耳。葵经十朝苦霜，乃采之。秫米为饭，令冷。取

---

① 《四民月令》正月、六月。

② 《齐民要术》卷第三，种葵第十七。

③ 《王祯农书》百谷谱集之四，蔬属，葵。

④ 濑，原为从沙石上流过的浅水。《说文·水部》：“濑，水流沙上也。”这里指将清水浇灌于葵、盐、麦饭之上。

葵著甕中，以向饭沃之[①]。欲令色黄，煮小麦时时糊[②]之。”[③] 葵除可作“葵菹”外，还可晒干食用。其子能治病，其叶可染纸。汉代崔寔已言“九月作葵菹、干葵”。元代王祯说：它在“供食之余，可为菹腊……子若根则能疗疾。”[④]《群芳谱》认为：葵可以“多种以防荒年，采瀹晒干收贮。”

五、芥菜栽培史

芥菜［*Brassica juncea*（L.）Czern et Coss.］属于十字花科芸薹属芥菜种，由墨芥与芸薹天然杂交后自然加倍形成的双二倍体进化而来，主要有根芥、茎芥、叶芥、薹芥四大类。

（一）起源和分布

芥菜的起源有多种说法，归纳起来有下列四种观点：①起源于中东或地中海沿岸；②起源于非洲北部和中部；③起源于中亚细亚；④起源于中国。中国是芥菜的起源地之一是肯定无疑的。理由是：第一，1954 年在西安半坡遗址的发掘中出土了距今6 000多年前的炭化菜种，经鉴定，确认为属于芥菜或白菜一类种子。同时在长沙马王堆一号汉墓出土的竹简中也记有芥菜之名，并有芥菜种子出土。第二，文献记载方面，《诗经·谷风》中已有“采葑采菲，物以下体”之句。据诠释，葑即为芸薹、芜菁、芥菜一类蔬菜。说明早在 2 500 年前中国黄河流域已有芥菜栽培。《孟子》书中也有“君之视臣如草芥”的说法，说明当时齐鲁大地的芥菜已同小草一样普遍无奇。第三，1988 年，陈材林等曾对西北地区的野生芥菜进行了调查，发现在新疆的特克斯、新源、霍城、阜康，青海的湟中、西宁以及甘肃的酒泉等地，均有被当

① 沃之的沃，费解。疑为“投”字之误。

② 糊，《集韵·入声·十二曷》：“糁也。”即时时向甕中的葵菜撒上些煮熟的小麦。

③ 《齐民要术》卷第九，作菹、藏生菜法第八十八。

④ 《王祯农书》百谷谱集之四，蔬属，葵。

地人称为野油菜或野芥菜的分布。既有野生类型的黑芥和芸薹的分布，又有黑芥和芸薹天然杂交后形成的双倍体野生芥菜的存在，说明我国西北地区应是芥菜的起源地之一。

芥菜［图片来源：（清）吴其濬著：《植物名实图考》卷三，蔬类，商务印书馆，1957年，第70页］

芥菜分布很广，南起岭南，北达黑龙江，东自沿海，西至新疆都有栽培。尤以长江以南各省栽培较多，特别是四川省，清代后期一些地方的产品曾沿长江运销各地。不同类型的芥菜，分布的重点地区也不相同。叶芥和油用芥菜在我国分布最广，根芥在西南地区和北方均有大面积栽培，结球芥主要在广东东部的沿海地区和台湾省栽培。茎瘤芥主要在重庆、四川和浙江省栽培，儿芥和笋子芥主要在四川和重庆栽培。

（二）栽培技术

芥菜的播种期，后汉时黄河中下游地区为农历正月和七、八月。《齐民要术》指出："蜀芥、芸薹取叶者，皆七月半种。"又指出："收子者，皆二、三月好雨泽时种。"并说明其原因是因为收子者"性不耐寒，经冬则死，故须春种。"遇上天旱则要"畦种水浇"。[①] 这是芥菜在北方的播种时间。江南一带播种期则在农历七月中旬至八月中旬，华南则在农历八、九月。元代以前芥菜栽培均用直播方法，间中也有一些特殊措施，如宋代温革《分

① 《齐民要术》卷第三，种蜀芥、芸薹、芥子第二十三。

门琐碎录·种艺》便曾记载说："治园，令土极细，以硫黄调水泼之，撒芥子其上，经宿已生一两小叶矣。"介绍了用硫黄水催促芥子快速发芽生长的方法。元代《王祯农书》首次提到江苏栽培芥菜均用育苗移栽法。并指："厚加培壅，草即锄之，旱即灌之。"广东也采用育苗移栽法，只有根用芥菜继续采用直播法。古代栽培芥菜比较重视施肥，芥菜地要求"粪熟"，生长期间还要施用追肥。但在田间管理方面，元代以前比较粗放，正如《要术》所说："既生，亦不锄之。"元代开始比较重视管理，主张及时中耕锄草、浇水。广东人种芥菜，有每天清晨淋水的习惯。据说芥菜最忌雾水，清晨淋水的目的是要涤去夜晚留下的"雾水"。清代后期，广东的某些地方常于桑园里间作一季根芥菜，即于农历九月间采桑毕，在桑树行间锄松桑土，播种大头菜，再施肥。至次年二月间桑叶萌动时采收。

（三）加工利用

芥菜是十字花科作物中，变异类型最多的一种蔬菜作物。有些类型只适合加工后食用，如根芥；有些类型既可鲜食，也可加工后食用，如茎芥、叶芥和薹芥等。明代后期曾名噪一时的上海顾氏露香园糟蔬，就是以银丝芥为原料加工而成的。清代《广群芳谱》卷十四曾记载了菜脯盐齑①、乾齑菜、研芥子等多种芥菜加工品的制作方法。发展到现代，芥菜的著名加工品相当多，如重庆、四川、浙江的榨菜，潮汕酸咸菜，连城、绍兴、吴海霉干菜，独山咸酸菜，福州糟菜，南充冬菜，永定菜干，长沙渥排菜，宜宾芽菜，福州、嘉兴、吴江、内江、老卤、毕节、襄樊、云南无水大头菜，津市凤尾菜和等，在国内已久负盛名，在国际上也享有盛誉。芥菜还可加工成菜汁以供饮用。如《王祯农书·百谷谱集之四》记载：芥菜"可捣取汁，以供庖馔，尤香烈可爱，足以解沉酣，消烦滞，亦蔬茹中之介然者。"《易牙遗意》亦

① 齑，用醋、酱拌和，切成碎末的菜或肉。

说："芥菜肥者不犯水，晒至六七分干，去叶。每斤，盐四两，淹一宿，取出。每茎扎成小把，宜小瓶中倒沥尽其水，并前淹出水同煎，取清汁，待冷，入瓶封固，夏月食。"① 用途比较广泛。

六、白菜栽培史

白菜属十字花科芸薹属芸薹（或白菜种）蔬菜，古名菘，原产我国，已有2 000多年栽培历史。其中又有大白菜（又称黄芽菜、结球白菜、包心白菜）（*Brassica rapa* L.）和小白菜（又称青菜、油菜、普通白菜）［*Brassica campestris* ssp. *chinensis* (L.) Makino var. *communis* Tesn et Lee］之分。

（一）小白菜

1. 起源和传播 一般认为葑菜是大白菜、小白菜和芜菁（蔓菁）的共同祖先。《诗经》中的"邶风"、"鄘风"和"唐风"均提到葑菜②，说明早在2 000多年前，今河南、河北、山东和山西等地方已普遍栽培葑菜。葑菜在南方湿润的环境下，经过长期的自然和人工选择，逐步进化成为叶菜类的菘菜。菘菜在三国时期的《吴录》中已有记载，《齐民要术》也有"种菘、芦菔法"，到唐代的《新修本草》则记载有牛肚菘、紫菘和白菘三种类型。到南宋时已培育了多种类型与品种，如耐寒性强的塌地菘，蔬油兼用的薹心，耐高温的夏菘等。

在黄河中下游一带，在南北朝时曾有少量栽培，但难于露地越冬。元代曾在大都（今北京）栽培白菜，但仍不稳固。到15世纪下半叶，北京才盛栽不结球白菜。此后，不结球白菜在北方迅速发展，清代山东还培育出"根、叶皆可食"的薹菜。

白菜本自长江下游太湖地区发展起来，到明清时期，太湖地

---

① （明）周履靖编：《易牙遗意》卷上，藏芥菜法。

② 先秦时期，芜菁、芥菜、白菜之类的十字花科蔬菜往往被统称为"葑"、"菲"，后来才分化为不同种类的蔬菜。

区培育出不结球白菜的类型和品种更多，如乌菘菜、瓢儿菜、矮青、塌科菜、箭杆菜、长梗白、矮脚白等，有些至今仍在栽培。

太湖以外的其他南方地区，明代以前基本上处于引种试种阶段，如晋代嵇含《南方草木状》便说："芜菁，岭峤以南俱无之。"

南宋时期培育成功的薹心菜，是蔬油兼用的作物。明清时期有些地方于夏初收籽榨油，名"油菜"（如太湖地区）。有的地方（如两广）则以花茎入蔬，不采籽榨油，后来薹心菜的名称也改为菜心。"菜心"一名始见于道光二十一年（1841）的《新会县志》。现在菜心已成为华南的主要栽培蔬菜之一，可以周年栽培。

南宋时在苏州一带培育成功的塌地型白菜，明中叶以后传到皖东，称为"乌青菜"。由于它性较耐寒，在江淮间可以露地越冬栽培，所以栽培越来越多，发展到现代，乌青菜已成为安徽省江淮间的当家蔬菜。

2. 加工利用　小白菜性平味甘，可通利肠胃，解热除烦，下气消食，具有一定的保健功效。除日常煮食外，古人还常对其进行加工贮藏。如元代《农桑衣食撮要·十月》所载"醃醎菜"法："白菜削去根及黄老叶，洗净控干，每菜十斤，盐十两，用甘草数茎，放在洁净瓮盛。将盐撒入菜丫内，排顿瓮中，入莳萝[①]少许，以手实捺至半瓮，再入甘草数茎，候满瓮，用砖石压定。醃三日后，将菜倒过，拗出卤水，于干净器内另放。忌生水，却将卤水浇菜内。候七日，依前法再倒，用新汲水渰浸，仍用砖石压之。其菜味美香脆。"明代《群芳谱》则载有"糟菜法"、"醃菜法"、"黑醃齑白菜"等多种加工方法。

（二）大白菜

1. 起源和传播　大白菜又名结球白菜、黄芽菜、包心白菜，

① 莳萝，伞形科多年生草本植物，又名小茴香。果实有健脾、开胃、消食作用。

属于十字花科芸薹属、芸薹种大白菜亚种。主要以叶球供食，是中国特产蔬菜，也是东亚最重要的蔬菜作物之一。它的祖先和小白菜一样，同样是葑菜。唐代苏敬等著的《新修本草》中所说的“牛肚菘”，叶片大而皱，与大白菜的叶片极相似，被公为大白菜的原始种。宋代吴自牧《梦粱录》和《咸淳临安志》做载的“黄芽菜”，虽然还不是叶球而只是心芽，但已向真正的“黄芽菜”前进了一步。

明代文献，如《学圃杂疏》、《群芳谱》、《养余月令》等所载的黄芽菜，大都是指在防寒措施下的产品，仍不是真正的结球大白菜。直至清代顺治十六年（1659）出版的河南《胙城县志》才首次记载了自然生产的黄芽菜“黄芽白”。17 世纪 60 年代，河北安肃县生产的黄芽菜，品质优良，用作贡菜，因而“安肃白菜”成了北方自然生产的黄芽菜的代名词。

康熙年间北产黄芽菜在河南、河北、山东等地发展起来，然后迅速向全国各地发展，到清代后期，除西藏、新疆等少数地区外，全国各省区，包括台湾省的地方志中均有记载。以至逐渐取代不结球白菜的地位，发展成为当家菜种。

18 世纪中叶，华北出产的结球白菜，常经京杭大运河销往江浙一带。后来山东的产品也从海路运往上海、广州等沿海城市，“胶州白菜”也因此而驰名海内外。

2. 品种和利用　到清代后期，南北各地相继出现了不少优良品种，有些品种如核桃纹、青麻叶、皇京白等至今仍有栽培。发展到现代，各地都培育出不少优良品种，如北京的翻心白、抱头白、拧心白、抱头青，上海的小白口，天津的青麻叶，河北的徐水核桃纹，山东的福山包头、胶州白菜，山西的大毛边，郑州的二包头等都具有适应性强、产量高、品质好、耐贮藏等优点。

大白菜除作蔬菜食用外，还具有很好的药用价值。可解热除烦，利肠胃、通小便，有补中消食，清肺热止痰咳，除瘴气等作用。

七、结球甘蓝栽培史

结球甘蓝（*Brassica oleracea* L. var. *capitata* L.）是十字花科芸薹属甘蓝种中能形成叶球的二年生草本植物。有包菜、洋白菜、卷心菜、莲花白、俄罗斯菘、椰株菜等别名。是从国外引进的重要蔬菜之一。

（一）起源和传播

结球甘蓝起源于地中海至北海沿岸，是由不结球的野生甘蓝演化而来。据说早在4 000多年前，古罗马和古希腊人便已开始利用野生甘蓝。后在欧洲经长期的人工栽培和选择，逐渐演化出结球甘蓝、花椰菜、青花菜等甘蓝类蔬菜的各类变种。

结球甘蓝在明代以后通过多条路线传入我国①。其一是16世纪从东南亚传入云南。嘉靖《大理府志》已有关于“莲花菜”的记载。其二是从俄罗斯传入黑龙江和新疆，康熙年间出版的《小方壶斋舆地丛钞·北激方物考》中已有关于“老枪菜，即俄罗斯菘也，……割球烹之，似安肃冬菘”的记载。同一时期的《钦定皇朝通考》也说：“俄罗斯菘，一名老枪菜，抽薹如莴苣，高二尺许，略似安菘。”其三是从海路传入东南沿海地区，1690年出版的《台湾府志》已有关于“番甘蓝”的记载。结球甘蓝传入我国后，最初仅于西北和西南的个别府县栽培，19世纪上半叶，已成为山西省“汾（临汾）沁（沁源）之间菜之美者”。20世纪才遍及全国各地。据《中国农业统计资料》统计，2005年全国有31个省区栽培，其中以广东省播种面积最大，其次为河北省，再次为湖北、湖南、福建、山东、河南、四川等省。

（二）栽培技术及用途

历史上常常把甘蓝是否能形成叶球，以及球是否充实作为成

① 关于甘蓝在我国的栽培历史，我国学者仍有不同见解。梁松涛认为“甘蓝在我国的栽培历史已有两千年左右。”见《农业考古》1991年第1期。

败的关键。直到21世纪初出版的农书中，仍认为应损伤幼苗的主根，促进根须发达，以利结球。定植时还要剔除日后不能包心的劣质苗。并指出劣质苗的特点是幼苗生长特别高大、色泽特殊、叶形过大、叶柄过长、叶心生长不良或异常。四川省采用育苗移栽的方法，其管理特点是“开盘”后施1次重粪，并进行培土，以促进包心。开始包心后，遇天旱要每天浇水，使叶球生长充实。在采收前，应该停止灌溉，以免叶球破裂。

结球甘蓝可炒食、煮食、凉拌，还可加工腌渍或指干菜。由于其营养丰富，除日常蔬食外，还有较好的和胃健脾以及防癌、抗癌作用。

八、萝卜栽培史

萝卜（*Raphanus sativus* L.），古代又名菲、葵、芦菔、雹葖、温菘、拉遂、莱菔、紫花菘，唐代才开始采用“萝卜”之名。是十字花科萝卜属的二年生草本植物，以肉质根为产品器官。

（一）起源和分布

关于萝卜的起源问题，学者仍有不同意见。有的认为萝卜起源于西亚细亚（德·康道尔），有的认为起源于中亚细亚中心和中国中心（瓦维洛夫和达林顿），还有人认为萝卜的原始种起源于欧、亚温暖海岸的野萝卜。但有一点是可以肯定的，即中国的栽培萝卜，起源于中国。起源于何时，史无明文。但《诗经》中已有关于“菲”的诗句，“菲”即萝卜。足见其已有悠久的栽培历史。但早期的萝卜，其重要性远不如芜菁，直到唐代，其地位才逐步上升。到宋代，南北各地都有栽培，正如苏颂《图经本草》所说：“莱菔南北皆通有之，……北土种之尤多。”[①] 南宋时浙江吴兴所产的萝卜品种特佳，成为贡品。明清时期，栽培更盛。浙江龙游，江西瑞金，湖北武昌、黄岗、大冶，四川嘉定、

① （宋）苏颂：《图经本草》菜部第十七，芜菁，莱菔附。

仁寿，山西绛县，广东惠州、大埔等都曾生产优质的萝卜。清代后期山东潍县的青萝卜更是远近闻名。到了近代，我国各地都有萝卜分布，萝卜已成为我国露地栽培的主要蔬菜。除中国外，世界各地均有栽培，但欧美国家主要栽培四季萝卜，亚洲，尤其是中国、日本、韩国、朝鲜等东亚国家，则主要栽培大型萝卜。

（二）种类和栽培技术

按萝卜的颜色分类，古代主要有红色和白色两种。绿萝卜出现较晚，明代纂修的《顺天府志》（1593）才开始著录其根大部分为绿色的萝卜。皮绿肉红的萝卜，迟至民国间才在北方个别地方志中提及。若按播种期和萝卜大小分类，又可分为秋种冬收的大型萝卜和春种或夏种的生长期短的小型萝卜，小萝卜在北方又称水萝卜。正如《农政全书》引苏颂曰："有大小二种，大者肉坚宜蒸食，小者白脆。河朔有极大者，信阳有重过二三十斤者，一时种莳之力也。"①

清代以前虽然史籍中常有关于萝卜优良品质的记载，但一般都没有专门的名称。清代后期出版的方志中才开始著录萝卜的品种名称，如广东的春不老萝卜、耙齿萝卜，浙江的象牙萝卜，甘肃的大花缨、小花缨、天鹅蛋和珍珠萝卜等。

关于萝卜的栽培技术，《齐民要术》、《四时纂要》、《王祯农书》、《种树书》、《群芳谱》等古农书均有介绍，宋元时期，生长期短的春种或初夏种的萝卜栽培技术已较普及，并且种植技术也十分完善，其中尤以《王祯农书》说得详细而深入："每子一升，可种二十畦。畦可长一丈二尺，阔四尺。择地宜生，耕地宜熟。地生则不蠹，耕熟则草少。凡种，先用熟粪匀布畦内，仍用火粪和子令匀，撒种之。俟苗出成叶，视稀稠去留之，其去之者亦可供食。以疏为良，疏则根大而美，密则反是。尺地约可二三窠，厚加培壅，其利自倍。欲收种子，宜用九、十月收者，择其良，

---

① 《农政全书》卷二七，树艺，蓏部，萝卜。

去须，带叶移栽之。浇灌得所，至春二月收子，可备时种。宿根在地不移种者为斜子，种之，瘠而不肥。”① 这段文字，把萝卜的栽培技术，包括留种、选地、播种、施肥和管理都谈到了。明清时期就发明了将萝卜与大田作物轮作的方法。如江南地区在稻麦轮作的基础上，常于水稻收割后栽种一季萝卜，待萝卜收获后再播种小麦，以增加一季萝卜的收获。浙江桐乡则采用与麻轮作的方式进行栽培，即春季种麻，收麻后于大暑节耕地，立秋播种萝卜。据说两季的收益可与经营桑园相比美。

宋代的《物类相感志》还载有萝卜的特殊育种方法，说："以宣州大水梨，切去心，留顶作盖，如瓮子状。以萝卜子实之，以顶盖之，使埋于地，候梨干或烂，取出萝卜子分种之，则实如梨圆，且有梨味。”② 是否可行，似乎也值得一试。

（三）加工和利用

萝卜营养丰富，食用方法多样，除日常的蔬食外，还可腌渍、制干。古代有关萝卜的加工方法较多，光《群芳谱》一书，便载有“香萝卜”、“萝卜虀”、“萝卜干”和“水淹萝卜”等多种方法。其他古籍也多有记载，如《便民图纂》便载有“香萝卜”的制作方法："切作鹘子块，盐醃一宿，晒干。姜丝、橘丝、莳萝、茴香，拌匀煎滚，常醋泼，用磁器盛，曝干收贮。”③

萝卜还含有“莱服子素”等杀菌物质，是传统的中药材和保健食品。唐代苏恭《唐本草》说："根辛甘，叶辛苦，温无毒，散服及泡煮服食，大下气，消谷和中。”中医常用其根、叶、采种后的种根（地骷髅）、尤其是种子（莱服子）作药材，有祛痰、消积、利尿、止泻等功效。近代医学研究还证明，常食萝卜具有一定的防癌作用。

---

① 《王祯农书》百谷谱集之三，蓏属，萝卜。

② （宋）苏轼：《物类相感志》蔬菜。

③ 《便民图纂》卷第十五，香萝葡。

关于萝卜的收藏保留，清代《广群芳谱》转引《清异录》说："郑居易计部，言其家自先世多留带茎萝卜，悬之簷下，有至十余年者。每至夏秋，有病痢者，煮水服之即止，愈久者愈妙。"明代成书的《墨娥小录》卷八记载了南方冬藏萝卜的方法："以萝卜锄起，去叶，止留寸许，颠倒种土中。直至过年永不空心。"[①] 明代戴羲著的《养余月令》卷二十则记载说："是月（农历十二月），收萝卜于窖中，做架倒悬着，盖却窖口，随用随取，直至明夏，心不坏。"[②] 这大概是指北方地区，萝卜藏于窖中，可避霜雪。

九、甜瓜栽培史

甜瓜（*Cucumis melo* L.）属葫芦科黄瓜属甜瓜种，中国有厚皮甜瓜（又称哈密瓜、白兰瓜、洋香瓜）和薄片甜瓜（又称香瓜、梨瓜、东方甜瓜）两个亚种。甜瓜既可作蔬菜，又可作水果，其营养价值，名列世界十大著名水果第二位。

（一）起源和分布

甜瓜的起源有多种说法，一种认为非洲是甜瓜的初生起源中心（瑞士学者德·康道尔和美国学者小科克布莱德）。有的认为栽培甜瓜独立地发生在东南亚、印度和东亚（苏联玛里尼娜和联合国粮农组织专家埃斯基纳斯—阿尔卡萨）。中国学者吴明珠等认为甜瓜的次生起源中心在印度。其下又可分为3个派生的次生起源中心（即东亚、西亚和中亚次生起源中心）。按照他们的分析，中国东部沿海地区是薄皮甜瓜的起源地之一，中国新疆是大果型甜瓜、冬甜瓜的起源地之一。

中国栽培甜瓜历史悠久，新石器时代遗址，如杭州良渚、浙江吴兴钱山漾、江苏吴江龙南等都有薄皮甜瓜子出土，说明甜瓜

---

① 《广群芳谱》卷一六，蔬谱四。

② （明）戴羲辑：《养余月令》卷二十，十二月，收采。同卷"艺种"载："是月（十二月）取萝蔔根，四破，劈一尺一科，厚上粪，旱即浇之，苗春肥，茎如拇指大。"

栽培已有 4 000 多年历史。

我国的厚皮甜瓜主要分布在新疆、甘肃和内蒙古等西北干旱地区。早在公元 3—4 世纪我国的新疆便盛产厚皮甜瓜。1959 年，考古工作者曾在新疆吐鲁番高昌故城附近的阿斯塔那古墓群中的一座晋墓中挖掘出半个干缩的甜瓜。同年又在南疆巴楚县脱库孜沙米附近挖掘出一座南北朝的 A 墓，内有 11 粒厚皮甜瓜子壳。文献记载方面，《梁书·西域传》中载：于阗国（今和阗）"其治曰西山城，有屋室市井，果蓏、蔬菜与中国等。"说明新疆地区早在公元 3 世纪以前，应已经盛产厚皮甜瓜。

在中国的甜瓜生产中，厚、薄皮甜瓜的种植面积大概各占一半，其区域划分界线，在古代东北起黑龙江省黑河地区，西南止于云南省的腾冲县，斜线以西，主产厚皮甜瓜，以东主产薄皮甜瓜。但近代以来，由于栽培设施的迅速发展，保护地甜瓜栽培蓬勃兴起，山东、河北、上海等地的集约化栽培迅速发展，甚至南方热带、亚热带地区，如海南、云南、四川、台湾等地，亦已有多年的种植历史。

甜瓜［图片来源：（清）吴其濬著：《植物名实图考》卷三十，果类，商务印书馆，1957 年，第 725 页］

（二）品种和栽培技术

中国甜瓜品种繁多，晋代《广志》中已记载当时栽培的乌瓜、缣瓜、狸头瓜等 10 多个品种名称①。发展至元代《王祯农书》中除列有胡瓜、越瓜等菜瓜外，还载有众多果瓜品类："以

① 《齐民要术》卷第二种瓜第十四转引。

状得名者，则有龙肝、虎掌、兔头、狸首、蜜筒之称；以色得名者，则有乌瓜、黄㼖、白㼖、小青、大斑之别。”① 到明代李时珍的《本草纲目》还记载说，当时除按瓜形和瓜皮色泽给品种命名外，还按瓜面有棱或无棱，瓜瓤或红或白，瓜籽或黄、或赤，或白、或黑等因素给品种命名。2003 年出版的张振贤主编的《蔬菜栽培学》则将其品种资源分为观赏甜瓜、普通甜瓜、越瓜、菜瓜、网纹甜瓜、粗皮甜瓜和哈密瓜。

中国种植甜瓜的历史悠久，积累了许多丰富的经验，汉代的《尹都尉书》中已有“种瓜篇”，可惜早已失传。同时期的《氾胜之书》载有关中干旱地区采用瓦瓮蓄水渗灌的“区种甜瓜法”，取得亩收万钱的好收成。到后魏时期的《齐民要术》则详细记载了黄河中下游栽培甜瓜的方法，其主要措施有：①重视选种。其一是：“常岁岁先取‘本母子瓜’（即最先结的瓜），截去两头，止取中央子。”古人认为以这样的瓜做种子，子代结瓜早。其二是食瓜时将美味瓜的种子收取作种子。②选择肥沃的田块种植：“良田，小豆底佳，黍底次之。”③选择适当的播种期：“二月上旬种者为上时，三月上旬为中时，四月上旬为下时。五月、六月上旬，可种藏瓜（可藏于香酱中之瓜）。”④播种时用大豆为瓜起土。即播种时在每粒瓜旁点播一粒大豆，待瓜生数叶，再掐去豆。为什么要这样做？其在小字注中解释得很清楚：“瓜性弱，苗不独生，故须大豆为之起土。瓜生不去豆，则豆反扇瓜，不得滋茂。但豆断汁出，更成良润，勿拔之。拔之则土虚燥也。”⑤促使瓜蔓多生“歧”（子蔓、孙蔓）。当时已了解甜瓜的雌花多生在“歧”上，不是歧上生的花都是雄花（浪化）。但当时还不了解通过摘心可以促使生歧，而是采取高留前作谷茬或加插干柴的方法，使瓜蔓攀援在谷茬或干柴上面，可使多生歧，多结瓜。⑥注意勤锄、除草、保墒。主张：“瓜生，比至初花，必须三四遍

① 《王祯农书》百谷谱集之三，蓏属，甜瓜。

熟锄，勿令有草生。”⑦注意防虫除蚁。主张：“旦起，露未解，以杖举瓜蔓，散灰于根下。后一二日，复以土培其根，则迥无虫矣。”又说：“有蚁者，以牛羊骨带髓者，置瓜科左右，待蚁附，将弃之，弃二三，则无蚁矣。”① 综上所述，《齐民要术》已把我国古代传统的甜瓜生产技术作了全面的总结。直到元代农书才提到“候掩秧时”进行摘心，摘心的目的，当然是为了促进多生子蔓和孙蔓了。

（三）用途

甜瓜自古以来都是蔬果兼用，正如《王祯农书》所说：“其用有二：供果为果瓜，供菜为菜瓜。”又说：胡瓜、越瓜“生熟皆可食，烹饪随宜，实夏秋之嘉蔬也。或以酱藏为豉，盐渍为霜瓜，则又兼蔬蓏之用矣。”② 厚皮甜瓜亦可曝为果干供食。甜瓜除作食用外，还有药用价值，特别是瓜蒂，自古入药，《神农本草经》把它列为上品药，具有除湿热的功效。《群芳谱》则提醒人们：“勿用白瓜蒂，要取青绿色团而短青良，……採得系屋东有风处，吹干用。”此外，瓜子仁可供榨油或炒瓜子食用。李时珍《本草纲目》认为甜瓜籽仁具有“清肺润肠，和中止喝”的功效。2003 年出版的张振贤主编的《蔬菜栽培学》，也认为：“甜瓜果肉性寒，具有止渴解暑、除烦热、利尿之功效，对肾病、胃病、贫血病有辅助疗效。”

十、西瓜栽培史

西瓜［*Citrullus lanatus*（Thunb.）Matsum et Nakai］为葫芦科西瓜属一年生蔓性草本植物。因相传其从西域传入中原内地，故名“西瓜”。别名水瓜、寒瓜、月明瓜。是夏季的主要消暑水果，名列世界十大水果之一。

---

① 《齐民要术》卷第二，种瓜第十四。
② 《王祯农书》百谷谱集之三，蓏属，甜瓜。

(一) 起源与分布

关于西瓜的起源：在我国学术界有多种说法。有的认为西瓜是多源产物，中国应是世界西瓜原产地之一。其主要依据是浙江水田畈新石器时代遗址下层发掘出西瓜种子，广西贵县罗泊湾西汉初期古墓中也发掘出西瓜种子等。而且五代时期的陶弘景也说："盖五代之先，瓜种已入浙东，但无西瓜之名，未遍中国尔。"① 但是大多数学者都认为西瓜起源于非洲南部的卡拉哈里沙漠，早在五六千年前古埃及便已有了西瓜栽培。公元前5世纪希腊和意大利等国也开始种植西瓜，然后从海路由欧洲传到印度，再到东南亚、西亚，然后再从陆路传到西域回纥（今新疆）。西瓜传入中国内地的文字记载，最早见于《新五代史·四夷附录》云：胡峤入契丹，"遂入平川，多草木，始食西瓜，云契丹破回纥得此种，以牛粪覆棚而种，大如中国冬瓜而味甘。"《事物纪原》亦载："中国初无西瓜，洪忠宣使金，贬递阴山得食之。"可见西瓜传入中国的时间，大致是在五代（907—960）时期。② 其后逐步向南传播，至元代，《王祯农书》记载："北方种者甚多，以供岁计。今南方江淮闽浙间亦效种，比北方差小，味颇减尔。"③ 17世纪以后，由于种植西瓜经济效

西瓜［图片来源：（清）吴其濬著：《植物名实图考》卷三十一，果类，商务印书馆，1957年，第728页］

---

① 赵传集：《中国西瓜五代引种说及历史起源刍议》，《农业考古》1986年第1期。

② 赵传集：《中国西瓜五代引种说及历史起源雏议》，《农业考古》1986年第1期。

③ 《王祯农书》百谷谱集之三，蓏属，西瓜。

益高于水稻，而且生长期短，收西瓜后还可再种一季蔬菜，“半年之中两获厚利”，随着南方栽培技术的提高，南方不少农民遂将水稻田改种西瓜，从而促使南方的西瓜栽培有较大的发展，并在农产品的贸易中占有重要地位。发展到现代，据中国园艺学会西、甜瓜专业委员会统计，2004 年全国西瓜总面积为 125.3 万公顷。其中种植面积较大的省份为山东、河南、安徽、河北、黑龙江、湖北、浙江、江苏和江西，除青海省与西藏自治区较少种植外，其他各省区均有种植。

（二）品种

西瓜引入后，经过数百年的栽培，品种日渐增多，据统计，从元代开始，各地方志中所记西瓜品种名称多达 50 余种。《群芳谱》中也载有荐福瓜、蒋市瓜、牌楼市瓜、阳溪瓜等多种。山西榆次的喇嘛瓜，清初曾成为贡品。还有一些以生产瓜子为主要目的的品种，早在北宋初年成书的《太平寰宇记》中便记载燕州的土产中有瓜子。20 世纪 90 年代以来，无子西瓜、嫁接西瓜、袖珍小果型西瓜的栽培取得了迅速发展，使中国成为世界上颇具特色的西瓜种植大国。

（三）生产技术及用途

关于西瓜的生产技术，元代《王祯农书》记载说：“多种者，垡头上漫掷，劳平，苗出之后，根下壅作土盆。欲瓜大者，步留一科，科止留一瓜，余蔓花皆掐去，则实大如三斗栲栳矣。”①说明当时种得多者，仍采用直接将瓜子撒播于本田的方法。明代以后，太湖地区已采用育苗移栽的方法。其他各地也因地制宜地总结了不同的经验。由于西瓜株行距较大，各地瓜农往往采用与其他作物进行间作的方法进行栽培，如河北献县将芝麻与西瓜间作，江西临川以姜或辣椒与西瓜间作等。《群芳谱》还记载了西瓜

① 《王祯农书》百谷谱集之三，蓏属，西瓜。

的除虫和摘心技术，说："蔓短时作绵兜①，每朝取虫，恐食蔓，长则已。顶蔓长至六七尺则掐其顶心，令四旁生蔓。"

西瓜是夏季用以消暑解渴的佳果。同时还具有药用价值。《王祯农书》说它："味寒，解酒毒。"李时珍《本草纲目》说西瓜具有"消烦止渴，解暑热，疗喉痹，宽中下气，利小水，治血痢，解酒毒，含汁治口疮"的作用。近代医学也认为西瓜对高血压、肾脏炎、浮肿、黄疸、膀胱炎等疾病均有不同程度的辅助治疗功效。此外，瓜瓤可作罐头，果汁可酿酒，果皮可作蜜饯、果酱并提炼果胶，种子可榨油、炒食和作糕点配料。用途相当广泛。

十一、冬瓜栽培史

冬瓜（*Benincasa hispida* Cogn.）又名枕瓜、水芒、水芝、地芝，有些地方还把冬瓜写作"东瓜"。属于葫芦科冬瓜属一年生蔓性植物。节瓜则是冬瓜的一个变种。

（一）起源和分布

关于冬瓜的起源问题，学者中有多种不同的见解，但多数认为它起源于中国和印度，中国是冬瓜的原产地之一，则是可以肯定的。早在 2 000 多年前的《神农本草经》中已有关于冬瓜种子药用价值的记载，三国时期张楫《广雅》中也有关于冬瓜栽培的记录。一些汉墓中还有冬瓜籽出土，说明早在秦汉以前已有较广泛的栽培。关于冬瓜的分布，目前世界上以东南亚和印度栽培较多。在国内，几乎所有省、市、区都有冬瓜栽培，其中尤以广东、广西、湖南、海南和四川等地栽培较多。

（二）栽培技术

据《齐民要术》记载，当时黄河中下游地区栽培冬瓜仍用直

① 原文作"绵九"，现按《农政全书》卷二七文，改作"绵兜"。

播法："傍墙阴地作区，圆二尺，深五寸，以熟粪及土相和。正月晦日[1]种，二月、三月亦得。既生，以柴木倚墙，令其缘上。旱则浇之。八月，断其梢，减其实，一本但留五六枚，多留则不成也。十月，霜足收之。"该书又介绍区种法："十月区种，……冬则推雪著区上为堆，润泽肥好，乃胜春种。"[2] 明代邝璠《便民图纂》则介绍了育苗移栽法："先将湿稻草灰，拌合细泥，铺地上，锄成行陇。二月下种，每粒离寸许，以湿灰筛盖，河水洒之，又用粪浇盖。干则浇水。待芽顶灰，于日中将灰揭下，搓碎，壅于根旁，以清粪浇之。三月下旬，治畦锄穴，每穴栽四科，离四尺许。浇灌粪水须浓。"[3] 清代后期，四川省的一些地方，进而采用温床育苗方法，待苗长出两片真叶时定植本田。由于冬瓜的株行距比较大，所以有些地方采用间作的方式进行栽培。如广东省有些地方将冬瓜与芋、姜、葛间作，达到亩产冬瓜60担[4]，芋11～12担，姜与葛各10担的丰产业绩。古人不但认识到冬瓜是雌雄异花植物，清代后期还认识到雨天蜂蝶不活动，需要进行人工授粉才能多坐果。关于冬瓜的采收时间，自《齐民要术》主张"十月，霜足收之，早收则烂"[5] 开始，列代均主张霜后采收，可以经年不坏。如果未经霜便采收，则易烂而不耐贮藏。

（三）收藏和加工利用

关于冬瓜的收藏，自古强调"霜足收之"。明代《群芳谱》强调收藏："宜高燥处，忌近盐醋及扫帚鸡犬触犯。与芥子同安置，可经年不坏。"关于冬瓜的加工利用，《齐民要术·种瓜第十四》只提到："削去皮、子，于芥子酱中，或美豆酱中藏之，

---

① 晦日，农历每月最后的一天。

② 《齐民要术》卷第二，种瓜第十四。

③ 《便民图纂》卷第六，冬瓜。

④ 担为非法定计量单位。1担＝50公斤。

⑤ 《齐民要术》卷第二，种瓜第十四。

佳。”元代《王祯农书》则载：“今人亦用为蜜煎，其犀[①]用为茶果，则兼蔬果之用矣。”[②] 明代《多能鄙事》还介绍了“蜜煎经霜老冬瓜”、“蒜冬瓜”等的加工方法。发展到现代，已有糖水冬瓜罐头、冬瓜饮料、冬瓜酱、低糖冬瓜果脯、低糖冬瓜翠丝、冬瓜添加剂等等多种深加工产品。

冬瓜的种子自古入药，《神农本草经》把它列为上品药。《多能鄙事》认为冬瓜仁的加工品“能令人肥悦、明目，治男子五劳七伤”。《本草纲目》说它：“味甘，微寒，无毒，主治小腹水胀，利小便，止渴。”据近人研究，冬瓜是很好的保健食品和美容佳品，可防止人体发胖，增进健美。对肾病、高血压、浮肿、肺病、哮喘、咳嗽和癫狂病人也有一定的防治作用。冬瓜子油还是一种很好的驱虫剂。

十二、丝瓜栽培史

丝瓜又名蛮瓜、布瓜、天罗絮、天络、线瓜、洗锅罗瓜。为葫芦科丝瓜属一年生攀缘性草本植物，全世界约有 8 个种，多分布于热带地区，中国栽培的有普通丝瓜［*L. cylindrical*（L.）M. J. Roem.］和有棱丝瓜［*L. acutangula*（L.）Roxb.］两个种。

（一）起源和分布

丝瓜起源于热带亚洲，分布于亚洲、大洋洲、非洲和美洲的热带和亚热带地区。中国丝瓜可能是从印度传入，唐朝以前未见有丝瓜的记载。宋人杜北山《咏丝瓜》诗云：“数日雨晴秋草长，丝瓜沿上瓦墙生。”南宋温革《分门琐碎录》种艺篇中有“种丝瓜社日[③]为上”之句，说明丝瓜在宋代已有较普遍的种植。明代

---

① 犀，即瓜子，《字彙・牛部》：“犀，瓠犀，瓠中之子。”《酉阳杂俎・广动植物之一》：“瓜瓠子曰犀。”

② 《王祯农书》百谷谱集之三，蓏属，冬瓜。

③ 社日，古时春秋两次祭祀土神的日子，一般在立春、立秋后第五个戊日。这里指的是春社日。

以后，丝瓜迅速传播，明代《救荒本草》和李时珍《本草纲目》中对丝瓜的形态和用途作了较为详细的描述。历史上中国丝瓜栽培的地区主要在中南部，如广东、广西、福建、湖南、江苏、浙江等省。近年来随着栽培技术的改进，丝瓜生产已逐渐向北推进，黄淮地区也有所发展。如山东省的日光温室生产和江苏省的早春大棚生产等。

（二）栽培技术和品种

古代栽培丝瓜有直播栽培，也有育苗移植。在选择种瓜之地时则强调要选“背阳向阴”之地。种瓜后要搭棚供瓜蔓攀援，或沿墙、沿篱而种，让瓜蔓有所攀援。生长期要常浇清粪水，若遇天旱，要早晚各浇一次。强调要摘掉过多的雄花，以促进丝瓜迅速生长。强调以幼果入蔬者，宜在开花后十天内采收，以免时间过长，皮肉坚硬，不堪食用。古籍中还记载了一些特殊的栽培方法，如《调燮类编》卷三所说：“瓜藤长后，于根下拍开，入银硃少许，以泥封之，瓜瓤鲜红可爱。”

中国栽培丝瓜主要有两个种。即普通丝瓜和有棱丝瓜。古代栽培的丝瓜多为普通丝瓜，果实的长度有很大的差别，短者仅数寸，长者可达“一二尺或三四尺”。长江流域及其以北地区栽培较多，南方栽培较少。古代极少关于品种的记载，发展到现代，其主要品种有南京长丝瓜、线丝瓜、香丝瓜，长沙肉丝瓜，台湾米管种和竹竿种，华南短度水瓜和长度水瓜等。有棱丝瓜，果面具9～11条纵棱，主要分布于广东、广西、台湾和福建等地。目前，其主要品种有广东的青皮丝瓜、乌尔丝瓜、棠东丝瓜和长江流域各地的棱角丝瓜等。

（三）用途

古代主要以丝瓜嫩果入蔬，老则用其纤维洗涤器皿。雄花与嫩叶亦可入蔬或点茶，老瓜及根、藤均可入药。这在元末明初朱震亨《本草衍义补遗》、明代汪颖《食物本草》等书中已有记载。明代《本草纲目》说得更为详尽，认为丝瓜气味甘平无毒，入药用老者。主治：煮食，除热利肠。老者烧存性服，去风化痰，凉血解毒、杀虫、通经络、行血脉、下乳汁、治大小便下血、痔漏崩中、黄积疝痛、卵肿、血气作痛、痈疮肿、齿䘌、胎毒。还说丝瓜叶主治癣疮、痛疽、丁肿等病。丝瓜藤根主治齿䘌、脑漏，可杀虫解毒①。广东民间还常用老丝瓜干煲蜜枣（去核）治疗扁桃体炎。据近人研究，丝瓜营养丰富，具有良好的医疗保健功能，可以清热化痰，凉血解毒，有杀虫、通经络，行血脉，利尿和下乳等功效。丝瓜络还可制作鞋垫、拖鞋、窗户挡风玻璃磨光材料、滤油材料等。目前已成为远远不能满足国内外市场需要的畅销产品。

十三、南瓜栽培史

南瓜属于葫芦科南瓜属一年生草本植物，是人类最早栽培的古老作物之一，也是中国重要的蔬菜作物。据报道，全世界南瓜属植物共有 27 个种，其中人工栽培的有 5 个种，引入到我国栽培的有三个种，即南瓜（*C. moschata* Duch. ，中国南瓜）、笋瓜（*C. maxima* Duch. ，印度南瓜）和西葫芦瓜（*Cucurbita pepo* L.，美洲南瓜）。其中南瓜栽培面积最广，其次是笋瓜。

（一）起源和分布

南瓜起源于中南美洲，考古学证实，早在公元前 3000 年，哥伦比亚和秘鲁的古代民居的遗迹中已发现有南瓜的种子和果柄。约在 16 世纪传入欧洲和亚洲。中国于明代可能从东南亚引入我国南方②，所以李时珍《本草纲目》中说：“南瓜种出南番，转入闽浙，今燕京诸处亦有之矣。”这里的“南番”，可能指我国

① （明）李时珍：《本草纲目》卷二八，“菜部”。

② 有人认为中国南瓜首次著录于元末明初贾铭的《饮食须知》。但贾铭“入明时年已百岁”，106 岁病卒。当时哥伦布尚未发现新大陆，南瓜不可能传入中国。贾铭所说的“南瓜”可能是别有所指。

南方的邻国。由于当时中国与亚洲邻国及西方国家交流频繁，所以除陆路外，南瓜也可能从海路引入，以至人们常称南瓜为番瓜、番南瓜、倭瓜。中国栽培的笋瓜（印度南瓜），可能在清中叶以后从印度引入。道光年间纂修的安徽、河南等省的一些地方志中已见著录。西葫芦瓜（美洲南瓜）清初在西北地区已有栽培，康熙年间纂修的陕西、山西等省的方志已见记载。西葫芦瓜的变种搅瓜（绞瓜），在西北、东北、华北、华东、中南及西南各省均有栽培。由于南瓜有较强的适应性，所以引入后发展迅速，几乎全国各地均有种植，其中尤以华北地区种植最多。

（二）栽培技术

古代南瓜栽培，有的直播，有的育苗移栽。《本草纲目》认为：南瓜“二月下种，宜沙沃地。”关于南瓜的整枝、有的用草蔓整枝，只留一根主蔓，侧蔓全部切除，并于伏前埋蔓；有的用双蔓整枝，在主蔓长至 4～5 尺[①]时打顶，以后选留两条侧蔓，每蔓只留 2～3 个瓜即行摘心；第三种是多蔓整枝，在主蔓长至 7～8 尺时摘心，并绕根周开浅沟，沟内施肥，再将主蔓纳入沟中，任其发生侧蔓。待侧蔓长至尺余，再用粪肥收沟盖满，使侧蔓节节生根，结瓜累累。古人还在南瓜开花时取雄花插于雌花上方，以促其多坐瓜。有的地方还采用与棉花或芝麻间种的方法栽培南瓜。方以智《物理小识》卷六还介绍用“刀穿”的方法，促进南瓜结子：“南瓜不结，于其根去地七尺，刀穿，入磁片，则结实。”

（三）加工利用

明代《本草纲目》说：南瓜果实“经霜收置暖处，可留至春，其子如冬瓜子，……惟去瓜瓤瀹食，味如山药，同猪肉煮食更良，亦可蜜煎。”《群芳谱》则说：“煮熟食，味面而腻，亦可和肉作羹。”乾隆《浙江通志》引《东阳县志》记载：“多者荐食

① 尺为非法定计量单位。3 尺＝1 米。

外，以之饲猪。若切而干之，如蒸菜法，可久贮御荒。”说明南瓜除作蔬食外，还可作饲料饲猪。可作粮食御荒。据近人研究，南瓜还具有医食同源，药食兼用的特点，不少治疗糖尿病的药品、保健食品，都以南瓜粉作为其主要成分。南瓜子药用价值更高，祖国医学认为它有驱虫、下乳、健脾、利水之功效。现代医学更发现其具有降低胆固醇、抗炎、抗氧化、缓解高血压，降低膀胱和尿道压力等作用。

十四、茄子栽培史

茄子（*Solanum melongena* L.）为茄科茄属以幼嫩浆果为食用器官的草本植物。多数为一年生植物，但热带地区也有多年生者。我国古代曾有伽、酪酥、落苏、矮瓜、小菰、昆仑瓜、紫膨亨等别名。是我国夏、秋两季的主要蔬菜，也是世界上第四大蔬菜作物。

（一）起源和分布

茄子起源于印度和东南亚热带地区。早在2 000多年前已引入我国栽培，西汉王褒《僮约》中有“种瓜作瓠，别茄披葱”之句，说明当时已有茄子的栽培。此后，西晋嵇含《南方草木状》中载：“茄树，交广草木，经冬不衰，故蔬圃之中种茄。”到公元6世纪30年代的《齐民要术》已载有茄子的栽培方法。说明到南北朝时茄子在黄河中下游地区也有栽培。唐宋以后，茄子的栽培发展迅速，历代农书中几乎都载有关于茄子的栽培方法。据统计，目前中国已成为世界上最

茄［图片来源：（清）吴其濬著：《植物名实图考》卷四，蔬类，商务印书馆，1957年，第95页］

大的茄子生产国，栽培面积占世界总面积的49.16%，其次是印度，占33.36%（FAO，2000）。中国茄子生产已遍布全国各地，其中主要生产地为山东、河南、湖北、江苏、四川、河北、广东、湖南、安徽、辽宁和江西等地。

（二）栽培技术与品种

贾思勰《齐民要术》种瓜第十四载有种茄子法："茄子，九月熟时摘取，擘破，水淘子，取沉者，速曝干裹置[①]。至二月畦种。……著四五叶，雨时，合泥移栽之。"[②] 说明当时已采用育苗移栽的方法。古人为了使茄子早栽培，早结子，早上市，北宋出版的《本草衍义》曾提到圃人把茄子"植于暖处，厚加粪壤，遂于小满前后，求贵价以售"[③]。元代的《农桑衣食撮要》说得更加详细和具体："此月（正月）预先以粪和灰土，以瓦盆盛，或桶盛贮，候发热过，以瓜茄子插于灰中，常以水洒之。日间朝日影，夜间收于灶侧暖处。候生甲时[④]，分种于肥地，常以少粪水浇灌，上用低棚盖之。待长茂，带土移栽则易活。"[⑤] 这是简单的保护地育苗方法，已经知道利用粪和灰土发酵来提高温度，并已懂得因为粪秽发酵时产生的热量过高，所以必须"候发热过"，才可把茄子插于灰中催芽。

关于茄子的整枝打叶，以利通风透光的技术，在唐代的《酉阳杂俎》中已有记载，只是当时只知其然，不知其所以然，因而蒙上了迷信的色彩，说："欲其子繁，待其花时，取叶布于过路，以灰规之，人践之，子必繁也。俗谓之嫁茄子。"[⑥] 元代《农桑

---

① 《农政全书》卷二七在"裹置"下加注说："裹须布囊。"认为须用布囊装挂起来。

② 《齐民要术》卷第二，种瓜第十四。

③ （宋）寇宗奭：《本草衍义》卷一九。

④ 生甲，指种子发芽破土时长出的子叶。

⑤ 《农桑衣食撮要》正月，种茄匏冬瓜葫芦黄瓜菜瓜。

⑥ （唐）段成式：《酉阳杂俎》前集卷之十九，茄子。

辑要》引《务本新书》则摆脱了这一迷信色彩，认为："茄初开花，斟酌窠数，削去枝叶，再长晚茄。"[①] 这与现代茄子栽培中的整枝打叶是一脉相通的。

在施肥方面，值得特别一提的是宋代《格物粗谈》所说："茄秧根上擘开，嵌硫磺一皂子大，以泥培种，结子倍多，味甘。"[②] 硫是植物生长、发育的重要元素之一，在植物生命活动中具有催化调节作用。宋代人民已认识到硫与植物生长结实之间的关系，确实难能可贵。

明代《灌园史》记载："或于晦日（阴天）种苋其旁，同浇灌之，茄苋俱茂。昔蔡遵为吴兴郡守，斋前种白苋紫茄以为常膳。"[③] 介绍了茄苋间种的经验。

关于古代茄子的品种，据《齐民要术·种瓜第十四》所说"大小如弹丸"推测，当时茄子可能是果实较小，果形为圆形的茄子。北宋苏颂《图经本草》记载了当时的品种状况：茄子"处处有之。……茄之类有数种：紫茄、黄茄南北通有之，青水茄、白茄唯北土多有。"[④] 虽然不一定全面和准确，但已说明当时茄子的品种已相当丰富。明代周文华《汝南圃史》更指出：茄子"或尖长如牛角，或浑圆如小瓜。尖长者松嫩，浑圆者老而多子。"这已和近代茄子的品种状况相类似。

（三）贮藏、加工、利用

茄子除新鲜煮食外，古人还发明了许多收藏加工方法。宋代苏轼《格物粗谈》详细介绍了茄子的收藏方法："出窑新瓮，自来不曾盛水并杂物者，于六月天大日中，晒三五日。预先取茭叶[⑤]截作寸许长，亦晒令十分干。安茄之日，再与瓮同晒至干。

① 《农桑辑要》卷五，茄子。

② （宋）苏轼：《格物粗谈》卷上，种植。

③ （明）陈诗教：《灌园史》今刑后。

④ （宋）苏颂：《图经本草》菜部卷第十七，茄子。

⑤ 茭，植物名，又名牛蕲，马蕲，叶细锐，似芹，可食。

旋摘带蒂茄子，不可伤损，先铺茭叶在瓮底，安茄一层，又铺茭叶一层，如此层层安满。箬叶并底密封瓮口，外加泥固，不令透气。晒干，安空屋地板上，至明年正二月取出，如新摘下者，味也不改。”又说：“茄子以垆①、灰藏之，可至四五月。”明代《便民图纂》更说：“用淋过灰晒干，埋王瓜、茄子于内，冬月取食如新。”② 灰藏瓜茄，可造成低氧、干燥环境，还可避免二氧化碳过高，且草灰内微生物也不易滋长，所以效果较好。用淋过后再晒干的灰，碱性减弱，可以避免烫伤瓜茄，而且水碱杀虫力也较强。

古代关于茄果的加工品也丰富多彩，仅明代《群芳谱》一书便载有糖醋茄、糟茄、食物香茄、酱茄、蒜茄、蝙蝠茄、芥末茄、烧茄、鹌鹑茄等的加工制作方法。此外，糟茄还见载于《格物粗谈》卷下，糖蒸茄见载于《易牙遗意》卷上，蒜茄、香茄见载于《便民图纂》卷十四，如此等等，不胜枚举。正如《王祯农书》所说：“茄视他菜为最耐久，供膳之余，糟腌豉腊，无不宜者。”③

除日常蔬食外，茄子还有一定的药用价值。《图经本草》说它可治疗腰脚风、血积冷筋急拘挛疼痛者。《广群芳谱》引《灵苑方》说它可治肠风下血。《本草纲目》说它可治寒热五脏劳，散血、止痛、消肿、宽肠。茄子的蒂、根、茎、叶、花、子都能治病。现代医学认为，茄子性凉、味甘，有清热、解毒、活血、止痛、利尿、消肿和降低胆固醇等功效。

十五、辣椒栽培史

辣椒（*Capsicum frutescens* L.）属茄科茄亚族辣椒属一年

① 垆，小口罂，盛酒器，口小腹大。

② 《便民图纂》卷第十五，收藏瓜茄。

③ 《王祯农书》百谷谱集之三，蓏属，茄子。

生或多年生植物，草本或灌木、半灌木。又名青椒、菜椒、海椒、番椒、秦椒、辣子、辣茄等。是我国重要的果菜类蔬菜。

(一) 起源和分布

辣椒起源于中南美洲热带地区的墨西哥、秘鲁、玻利维亚等地，1642年哥伦布发现新大陆后，于1643年将其带回西班牙，16世纪末传入日本，17世纪传入东南亚各国。我国的辣椒，相传一是经丝绸之路传入甘肃、陕西等地栽培。一是经由东南亚海路传入广东、广西、云南等地栽培。我国关于辣椒的最早记载，见于明代高濂的《草花谱》(1591)，称之为“番椒”。“辣椒”一名最早见之于《柳州府志》(1764)。清代的《汉中府志》则有关于牛角椒、朝天椒的记述。甜椒至近代才传入中国。

辣椒传入中国后，发展迅速，19世纪上半叶即已处处有之，有些地方已成为美味不离的“国蔬要品”。目前，中国已成为世界最大的辣椒生产国，全国各地都有栽培。其中主要栽培地区为湖南、四川、河南、贵州、江西、陕西、山东、安徽、湖北、江苏、河北等地。近年来广东、海南、广西、福建等地则大力发展反季节栽培，成为秋冬季节北运辣椒的主要产区。

辣椒［图片来源：(清) 吴其濬著：《植物名实图考》卷六，蔬类，商务印书馆，1957年，第139页］

(二) 生产技术和品种

古人栽培辣椒，一般都于秋前选择果形端正，色泽鲜明者，整果悬挂于通风处。因为古人担心如果留秋后老熟的果实做种，会导致来年结果迟。关于辣椒栽培方面，古代湖南一带多于农历三月播种。到清代后期，则提前在农历二月采用冷床育苗。苗床翻耕精细，用人粪尿做基肥。播种后搭棚遮蔽雨日。出苗后，晴天揭去棚盖，使见天日。到清明前定植，定植前施足基肥。古人认为辣椒需肥量较大，但应以施基肥为主，追肥不宜太多，追肥过多则容易引起椒苗徒长，花而不实。

辣椒引入我国早期，品种比较单一，据明代高濂《草花谱》记载，其"子俨似秃笔头"，大概属于圆锥椒类。随着栽培的迅速发展，辣椒的类型与品种也日见增多，到 19 世纪上半叶，簇生椒类、长角椒类、甜椒类都有栽培。到清末，辣椒的品种十分丰富，不同的品种，果实的形状不同，大小不一，色泽各异，成熟期也早晚不同。

（三）利用

辣椒除鲜食外，还可腌渍和干制，加工成辣椒干、辣椒粉、辣椒油和辣椒酱等，目前已成为出口创汇的重要农产品之一。辣椒还有较强的医疗保健作用。其根、茎、果实均可入药，具有通经活络、活血化瘀、祛风散寒、消炎镇痛、开胃消食、补肝明目、温中下气、抑菌止痒、防腐驱虫、治疗冻疮、疥癣等作用。

十六、番茄栽培史

番茄（*Lycopersicum esculentum* Mill.）又名西红柿、番柿、洋柿子。属于茄科番茄属，草本或半灌木状草本。在热带自然条件下为多年生植物，但在温带一般作为一年生作物栽培。

番茄原产于南美洲西部的高原地带，即今秘鲁—厄瓜多尔和玻利维亚一带。根据考古学发现，番茄的驯化在墨西哥和中美洲地区①。1521 年西班牙人占领墨西哥城，随后便将番茄带到欧洲传播。早期一直把番茄作为观赏植物，直至 17 世纪，欧洲人

① 1988 年第 1 期《农业考古》曾发表了徐鹏章的《"西汉番茄"的发现、培育和初步研究》一文，说 1983 年 8 月，在成都北门外凤凰山的两汉古墓中，发现了番茄的种子，但孤证暂难取信。

才把番茄作为蔬菜进行大面积商品化生产。番茄传入中国的时间约在 17 世纪初。明代朱国祯《涌幢小品》和王象晋《群芳谱》(1621) 始见记载①。《群芳谱》称之为“番柿”，说它“最堪观，火伞火珠，未足为喻”。说明最初也是把它作为观赏植物引入的，直至 20 世纪初才把它作为蔬菜栽培。1950 年代开始得到迅速发展，并很快成为最重要的果蔬之一。据联合国粮农组织统计，2005 年全世界番茄生产面积 453 万公顷，其中中国栽培面积 130 万公顷，成为世界上番茄栽培面积最大的国家。

关于番茄栽培技术方面，据 1978 年 9 月 27 日《文汇报》报导，上海郊区农民专家余仲康总结出“矮秆密植，三塔打顶”的高产栽培方法，1978 年，他管理的高矮间作试验田，亩产达 15 463斤，最大的番茄有 1 斤 6 两重②。

番茄除可鲜食和熟食外，还可加工成番茄酱、番茄汁、番茄粉及脯、干等加工品。

除食用外，番茄还具有药用价值，据研究，增加番茄红素的摄入量，可以降低的前列腺癌的风险，还可减缓动脉硬化和抵御紫外线对皮肤的伤害，具有保护心血管和保护皮肤的作用。

十七、豇豆栽培史

豇豆 (*Vigna unguiculata* (L.) Walp.) 是豆科菜豆族豇豆科植物的一个种。又名角豆、豆角、黑脐豆、饭豆、带豆、裙带豆等。是中国古代栽培的一种蔬粮兼用作物。

(一) 起源和分布

豇豆的起源问题有多种说法，苏联学者瓦维洛夫认为豇豆起源于印度，非洲是次生起源中心。但是也有人认为大量野生豇豆

① 万历四十一年 (1613) 陕西《猗氏县志》中记有西番柿之名，但并无性状描述。

② 斤、两为非法定计量单位。1 斤＝50 两＝500 克。

亚种分布在非洲，豇豆应该起源于非洲。关于豇豆最初的驯化地也有不同见解，埃塞俄比亚、中非、中南非、西非等地分别为不同学者认为是豇豆的驯化中心。考古工作者在加纳发现了公元前1450—前1400年的豇豆残留物，表明西非应是豇豆最初的驯化中心，印度则是豇豆的次生起源中心。豇豆何时传入中国尚无确切考证，公元3世纪初张揖所撰《广雅》已有相关记载，称“胡豆，蜯虁也”①，则胡豆中也可能有豇豆。即从域外引入之豆。但1979年在云南西北部发现分布很广的野生豇豆，因此也有学者认为中国可能是豇豆的起源中心之一。

经过几千年的传播，豇豆广泛分布于非洲、亚洲和美洲各地，主要分布在热带、亚热带和温带地区，其中尤以非洲种植最多，约占世界种植面积的90%，产量的2/3（干籽）。食用嫩荚的长豇豆，则以亚洲（尤其是东南亚和中国）种植面积最广。中国的古代豇豆，分布很广，几乎处处有之，尤以四川、湖北、湖南、河北、安徽、山东、云南等地为多。近些年来，由于南菜北豆的秋冬栽培发展迅速，所以广东、广西、福建、湖南等地的豇豆栽培发展较快。

豇豆［图片来源：（清）吴其濬著：《植物名实图考》卷二，谷类，商务印书馆，1957年，第39页］

（二）生产技术

古代记载豇豆栽培技术的文献不多，直到元代鲁明善《农桑

① 《广雅疏证》卷十上，释草。

衣食撮要》始有豇豆栽培技术的论述。认为豇豆谷雨前后播，六月便可收子；收子后再种，八月又收子，一年可作两季栽培。明代冯应京等撰的《月令广义》认为豇豆栽培，铺地便不甚旺，悬架则蕃。反映了当时已普遍搭棚架栽培。清代《致富奇书广集》介绍了豇豆多于三月间种于芋畦、茄畦、菜畦之旁，春穴下种，灰粪盖之，待蔓长，以竹根或木棍插于株旁引上。并引农谚云："角豆不用粪，一科一条棍。"① 这里说的"不用粪"，是因为它是间作套种在其他作物之间，可以利用其他作物的肥料。所说的"一条棍"，就是当令农民所说的"豆签"，可让豆苗攀援其上。

通过长期的栽培选育，古代已培育出不少优良的地方品种。如《救荒本草》提到的紫豇豆，味微甜，嫩荚做菜，成熟豆荚取豆煮食。明、清方志也多有豇豆品种的记载，例如山西的豇豆便有菜豇豆和柴豇豆之分。菜豇豆常取嫩荚为蔬，荚果有青、黄、黑、白、赤、斑 6 种。柴豇豆荚壳粗，纤维多，多取成熟豆粒以佐粥。湖北郧西一带的豇豆有坡豇、线豇、赤豇、白豇诸种。天启《平湖县志》还提到浙江嘉兴地区有一种豆荚细长如裙带，名为裙带豆的豇豆品种。

（三）利用

豇豆用途很广，古人对它评价很高。《群芳谱》说：它"嫩时充菜，老则收子，可谷、可果、可菜，取用最多，豆中之上品也。"菜豇豆除以嫩荚充蔬外，还可腌渍制作酱小菜，或蜜煎作果品食用。柴豇豆的种子可炒食，可煮食，还可煮烂和糖调制豆沙。豇豆还可入药，《本草纲目》认为：豇豆"性甘咸无毒，理中益气，补肾健胃，和五脏，调营卫，生精髓。止消渴、吐逆、泄痢、小便数，解鼠莽毒。"据近人研究，长豇豆叶可治淋症。豆壳可镇痛、消肿。根有健脾、益气、消食

① 《农学遗产选集·甲类第四种·豆类（上篇）》豇豆。

等功效。

十八、菜豆栽培史

菜豆（*Phaseolus vulgaris* L.）又名四季豆、时季豆、二季豆、四月豆、月月豆、羊角豆、鹿角豆、碧豆、竞豆、玉豆、敏豆、芸豆等，一年生或多年生草本植物，植株蔓生缠绕或短生直立生长，是豆科菜豆属草本植物。

（一）起源和分布

菜豆栽培种起源于中、南美洲。约于 16 世纪传入中国。明代李时珍《本草纲目》以及明嘉靖四十二年（1563）云南的《大理府志》、明万历四十八年（1620）河北的《香河县志》、天启间（1621—1627）河北的《永清县志》等云南和河北的方志中已多有关于菜豆的记载。说明菜豆传入我国可能有两条路线：其一是通过滇缅边界传入我国云南、贵州、四川等省；其二是从海路将菜豆带入明清京都，在京城及其附近地区传播。早期引入的菜豆都是蔓生类型，矮生类型是清中叶以后才引进，为了有别于蔓生类型，人们常称之为“地豆”。

苏联瓦维洛夫和茹可夫斯基经研究后认为，嫩荚菜豆这种变异类型是中国古代农民长期选择的结果。中国应是嫩荚菜豆的变异中心。据记载，1654 年禅师隐元带往日本栽种的便是这种嫩荚菜豆，说明嫩荚菜豆在中国已有 300 多年的栽培历史。

菜豆喜欢温暖的气候，中国大部分地区地处温带，因此全国各地几乎都可种植菜豆。据各地方志记载，历史上种植菜豆较多的地方是云南、四川、湖北、河北、贵州、湖南、福建、江西等地。

（二）栽培技术和品种

菜豆引入我国的时间较短，关于其栽培技术的记载很少。清代张宗法《三农纪》认为菜豆可在三月下种，五月采收。收熟子夏种，七月又可收。当今菜豆通常也是春、秋播种，作两季栽培。书中还指出，菜豆喜肥润土壤，不宜深穴厚盖。苗出后须频繁浇灌，并插竹引蔓生长。《种植新书》则提到菜豆可育苗移栽，并须插竹竿扶植。土壤宜肥，勤锄草、施肥和灌溉。育苗移栽者一般于清明前播种，苗龄10余日便可定植于本田①。

菜豆可分为粮用菜豆和菜用菜豆两大类，主要根据豆荚壁纤维发达程度进行区分。硬荚类型荚壁薄，粗纤维多，种子发育快，以种子为食用器官，这是粮用蔬菜。软荚类型荚壁肉质，粗纤维少，嫩荚可食，这是菜用菜豆。中国农民在较短的时间内，培育了不少优良品种，如康熙《良乡县志》（良乡县治所在今北京市西南良乡镇）便曾记载当地菜豆品种有三：先熟者俗名五月鲜，大而圆者名金刚圈，青而长者名丝瓜青。全国各地还有不少知名的地方品种。

（三）用途

菜豆营养丰富，其嫩荚嫩豆粒可作蔬菜，干籽可作粮食，味道鲜美。因其花大而鲜艳，故也可作观赏植物。菜豆嫩荚既可鲜食又可加工速冻和制罐。菜豆种子含油可供药用，有清凉、利尿、消肿的功效。

十九、扁豆栽培史

扁豆（*Dolichos lablab* L.）又名鹊豆、眉豆、沿篱豆、峨眉豆、羊眼豆、刀豆、秋雨豆、凉衍豆等，是扁豆系豆科扁豆属一年生或多年生藤本植物，为我国传统的豆类蔬菜。

（一）起源和分布

扁豆原产亚洲和非洲热带地区，印度自古栽培。中国扁豆是本地原产还是从国外引入尚有不同见解。东汉崔寔《四民月令》已有“五月可种蜱豆”② 的记载，南北朝时的《名医别录》也记

① 《中国农学遗产选集甲类第四种》豆类，拾，菜豆。
② 《四民月令》原书佚，此据《王祯农书》卷二八引。

载说人们以扁豆种之于篱垣间，用其荚蒸食。说明其在我国已有1 800多年的栽培历史。宋代苏颂《图经本草》提到："扁豆旧不著所出州土，今处处有之。"①说明宋代我国已经普遍种植。我国古代的扁豆，大多分布于云南、广东、湖南、福建、浙江、广西、四川、湖北、江西、安徽、山东、河南、河北、山西、陕西、青海、甘肃、新疆、吉林等地。总体上说是南方多，北方少。闽、广、滇为多年生植物，长江、黄河流域为一年生植物，到东北则种子难以成熟。

扁豆［图片来源：（清）吴其濬著：《植物名实图考》卷一，谷类，商务印书馆，1957年，第10页］

（二）栽培技术和品种

关于扁豆的栽培技术，北宋苏轼《格物粗谈》认为扁豆可在清明前下种，以草灰盖，不用土覆，则子尽出。芒种前扁豆开花，逢旱须勤灌水。清代张宗法《三农纪》提到扁豆多下种篱边，或作棚架引蔓，宜壅灰粪。清代《补农书》认为扁豆根直下最深，须开深潭，再下垃圾与饼肥作基肥，而后播种，则终岁可以不浇。培壅全在黄梅雨期间，最忌夏至后半月加肥，秋肥则藤多而结荚少，晚结经霜则萎。关于扁豆收取种子的问题，明代王芷《稼圃辑》引《太湖头老圃传》说：白扁豆，"收第一、二、三荚作种，隔过两个年朝②，作种种之，尺许便生荚。"③《补农

① （宋）苏颂：《图经本草》米部卷第十八，扁豆。

② 朝，疑为"期"字之讹。

③ （明）王芷：《稼圃辑》豆品。

书》等也认为收先成熟的种子作种，可使后代的结荚期提前。中国古代栽培的扁豆，通常为一年生蔬菜，但在福建、两广及云南等热带亚热带地区，也可作多年生栽培，在农历二、三月间即可有嫩荚应市。正如屈大均《广东新语》所说：扁豆有“蔓多隔岁者。”[①] 檀萃《滇海虞衡志》卷十一所说云南的扁豆也能宿根越冬，春即发花，二三月间已有新扁豆。

古代扁豆品种很多，按花的颜色，有红、白之分；按种子的颜色，有黑、白、赤、斑之别；按豆荚的形状又可分为龙爪豆、鸡爪豆和羊角豆。

（三）利用

古代扁豆主要以嫩荚入蔬，老熟的种子除可入蔬外，还可制糕点、嫩茎叶偶尔也入蔬。白扁豆入蔬品质较佳，且可入药。《名医别录》说扁豆味甘、微温、主和中下气。唐代孟诜《食疗本草》说扁豆可补五脏，主呕逆，久食头不白。后来的许多医药古书如《图经本草》、《本草纲目》等都有扁豆可入药治病的记载。因而古代有些地方专门栽培白扁豆，采收老熟子粒干燥后出售，称为“白扁豆”。扁豆嫩荚除鲜食外，还可腌制、酱制或干制。

二十、水生蔬菜栽培史

我国水生蔬菜资源极为丰富，见诸史籍记载且现在仍在栽培的有莲藕、茭白、菱、荸荠、慈姑、莼菜、芡、水芹等10多种。主要分布于长江流域及其以南地区，其中尤以洞庭湖、鄱阳湖、太湖、巢湖、洪泽湖等大型湖泊周围最为集中。江淮以北只有少量种植。据2001年统计，我国各种水生蔬菜总面积达35万～40万公顷。水生蔬菜营养丰富，其中一些富含淀粉的种类，往往被古人用作荒年救饥的佳品。其经济收益也往往优于稻田。

---

① 《广东新语》卷二十七，草语，藊豆。

（一）莲藕

莲藕（*Nelumbo nucifera* Gaertn）是睡莲科莲属中能形成肥嫩根状茎的栽培种，为多年生水生草本植物。有荷、芙蕖、芙蓉、水芝丹、水花等别名。起源于中国和印度。距今5 000多年前的郑州仰韶文化遗址曾出土炭化的莲子[①]。《诗经》的“郑风”与“陈风”均有颂荷的诗句。2 000多年前的《尔雅》已专称其实为“莲”，专称其根（根茎）为“藕”。足见其在我国已有悠久的栽培历史。

莲藕在我国分布相当广泛，不仅长江流域及其以南地区广为栽培，而且在山东、山西、河北等北方地区也有相当数量的经济栽培。古代栽培的莲藕按其栽培目的可分三种类型：即以采收地下茎为目的的藕莲；以采收莲子为目的的子莲和供观赏的花莲。藕莲是其中最主要的种类。苏州是藕莲的著名产区。《新唐书·地理志》记载，苏州所产的藕曾经作为贡品。莲子具有药用价值，清代黄玉辑的《名医别录》中已有记载。关于子莲栽培的记载也较迟，清代出现的子莲著名产品“湘莲”，主要产于湖南省的湘乡、湘潭、衡阳等地，这在清代的相关县志中均有记载。清代曾设局征税，称为“莲实之税”。据同治十一年《衡阳县志》记载：“衡阳岁收莲实有税者六千余万斤，……遗自食者不在其数。”足见当时衡阳子莲的产量相当可观。清代福建省也以产莲子著称，所

莲藕［图片来源：（清）吴其濬著：《植物名实图考》卷三十二，果类，商务印书馆，1957年，第748页］

① 见《郑州大河村仰韶文化的房基遗址》，载《考古》1973年第6期。

产莲子名为“建莲”，但所产莲子的数量不多。花莲的栽培相当早，西晋崔豹《古今注》中已提到有重瓣的莲花品种。

古人又按生长特性把莲藕分为深水藕（湖藕、塘藕）和浅水藕（家藕、田藕），浅水藕的品质优于深水藕。正如嘉庆《广西通志》所说：“藕有塘藕、田藕之别，田种者尤肥美。”

唐代开始，人们常将莲藕按花的颜色分为红花与白花两种，其品种各有优劣。

唐代苏州曾将当时品质最佳的莲藕作为贡品，名为“伤荷藕”，为什么叫伤荷藕？《唐国史补》中解释说：“苏州进藕，其最上者名曰‘伤荷藕’，或云：‘叶甘为虫所伤。’又云：‘欲长其根（即藕），则故伤其叶。’”① 《稼圃辑》还说：“出吴县黄山南荡者最佳，花白者松脆且甘，即伤荷藕也。”②

古代的莲藕有实生和无性两种繁殖方法。在有性繁殖中人们早已注意到莲子果皮坚厚，不易发芽的特性，贾思勰《齐民要术》对此作了详细的记述：“八月九月中，收莲子坚黑者，于瓦上磨莲子头，令皮薄。取墐土③作熟泥，封之，如三指大，长二寸，使蒂头平重，磨处尖锐。泥干时，掷于池中，重头沉下，自然周正。皮薄易生，少时即出。其不磨者，皮既坚厚，仓卒不能生也。”元代鲁明善《农桑衣食撮要》也有类似的记录。说明这一方法曾被长期使用。但历代繁殖莲藕均以无性繁殖为主，所用材料多用藕的先端二至三节肥大而芽旺者。正如《齐民要术》所说：“春初掘藕根节头，著鱼池中种之，当年即有莲花。”④ 但也有用小藕为种者，如明代《便民图纂》便记载用小藕作为播种材料。

---

① （唐）李肇：《唐国史补》卷下。

② （明）王芷：《稼圃辑》蔬品。

③ 墐土，涂塞门窗的旧泥土。

④ 《齐民要术》卷第六，养鱼第六十一，种莼、藕、莲、芡、芰附。

此外，古人还采用一些特殊的方法使莲藕生长茂盛，如《分门琐碎录·种艺》便说："种荷藕用藕，以酒糟涂之则茂盛。""种莲以麦门冬子夹种，则茂盛。"

关于水田莲藕的管理，宣统二年《江西物产总会说明书》和民国24年《广东通志稿》等文献认为栽种前要熟耕，并施以基肥。生长期要进行两次壅压绿肥，并勤加耘草，但要保持适当的水层。"立秋"节后，既可采掘鲜藕上市。

关于莲藕的贮运问题，有人认为："鲜藕采收后，经贮藏数日则品质大降。"事实并非如此，明代邝璠《便民图纂》便认为："好肥白嫩者，向阴湿地下埋之，可经久如新。若将远，以泥裹之不坏。"[①] 这种方法是否可行？1983年据朱来志等报导，安徽潜山县农民，用泥土埋藏鲜藕，证实可贮存三个月之久。

莲藕除了入蔬外，古人还将之澄制藕粉食用。唐代《四时纂要》记载说："藕不限多少，净洗，捣取浓汁，生布滤，澄取粉。"[②] 古人还用莲藕入药治病，《神农本草经》中把它列为上品药。

（二）茭白

茭白（*Zizania aqucatica* L.），又名蘧蔬、菰菜、出隧、菰首、菰手、茭笋、茭瓜、篙芭。茭白一名最早见于宋代《图经本草》，是禾本科菰属多年生宿根水生草本植物。其食用器官一是种子（俗名菰米），一是受菰黑粉菌侵染后由茎尖膨大形成的变态肉质茎（即茭白）。

茭白原产我国，最早食用的是菰米，《周礼·天官》中把它列为"六谷"之一，并有"牛宜稌，羊宜黍，豕宜稷，犬宜粱、雁宜麦，鱼宜菰"之说。以茭白作为蔬菜食用的最早记载见于《尔雅·释草》："出隧，蘧蔬"，蘧蔬即茭白。古人对这两种产品

---

① 《便民图纂》卷第十五，收藏藕。

② 《四时纂要》秋令卷之四，八月。

早有认识，如《西京杂记》就曾明确指出："菰之有米者，长安人谓之雕胡，……菰之有首者，谓之绿节。"

茭白的分布几乎遍及全国，但其主要经济栽培地区则在长江流域及其以南各省，江北则仅局限于山东、河北等省的个别地方。历史上太湖地区不仅食用茭白最早，而且资源丰富，生产茭白，直至今天仍是栽培经验最丰富的地区，有可能是茭白驯化栽培的起源地。早在晋代，茭白已是苏州一带的名贵蔬菜，《晋书·张翰传》记载："翰因见秋风起，乃思吴中菰菜、莼羹、鲈鱼脍。"北宋《吴郡图经续记》也说："（隋）大业中，（吴郡）献菰菜裹二百斤。其菜生于菰蒋根下，……七八月生，薄盐裹之入献。"说的也是太湖地区茭白的生产和贡献状况。除我国外，越南、泰国等东南亚国家也有栽培。

茭白［图片来源：（清）吴其濬著：《植物名实图考》卷十八，水草类，商务印书馆，1957 年，第 451 页］

茭白有单季茭白和双季茭白之分，双季茭白的记载始于五代，五代韩保昇有"夏月生菌堪啖，名菰菜"之说，根据茭白的生物学特性，单季茭白产于秋季，能产夏茭者当为双季茭。南宋江苏省的《毗陵志》记载：茭白"春亦生笋"，指的是双季茭①。明代王世懋《学圃杂疏》记载得更加明确："茭白以秋生，吴中一种春生，曰吕公茭，以非时为美。"

栽培过程中有时会出现灰茭，灰茭不能食用，唐代的《本草拾遗》称之为"乌郁"。到了宋代，人们已经认识到灰茭的出现

① 这里也可能是指茭儿菜，也就是野茭白。

是因为栽培失当所致。南宋《分门琐碎录》已提出用逐年移栽的方法，可以防止产生灰茭。明代《便民图纂》更指出在逐年移栽的基础上，配合深栽，并用河泥壅培菰根，可以更有效地防止出现灰茭。

古人把不能形成茭白，而在秋末吐穗结实者称为“牡茭”。这在程瑶田《九谷考》中已有记载，并说明茭农们已能于菌期识别，并及早清除。现在人们把这种夏秋可抽薹开花结实者称为“雄茭”，栽培上每年都要进行严格的选种，以保持其优良种性。

茭草茎的基部分蘖芽和匍匐茎生长势强，年久能和污土一起浮于水面，形成葑田，正如宋代唐慎微《证类本草》卷十一所说：“二浙下泽处，菰草最多，其根相结而生，久则并土浮于水上，彼人谓之菰葑。刈去其叶，便可耕莳。”① 元代《王祯农书》还介绍了“以葑泥附木架上而种艺之”② 的架田。这些都是利用茭草营造的浮水田。

茭白味道鲜美，营养丰富，而其收获期正值春秋两个蔬菜淡季，对调剂蔬菜淡季有积极作用。据报导，茭白还有止咳、利尿、降血压等药效。

（三）菱

菱（*Trapa bicornis* L.）是菱科菱属一年生草本浮水植物，有芰、薢茩、水栗、沙角、菱角、龙角等别名。中国是菱的原产地之一。1981 年浙江水文地质工程大队在浙江省宁海县岳井公社的地下发掘出距今 2 万～3 万年的炭化四角菱。浙江余姚河姆渡遗址（距今 7 000 年）、嘉兴马家浜新石器遗址（距今 6 000 年）及距今 5 000 多年的浙江吴兴钱山漾遗址均出土了炭化菱角。说明自古以来浙江一带便有野生菱分布。

菱在中国有悠久的栽培历史。《周礼·天官》中已有“加笾

① 《证类本草》卷一一，菰根，引《图经》。

② 《王祯农书》农器图谱集之一，田制门，架田。

之实，菱芡栗脯”的记载，说明早在 3 000 年前，人们已经懂得把菱晒干成脯备用了。《礼记·内则》则将菱与牛修、鹿脯、桃、李、枣、栗等相提并论，也说明当时已对菱进行驯化栽培。相传江苏省苏州市的菱湖，便是春秋时吴王曾在该湖种菱得名，果如此则距今也有 2 500 年左右的历史。

菱属植物分布很广，欧洲、亚洲、非洲以及北美、澳洲等地的热带、亚热带和温带地区均有分布。在中国北起黑龙江南到海南岛，东起台湾西及新疆各省区，几乎都有分布。其中尤以江苏、浙江、湖北、湖南等省栽培面积较大。

菱［图片来源：（清）吴其濬著：《植物名实图考》卷三十二，果类，商务印书馆，1957 年，第 752 页］

《齐民要术·养鱼第六十一》附有“种芰法”，认为：“秋上子黑熟时，收取，散着池中，自生矣。”① 这是关于菱的栽培方法的最早记载。《农政全书》卷之二十七引《农桑通诀》所说的种植方法：“重阳后，收老菱角，用篮盛，浸河水内，待二三月，发芽，随水深浅，长约三四尺许，用竹一根，削作火通②口样，箝住老菱，插入水底③。若浇粪，用大竹通节注之。”④ 关于水底浇粪的方法，《花镜》卷六说得更详细：“池塘内若欲浇粪，用粗大毛竹，打通其节，贮肥于内，注之水

① 《齐民要术》卷第六，养鱼第六十一，种莼、藕、莲、芡、芰附。

② 火通，即吹火筒。

③ 据《农村家庭科学种菜》408～409 页介绍，现在仍有人用藕杈叉着藕节插入沟中，再用脚将泥压盖的方法进行水中种藕。方法与此相类似。

④ 《便民图纂》所记与此相同。

底，若以手种者，能令其实深入泥中，再灌以肥，未有不盛者也。”[①] 据《宋史》记载，北宋苏轼知杭州任，疏浚西湖，曾经利用菱塘管理精细，春季必须清除菱塘杂草的习惯，特地募人于西湖种菱，藉以清除丛生西湖的杂草，并以种菱所得的收入补充浚湖的经费，一举两得。这也说明当时人们对菱塘已进行精细的管理。

采收菱角，一般都是及时从浮于水面的菱盘采收之。但据清代《允都名教录》记载，浙江诸暨的某些地方，也有人任老熟的菱角掉落水底泥中，至冬农闲时才“踏而取之”。

菱的品种很多，早期栽培的都是有角菱，有二角、三角、四角之分。无角菱到宋代始见记载，嘉泰元年（1201）《吴兴志》说：“近又有无角者，谓之馄饨菱。”《海虞物产志》曾对菱的品种作过描述：“菱有红、青、乌及两角、四角之别，一种红而大者出戈窑荡，即以戈窑荡名之。”总之，古代的菱品种繁多，有的按皮色分，有的按形角分，有的按皮之厚薄分，还有的按生育期的长短分，纷繁复杂，不一而足。

菱的果实，自古以来除作水果和蔬菜食用外，还有多种用途。《王祯农书》说：“生食性冷，煮熟为佳。蒸作粉，蜜和食之尤美。江淮及山东曝其实以为米，可以当粮。”[②] 有些方志也有类似记载。

《本草纲目》认为嫩时剥食，老则曝干剁米，为饭、为粥、为糕、为果，皆可代粮。其茎亦可暴收，和米作饭，以度荒歉。嘉庆《双林镇志续记》说：“摘嫩叶梗连根煮食，曰菱莽头。”清代李符《梦横塘·菱》词自注云：深秋“采菱根煮食，味极俊美。”近代以来，还将之加工制作罐头、果汁、菱粉和酿酒。菱还具有医疗保健作用。李时珍《本草纲目》认为：“菱实粉粥，

---

① （清）陈淏子：《花镜》卷六，花草类考，菱。

② 《王祯农书》百谷谱集之三，蓏属，芰。

益肠胃，鲜内热。”今人研究后认为，菱还具有一定的抗癌作用。

（四）荸荠

荸荠（*Eleocharis tuberose* Schultes）属莎草科荸荠属多年生浅水性草本植物。别名有地栗、马蹄、乌芋、凫茈、芍、黑三棱等。荸荠原产我国，我国人民很早便已采食野生荸荠，《尔雅》称之为“芍”或“凫茈”。晋代郭璞注《尔雅》时说：凫茈“生下田，苗似龙须而细，根如指头，黑色可食。”由此可见当时可能已把荸荠栽培于“下田”，但从“根如指头”上看，可能是人工栽培的初始阶段。

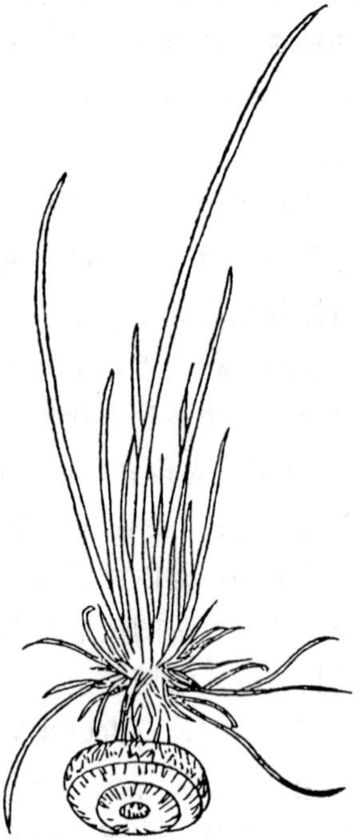

荸荠［图片来源：（清）吴其濬著：《植物名实图考》卷三十一，果类，商务印书馆，1957年，第732页］

直至宋代《本草衍义》才明确记载其有野生者黑而小，食之多滓；种出者皮薄色淡紫，肉白而大，软脆可食。这是人工栽培荸荠的明确记载。

关于荸荠的种类，宋代的《图经本草》和《本草衍义》曾作介绍，《本草衍义》说：荸荠“皮厚色黑，肉硬白者，谓之猪荸荠；皮薄泽，色淡紫，内软而肥者，谓之羊荸荠。……此二等，药罕用，岁荒，人多采以充粮。”① 明代正德《姑苏志》和同治《上海县志》等也有类似说法，认为荸荠有红皮与黑皮两种：红者品质佳，但不耐贮运，名

① （宋）寇宗奭：《本草衍义》卷一八，乌芋。

铜箍；黑皮者较耐贮运，名铁箍。

我国荸荠分布甚广，据各地方志记载，贵州、湖南、安徽、浙江、山东、辽宁等省均有野生荸荠生长。经济栽培南北均有，主要在长江以南各省。明清时期，苏州、上海等地所产荸荠已运销北方。正如明王世懋《学圃杂疏》所说：荸荠“吴中最盛，远货京师，为珍品。”同治《上海县志》也说：荸荠“年终比户食之，亦附海舶载往北地。”目前，广西桂林、浙江余杭、江苏苏州、福建福州、湖北孝感等地均为著名产区。除我国外，朝鲜、日本、越南、印度、美国等也有栽培。

在栽培荸荠的选地方面，各地的标准不一，明代《便民图纂》记载，太湖地区不仅选用肥田栽培，而且还施用豆饼、大粪等肥料。清末《抚郡农产考略》记载江西省栽培荸荠往往与水稻轮作。同治《衡阳县志》则认为：“其地不必尽肥，涧洫沟溪处亦可种。”

荸荠的栽培方法，据《便民图纂》等古籍记载，是于农历正月，选择大而周正的球茎作种。用缸盛泥，待种荸荠的种芽开始萌动时埋入缸泥中进行催芽。至农历二、三月间，将已发芽的种荸荠排于秧田中。“小暑”前将荸荠苗按1尺5寸的株行距定植于本田。生长期间，始终要保持一定的水层。中耕除草基本与水稻同。民国24年《广东通志稿》记载广东栽培荸荠有早晚造之别。早造于农历二月下种，晚造则作为早稻的后作，于夏至后下种。栽植前要下基肥，栽植后还要追肥数次。

荸荠除可生吃、煮吃、炒吃外，唐代孟诜《食疗本草》提到可以加工澄制淀粉食用。一些本草类著作还认为荸荠具有健胃、祛痰、解毒的功效，具有一定的药用价值。

（五）慈菇

慈菇（*Sagittaria sagittifolia* L.）属泽泻目泽泻科慈菇属多年生水生或沼生草本植物。古代有籍姑、河凫茈、白地栗、水萍等别名。其苗则名剪刀草、箭搭草、槎丫草。

慈菇原产我国，但其食用时间和史书记载较晚，这可能与其野生种有“微毒”、味道“微苦”有关。正如唐代孟诜《食疗本草》所说：“吴人常食之。令人发脚气、瘫缓风、损齿、失颜色、皮肉干燥。卒食之，使人干呕也。”所以直至南北朝时陶弘景的《名医别录》始见著录，但仍将慈菇与荸荠相混淆。北宋《图经本草》才首次将两者明确区分。明代《本草纲目》进一步正其误曰：“乌芋、慈菇原是二物：慈菇有叶，其根散生；乌芋有茎无叶，其根下生。气味不同，主治亦异，而《别录》误订慈菇为乌芋，谓其叶如芋。陶、苏（指陶弘景和苏恭）二氏因凫茈、慈菇字音相近，遂至混淆，而诸家说者因之不明，今正其误。”这说明宋、元以前我国慈菇的栽培历史不长，栽培数量不多，人们对它的了解也不够。直至南宋嘉泰元年浙江《吴兴志》才首次记载：“茨菰，今下田亦种。”元至正二年浙江《四明续志》也说：“茨菰，生低田中，可种。”

关于慈菇的品种，迟至民国间始见记载。民国 9 年广西《桂平县志》记载的慈菇品种有三：“一牛眼菇，体圆大如鸡子，味略苦涩；二竹节菇，体长而皮白，质松味甘，此为最佳；三曰沙菇，体小，皮色深黄，质亦松粉，味香而略苦。”民国 24 年《广东通志稿》也记载了蓝玉、松衣、沙姑等三个品种，其中松衣品质佳，产量丰。

慈菇在我国分布较广，但主要集中在江南地区，如江苏、浙江、广东、广西等省区。除中国外，日本、朝鲜也有栽培。

慈菇的栽培方法，明代《便民图纂》和《农政全书》卷之二十七说：“种法：预于腊月间，折取嫩芽，插于水田。来年四五月，如插秧法种之。每科离四五许，田最宜肥。”《广东新语》认为：“蔆毕收，则种茨菰”①，是将慈菇作为菱角的后作栽培。民国 24 年《广东通志稿》说广东农民常注意控制慈菇匍匐枝的发

① 《广东新语》卷二十七，草语，莲蔆。

生数量，以便集中养料，形成较大的球茎。《洞庭东山物产考》所述的栽培时间稍有不同，认为：慈菇“冬月种水田中，二月出软苗（发芽），三月分栽肥水田内，排行如插秧法。”并指出“黄蕊不实”。“黄蕊”即雄花，故不能结实。

慈菇除以球茎入蔬为果外，其嫩茎亦可入蔬。《本草纲目》还说它可“取汁，可制粉霜雄黄”。

（六）芡

芡（*Eurgale ferox* Salisb）属睡莲科芡属水生草本植物，有鸡头、鸡壅、雁头、鸿头、芀子等别名。芡原产我国，浙江余姚河姆渡等新石器时代遗址已有芡实出土。《周礼》中有“加笾之实，蔆芡栗脯”的记载。“笾”是古代祭祀和宴会时盛果品的竹器，说明当时人们已将芡实作祭品。芡的野生种也在我国江浙一带广为分布，直至清代，《太湖备考》和浙江《澉水新志》等地方志仍记载有野生芡的生长。

芡的分布较广，主要分布在各地的湖泊、池塘、淤沟中，尤以洪泽湖和太湖地区为多。南宋嘉泰元年（1201）《会稽志》说该地有较大面积的连片栽培的芡。咸淳四年（1268）《临安志》称其地所产的芡品质优良，康熙二十三年（1684）江苏《吴江县志》说：其地所产芡的品质在杭州之上，且其栽培广，产量多，“北过苏州，南逾嘉兴，皆给于此。”

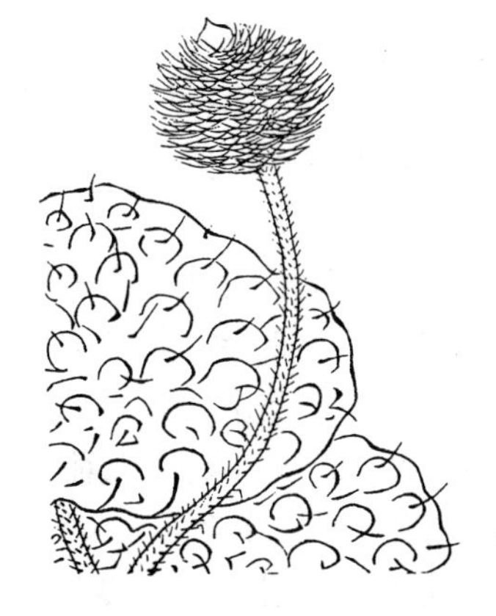

芡［图片来源：（清）吴其濬著：《植物名实图考》卷三十二，果类，商务印书馆，1957年，第748页］

《姑苏志》提到芡的品种“有粳糯之分”。万历七年（1579）《杭州府志》也说：芡“有粇有糯，糯者味软美。”并说：其壳的颜色“有黄壳、有白壳、有青壳、有铁壳。白者为上，黄者次之，青者又次之，铁者为下。”

关于芡的栽培方法，《齐民要术》曾有简单的记载：“八月中收取，擘破取子，散着池中，自生也。”这是简单的直播方法。明代的《便民图纂》和《农政全书》记载的是育苗移栽方法：秋季采收老熟的芡子，盛于蒲包内，浸于水塘中。次年农历三月取出，播于浅水田中育苗。待叶片浮出水面时，按5尺的株行距定植于本田，定植前应先施用麻饼或豆饼作基肥，种时以芦苇插记根处，定植后10余日用河泥壅培根际①。

芡米除鲜食外，亦可制成淀粉。《王祯农书》说：“鸡头作粉，食之甚妙。”并说：“舂去皮，捣为粉，蒸煠作饼，可以代粮。”② 芡的嫩茎古代亦入蔬。嘉泰《吴兴志》称为“葰菜”、“鸡冠菜”。《王祯农书》称为“菣”，“人采以为菜茹”。《本草纲目》还提到芡的根“煮食如芋”。芡米还可入药，《神农本草经》把它列为上品药。

此外，古人在芡实的收藏方面也积累了丰富的经验：《物类相感志·果子》说：“收鸡头，晒干入瓶，纸蒙了，复埋之地中。”元·贾铭《饮食须知》卷四说：“芡实一斗，用防风四两煎汤浸过，经久不坏。”

（七）莼菜

莼菜为睡莲科莼菜属多年生宿根水生草本植物。古代有茆、凫葵、水葵、露葵、马蹄草、锦带、缺盆草、浮菜等别名。

莼菜原产我国，先秦时期已经食用，《诗经·鲁颂·泮水》中的“思乐泮水，薄采其茆”句，是有关莼菜的最早记载。其中的“茆”，即是莼菜。

莼菜主要分布于长江以南各省，江北的山东省也有少量分

---

① 《农政全书》卷二七，树艺，蓏部，芡。

② 《王祯农书》百谷谱集之三，蓏属，芡。

布。据《晋书·张翰传》记载，早在西晋初年，苏州一带便把莼菜视为珍蔬。唐宋以后，江苏太湖东西山附近水域、杭州西湖以及萧山湘湖等地所产的莼菜颇负盛名。唐代陆广微《吴地记》说：灵岩山“山上有池，旱也不涸，中有莼甚美。”宋代张孝祥“莼菜”诗中有“我梦扁舟震泽风，莼羹晚筋落盘空”之句。

莼菜生长期长，采收期也长。古代以采收野生莼为主，栽培莼较迟也较少。《齐民要术》始有关于种莼的记载：“近陂湖者，可于湖中种之；近流水者，可决水为池种之。以深浅为候：水深则茎肥而叶少，水浅则叶多而茎瘦。莼性易生，一种永得。宜净洁；不耐污，粪秽入池即死矣。”① 虽未提及莼菜的具体栽培方法，但对莼菜的生物学特性却作了确切的介绍。不同时期采收的莼菜，其品质有很大的差异，康熙年间的《北墅抱瓮录》认为：“春夏之交，叶底津生寸许，白如水晶，莼羹之妙正在此日。”这里所说的“津”，是指其透明的胶质。同治十三年《湖州府志》认为：“莼宜专取嫩叶卷而未舒，形如小梭者作羹始佳。”

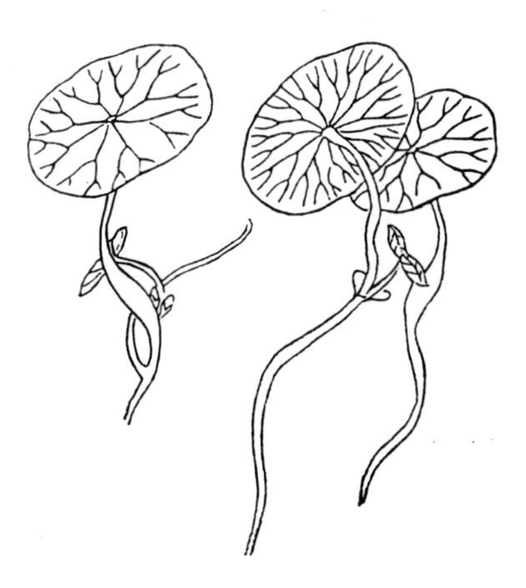

莼［图片来源：（清）吴其濬著：《植物名实图考》卷十八，水草类，商务印书馆，1957年，第451页］

莼菜极不耐贮运，袁宏道《湘湖记》中说：它“半日而味变，一日而味尽。”在交通闭塞的古代，很多人都不知道有莼菜，以至明代后期邹舜五在《太湖采莼诗·引》中说：“辛酉（1621）

① 《齐民要术》卷第六，养鱼第六十一，种莼、藕、莲、芡、芰附。

秋汛太湖，见紫莼杂出苹荇间，讯诸旁人不识也。……太湖向无采莼，自余始，因赋诗记之。”其中虽然存有误解或夸大其辞之处，但也反映出古代因太湖水域宽广，运输不便，附近确有很多人没有接触过莼菜。清末以来，特别是新中国成立后，莼菜已加工瓶装，运销国内外，莼菜栽培有了很大的发展。

据近人研究，除一般蔬食外，莼菜还具有清热、利尿、解毒、防癌等功效。

第十章　花卉栽培史

第一节　概　　述

一、起源和发展

花卉泛指一切可供观赏植物的花、果、叶、茎、根，通常以花朵为主要观赏对象。我国对花卉的观赏利用已有悠久的历史，在距今5 000多年的仰韶文化彩陶上已绘有花朵纹饰。商代甲骨文中已有园、圃、林、树、花、果、草等字。园圃是栽培果蔬的场所，所栽的梅桃等果木也有很好的观赏价值。《周礼》记载当时已设置“囿人，中士四人，下士八人，府二人，胥八人，徒八十人”，专管鸟兽虫鱼及花木栽培。说明先秦时期已有专人栽培管理花卉果木。

在我国的出土文物中，可以找到4 500年前的云纹彩陶花瓶，说明我国的插花艺术的起源，可以上溯到夏代以前。河北望都一号东汉墓墓室内壁发现有盆栽花的壁画，说明盆栽花至迟在东汉时已经流行。

从花卉本身的发展演变看，不少花卉原是食用或药用植物，由于人们喜爱其花之美，遂逐渐变成专供观赏的花卉，或食用、药用、观赏兼用的花卉，如白菊花、芍药、荷花等。但其中专供观赏的花卉，如牡丹、兰花、月季、腊梅、茶花等是花卉的主流。此外，一些观赏植物，如松柏、梧桐、杨柳、竹等在中国园林和庭院中具有特殊的观赏价值，可视为广义的花卉。

汉武帝时曾扩大秦代的上林苑，使其成为“周袤数百里”的园林，南北各地竞献名果异树，多达2 000余种，其中不少是当地可以露地栽培的植物，说明当时的栽培技术已有较高的水平。

上林苑堪称我国历史上第一个大规模的植物园。

自西汉起，养花栽树之风盛行于官僚富户之中，如茂陵富商袁广汉在洛阳北邙山下建私园，种植奇树、芳藤、名草、异花。晋代陶渊明则在江西故里以艺菊自娱。

自从有了园圃和苑囿，便从农民中分化出专门从事花卉栽培的花农，并形成花卉交易的花市。隋唐时期，花卉业大兴，首都长安花市上销售的花卉主要有牡丹、芍药、樱桃、杜鹃、紫藤等。春季还有“移春槛”活动，即将名花异卉植于槛内，以板为底，下装木轮，牵之如车轮自转，以供赏玩。当时的长安还有“斗花”的活动，富豪之家，不惜千金，市名花植于庭院，以备来春斗花取胜。白居易《卖花诗》说：“上张幄幕庇，旁织巴篱护，水洒复泥封，移来色如故。”宋元时期，花卉的观赏逐步向民间普及，欧阳修《洛阳牡丹记》说：“洛阳之俗，大抵好花。春时，城中无贵贱皆插花，……往往于古寺废宅有池台处为市，并张幄帟，笙歌之声相闻……至花落乃罢。”李格非《洛阳名园记》介绍了洛阳 20 多个宅园，并说“洛中园圃花木有至千种者”。南宋临安钱塘门外有花圃种植基地，所种花木每日市于都城。民间还栽种盆花，相互馈赠。明清时期随着商品经济的发展，更促进了花卉的对外交流和花卉业的发展。《群芳谱》引《析津日记》说：“芍药之盛，旧数扬州……而京师丰台，连畦接畛，倚担市者，日余万茎。”《鸿雪因缘图》记载：北京丰台“前后十八村，泉甘土沃，养花最盛，故居民多以种花为业。”明代江南私园胜于北方，至今保存下来的江南私园有：无锡的寄畅园，苏州的留园、拙政园，上海的豫园等。华南气候温暖，更适于花卉栽培，其花卉品类不同于北方，花卉栽培和花市盛况也不亚于北方。除了专业花农外，还出现了花卉中间商“花客”。

二、栽培技术

花卉的栽培技术，经过几千年的积累，已有丰富的经验，散见于各类相关的文献中。如《分门琐碎录·种艺·种花》介绍的种树易移法："凡花木，有直根一条，谓之'命根'，趁小时便盘[1]了，或以砖瓦承之，勿令生下，则他日易移。"郭橐驼《种树书》卷下介绍的因花施肥法："灌溉花木各自不同：木犀当用猪粪；瑞香当用焊猪汤；葡萄当用米泔水和黑豆皮。"《格物粗谈》卷上记载有马粪催花法："马粪调水浇花，能早开数日。"[2]《齐东野语》认为："凡花之早放者，名曰堂花，其法：以纸饰密室，凿地作坎，緶竹置花其上，粪土以牛溲、硫磺，尽培溉之法，然后置沸汤于坎中，少候，汤气熏蒸，则扇之以微风，盎然盛春融淑之气，经宿则花放矣。若牡丹、梅、桃之类无不然。"但是桂花却相反，因为："桂必凉而后放，法当置之石洞岩窦间，暑气不到之处，鼓以凉风，养以清气，竟日乃开。"[3] 清代《花镜》卷二记载的"课花十八法"，可说是集我国传统艺花技术之大成。其具体名目为：辨花性情、种植位置、接换神奇、分栽有时、扦插易生、移花转垛、过贴巧合、下种及期、收种贮子、浇灌得宜、培壅可否、治诸虫蠹、枯树活树、变花催花、种盆取景、养花插瓶、整顿删科和花香耐久。

三、引　　种

花卉品类的增加和变异，和异地或异域不断引种有关。汉武帝时的上林苑便曾大规模地进行异地引种。以后各代，异地引种，连绵不断。嵇含《南方草木状》中所记的茉莉、素馨即从波斯引入。唐代李德裕在洛阳的别墅平泉庄内，共有奇花异草 70 余种，其中大部分是从南方引入。白居易曾将苏州白莲引种至洛阳，将庐山杜鹃引种于四川忠县。牡丹原产于洛阳，宋以后随着

---

① 盘，通蟠，回绕、曲屈之意。
② （宋）苏轼：《格物粗谈》卷上，培养。
③ （宋）周密：《齐东野语》卷一六，马塍艺花。

异地引种栽培的发展，安徽亳州、山东曹州崛起成为著名的牡丹产地。菊花原产于长江流域和中原一带，但元代起我国北方，甚至边远地区也种菊花。

随着航海、贸易的发展，一些欧美国家也引种中国原产植物，一批批植物采集家纷纷来华采集。如英国的詹姆斯·坎宁安曾于1698年来华采集了600多份标本。亨利·威尔逊曾于1899—1918年间5次来华采集植物，并写下了《中国——园林之母》的著名著作。

四、无性繁殖

花卉种植中普遍采用无性繁殖法（包括分株、扦插和嫁接）。宋代王观《扬州芍药谱》认为："凡花，大约三年或二年中一分。不分则旧根老破而侵蚀新芽，故花不成就。"但分株也不可过于频繁，"不分与分之大类，皆花之病也。"① 《栽花总录·分栽》记载了分株的具体方法，认为："凡根上发起小条俱可分，必先就本根相连处断而不动，以待次年，当分时移植，仍记其阴阳，不令转易即活，若阴阳易位，则难生矣。"

关于扦插技术，古人一般都强调扦插的时间"必在惊蛰前后"，扦插的天气"必遇阴天方可动手"，扦插时必须"一半入土中，一半出土外……插于背阴之处，四旁筑实不动，其根自生。"为了提高扦插的成活率，古人还发明了先将花枝插于芋头、萝卜之上，再将芋头、萝卜种于泥土之中的方法。如《分门琐碎录·种艺·种花》所说："凡种花药，须冬至后立春前，所斫直枝有鹤膝如大母指者，长二尺许，（扎）于芋魁中。掘坎令宽，调泥浆，细切生葱一升，搅于泥中。将芋魁置泥中，以细土覆之，勿令实，当年有花，次年实。"《癸辛杂识·续集·插花种菊》也说："春，花已半开者，用刀剪下，即插之萝卜上，却以花盆用

① （宋）陈景沂：《全芳备祖》前集，卷之三，芍药引。

土种之，时时浇溉，异时花过则根已生矣。既不伤生意，又可得种，亦奇法。”①

花木的嫁接技术，至宋代始有记载。欧阳修《洛阳牡丹记》认为牡丹的砧木要在春天到山中寻取，先种于畦中，到秋天才可嫁接。嫁接方法是：“花之木，去地五七寸许，截之乃接，以泥封裹，用软土拥之，以蒻叶做庵子罩之，不令见风日，惟南向留一小户以达气。至春，乃去其覆，此接花之法也。”② 据说洛阳最名贵的牡丹品种“姚黄”，一个接穗即值五千，在秋季先买下接头，到春天花开了才付钱。宋周师厚《洛阳花木记》记载接花时砧木与接穗皮须相对，使其津脉相通。《分门琐碎录》总结了“实肉子相类者”容易接活的规律，即亲缘关系相近者容易接活。《续墨客挥犀》卷七认为：“百花皆可接。有人能于茄根上接牡丹，则夏花而紫；接桃枝于梅上，则色类桃而冬花；又于李上接梅则香似梅而春花。”《种树书》卷下认为：嫁接时要“将头（接穗）于木身（砧木）皮对皮，骨对骨，用麻皮紧缠，上用箬叶宽覆之，如萌茁稍长，即彻去箬叶，无不成也。”清代的《花镜》对嫁接的神奇曾作过总结：“凡木之必须接换，实有至理存焉。花小者可大，瓣单者可重，色红者可紫，实小者可巨，酸苦者可甜，臭恶者可馥，是人力可以回天，唯在接换之得其传耳。”③

五、种子繁殖

唐宋以后，虽然花木的无性繁殖得到较大的发展，但种子繁殖依然不可取代。宋时已注意到长期进行无性繁殖的花木要改用有性的种子繁殖，因为自然杂交所结的种子，其后代容易产生变异，往往可以从中选得优良新品种。正如陆游《天彭牡丹记》提

① （宋）周密：《癸辛杂识续集上》，插花种菊。

② 《欧阳修诗文集校笺》外集，卷二十二，洛阳牡丹记。

③ （清）陈淏子：《花镜》卷二，课花十八法，接换神奇法。

到的当时花户大都多种花子，以观其变。但在选择优良品种过程中，必须进行连续多代的选择单株，只有得到整齐一致的子代后，才能成为一个稳定的品种。下种的时间因花卉而异。下种时“核宜排，子宜散”。下种的天气宜晴，雨天下种不易出芽。但晴天下种后，最好是三五天内有雨，如无雨则要浇水。果实排种时必须以尖朝上，并以肥土盖之。细子散播后则以灰盖。

六、整枝摘心

宋代苏州一带花农已能采用整枝、摘心、疏蕾、剪除幼果等方法，使花朵开多开大。《花镜》则从观赏的角度论述整枝摘心的必要性：“诸般花木，若听其发干抽条，未免有碍生趣。宜修者修之，宜去者去之，庶得条达畅茂有致。”① 修剪的方法视花木的长相而定，枝向下垂者剪去之，枝向里生者断去之，有骈枝两相交者留一去一，枯朽枝条最能引蛀，当速去之，冗杂的枝条，最能碍花，当择细弱者去之。这和当今的疏删修剪，剪除病枝、虫枝、重叠枝、过密枝、细弱枝、徒长枝，以使植株通风透光，促进生长与开花的方法相类似。古人在截枝时还强调截痕要向下，以防雨水沁入木心。

七、害虫防治

关于花卉害虫防治的记载，宋代以后逐渐增多，至明清则更趋完备。宋代欧阳修《洛阳牡丹记》记载了牡丹害虫的防治方法：“种花必择善地，尽去旧土，以细土用白蔹能杀虫，此种花之法也。”还指出如发现花开得变小了，说明有蠹虫，要找到枝条上的小孔，“乃虫所藏处，花工谓之气窗。以大针点硫磺末针之。虫既死，花复盛。此医花之法也。”宋苏轼《格物粗谈》卷上也说：“花树虫蛀孔，以硫磺末塞之。”又说：“蛀出生枝上，

---

① （清）陈淏子：《花镜》卷二，课花十八法，整顿删科法。

以桐油围梗，自死。”① 《培花秘奥录》卷上记载的治虫方法是："视其虫眼出粉处，以半夏削条塞入眼内蔽塞，虫必噬食半夏，以求出，（噬）药自死。或以暴竹药捻作（铁线）状，用面糊其上，使晒干硬，直插眼内，以火烧之，亦（死）②。”明张岱《陶庵梦忆》则记载了防治火蚁、黑蚰、蚯蚓、蜒蝣、象干、毛蜎等害虫的方法。清代的《花镜》也介绍了多种防治害虫的方法，提及的植物性药物有大蒜、芫花、百部等。无机药物有焰硝、硫磺、雄黄等。还介绍了烟熏蛀孔、江篱粘虫等方法。

第二节　各种花卉栽培史

一、牡丹栽培史

牡丹（*Paeonia suffruticosa*）属毛莨科牡丹属多年生落叶小灌木，有鹿韭、鼠姑、百两金、木芍药、白术、富贵花等别名，是我国的特产名花。

牡丹原产我国的西部和北部，陕西的秦岭、太白山、华山，四川的峨眉山，陕西的五台山、中条山，河南的伏牛山等的丘陵山区以及甘肃的成县、天水，湖北的神农架等地区，至今仍有野生牡丹生长。古时的牡丹，长期与芍药混称在一起，直到秦汉之际，才从芍药中分离出来而名之为木芍药。最早的文字记载见之于《神农本草经》，把它作为药用植物。1972 年在甘肃武威柏树乡东汉圹墓中挖掘出的医简中也有牡丹治疗“血瘀病”的记载。说明牡丹不仅是著名的观赏花卉，同时也是著名的药用植物。

牡丹作为观赏植物栽培，约始于南北朝时代，到了隋代，洛阳牡丹兴旺起来。王应麟《玉海》记载说：“隋炀帝辟地二百里为西苑，诏天下进花卉，易州进二十箱牡丹。”《隋志·素向篇》

① （宋）苏轼：《格物粗谈》卷上，树木。

② （）内的字原缺，此为笔者所校补。

也有“清明次五日，牡丹华”的记载。到了唐代，牡丹栽培更加兴盛，舒元舆在《牡丹赋并序》中说：“天后（指武则天）之乡，西河也，精舍下有牡丹，其花特异，天后叹上苑之有缺，因命移植焉，由此京国牡丹日月浸盛。”此后便逐渐从王宫传至官邸和民宅。正如刘禹锡《赏牡丹》中所说：“唯有牡丹真国色，花开时节动京城。”白居易《买花》也有“家家习为俗，人人迷不误”之句。牡丹最初盛于长安（今西安市），宋代又盛于洛阳、陈州（河南淮阳），而洛阳牡丹为“天下冠”。北宋诗人梅尧臣诗云：“洛阳牡丹名品多，自谓天下无能过。”欧阳修和周师厚各自著有《洛阳牡丹记》。北宋末年，因战乱迭起，洛阳牡丹开始衰退，陈州牡丹兴盛起来。张邦基《陈州牡丹记》认为：洛阳牡丹“未若陈州牡丹之多且盛也。园户种花如种黍粟，动以顷记。”南宋时四川天彭（今成都西北）牡丹为蜀中第一，陆游《天彭牡丹谱》说：其“花品近百种，然著者不过四十。”到了明代安徽亳州牡丹兴起，明代薛凤翔著有《亳州牡丹史》和《牡丹八书》记述其事。与此同时，山东曹州（今山东菏泽市）牡丹栽培兴起，到清代乾隆年间，竟取亳州而代之。此外，明清时期甘肃临夏、临洮、兰州一带，牡丹栽培也发展迅速，不断有新的栽培中心形成。

牡丹［图片来源：（清）吴其濬著：植物名实图考》卷二十五，芳草类，商务印书馆，1957年，第625页］

中国牡丹品种十分丰富，以花瓣分，有单叶、千叶之别；以颜色分，有白、黄、粉、红、紫、绿之异。据不完全统计，我国隋唐时代有23种，宋代有114种，明代有340种，清代有381种，现在约有460种。列代留传下来的名品主要有姚黄、魏紫、墨魁、豆绿、二乔、白玉、蓝田玉、洛阳红、状元红等数十种。其中的姚黄，黄花千叶，花大八九寸，色极鲜妍，被称为花王；魏紫、紫色千叶，面大如盘，起楼如钟，端丽精彩，被誉为花后。

我国牡丹早在唐代已传入日本，1656 年传入荷兰，1787 年传入英国，后又传至欧洲其他国家，19 世纪又传入美国。在国外也育成一批新品种，其中尤以黄色牡丹最为珍贵。

繁殖牡丹有直播法、分根法和嫁接法。唐宋以后，虽然牡丹的无性繁殖得到较大的发展，但有性的种子繁殖依然不可取代，因为种子繁殖的后代容易产生变异，人们可以从中选择优良的新品种。在牡丹的种子采收方面，《洛阳花木记》最早指出，当牡丹蓇葖果将要开裂，种皮微黄时须立即采收并进行播种，如隔数日种皮变黑再播则难发芽。为什么？直到 20 世纪 30 年代才得知，系上胚轴休眠所引起。

关于牡丹的嫁接繁殖方法，古籍中多有记载。如欧阳修《洛阳牡丹记·风俗记第三》记载说："接时须用社后重阳前，过此不堪矣。花本去地五七寸许截之，乃接，以泥封裹，用软土拥之，以蒻叶作庵子罩之，不令见风日，唯南向留一小户以达气，至春乃去其覆。"该书"花释名第二"还记载说："潜溪绯者，……本是紫花，忽于丛中特出绯者，不过一二朵。明年移在他枝，洛人谓之转枝花。"所谓转枝花，即利用芽变嫁接而培养出来的新品种。薛凤翔《牡丹史》卷一记载了牡丹的根接方法："接花须于秋分之后，择其牡丹壮而嫩者为母……皆入土二寸许，以细锯截之，用刀劈开，以上品花钗（即接穗）两面削成凿子形，插入母腹，预看母之大小，钗亦如之。……必使两皮凑合，以麻松松缠之，其气庶几互相流通，……后用土封好，每封，覆以二瓦，以避雨水。俟月余，启瓦拨土，视母本发有新芽即割去之，仍密封如旧。明年二月初旬又起拨，看视如前法。……本年花开倍胜原本矣。"该书还提到："隆庆以来尚以芍药为本，万历庚辰以后，始知以常品牡丹接奇花更易活也。”此外，《分门琐碎录·种艺·接花法》提到：“于茄根上接牡丹花，不出一月，即烂漫也。”《调燮类编》卷四提到：“椿树枝上接牡丹，花大如斗。”明陆容《菽园杂记》卷十二记载说：“江南自钱氏以来，及宋元盛时，习尚繁华，富贵之家，于楼前种树，接各色牡丹于其杪，花时登楼赏玩，近在栏槛间，名楼子牡丹。”

牡丹还可分根移栽，《调燮类编》卷四说：“秋社前分后，全根掘出，勿伤细须，视可分处用手劈开，以小麦一幄，拌入土中。又和白敛末培之，可杀虫蠹。须直其根，曲之即死。”《群芳谱·花谱》除介绍分根繁殖外，还记载有分花方法：“拣长成大颗茂盛者，一丛七八枝或十数枝，持作一把，摔去土，细视有根者劈开，或一二枝，或三四枝作一窠，用轻粉①加硫磺少许碾为末，和黄土成泥，将根上劈破处擦匀，方置窠内，栽如前法。”

在整枝方面主张截去多余枝条，疏去虚弱花蕾，使花朵硕大。花落后及时剪去花蒂，以防消耗过多养分。栽种时用植物杀虫剂白敛末拌土以防害虫损害根系，发现茎上有虫孔，则用百部或硫磺塞入，以杀灭蛀虫。此外，还采用“催延花期法”，如《五杂俎》所说：把牡丹花“藏土窖中，四周以火逼之，故隆冬时即有牡丹花。”②《分门琐碎录·种艺·杂说》则说：“牡丹欲开时，用鸭子壳三分去一，笼之，赏则去壳。”古籍中还记载有多种使牡丹改变颜色的方法，如《酉阳杂俎》卷十九载有韩愈子侄曾用紫矿、轻粉、朱红等治其根，使紫色牡丹开花时色白红历绿。《格物粗谈》卷上说：“牡丹根下放白术，诸般颜色皆是腰金。”③

牡丹除作花卉栽培，号称“国色天香”外，其根皮含有丹皮

---

① 轻粉，中药名，由水银加工制成。味辛，有毒，具有消毒杀菌作用。

② （明）谢肇淛：《五杂俎》卷十。

③ （宋）苏轼：《格物粗谈》卷上，花草。

甙、芍药甙、丹皮酚、苯甲酸等成分，可以入药。牡丹花瓣还可蒸酒，牡丹露酒味正香醇。

二、芍药栽培史

芍药（*Paeonia lactiflora*）属于芍药科芍药属多年生草本花卉和药用植物。有留夷、婪尾春、离草、冠芳、没骨草等别名。是我国最古老的传统名花之一，向有“百花之中，其名最古”之说。《诗经·郑风·溱洧》中已有“维士与女，伊其相谑，赠之以芍药”之句，说明早在2 500多年前人们已把芍药作为礼品相赠。但早期芍药以自然野生为主，直到三国两晋时期，宫苑、园囿栽培观赏芍药才较普遍。宋代的芍药栽培以扬州为盛，时有“洛阳牡丹，广陵（扬州）芍药”之说，享有“维扬芍药甲天下”的美誉。据刘攽《芍药谱》记载，扬州私家园圃及佛舍所种芍药多达3万余株，品种有31个。王观《扬州芍药谱》言及扬州朱氏之园所种芍药多达五六万之巨。除扬州之外，洛阳亦盛产芍药。到了明清时期，芍药分布中心有所转移，据《析津日记》记载：“北京丰台，芍药连畦接畛，在开花时担到市上卖的，一天能达万余茎。”清代《北京岁时记胜》有“丰台芍药甲天下”之说。此外，山东曹县芍药品种已多达百余个，安徽亳县所产芍药重台茂密，芳香不散，甲于四方。现在山东菏泽是栽培芍药的主要地区，故有“菏泽芍药甲天下”之说。此外，安徽亳县、浙江杭州等地也是种植芍药的盛地。除华南部分地区因天气炎热，不适于生长外，芍药栽培几乎遍及全国各地园林之中。芍药除作花卉栽培外，还有大面积的以药用生产为主的栽培，这类栽培，以山东、安徽、江苏、浙江和四川等地为多。

芍药繁殖有分株、播种、根插等方法。其中分株繁殖简便易行，被广泛采用；种子繁殖仅用于培育新品种。关于分株繁殖方法，宋代王观《扬州芍药谱》认为：“凡花，大约三年或二年一分，不分则旧根老硬而侵蚀新芽，故花不成就；分之数则小而不

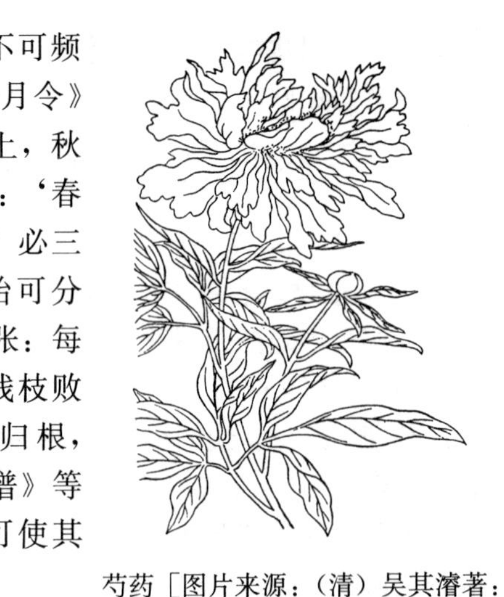

芍药［图片来源：（清）吴其濬著：植物名实图考》卷二十五，芳草类，商务印书馆，1957 年，第 625 页］

舒。”主张不可不分，也不可频分。分根的时间，《养余月令》卷二十六认为：“处暑为上，秋分为中，霜降为下。谚云：‘春分分芍药，到老不成花。’必三秋时候，则津液在根，始可分种。”①《培花秘奥录》主张：每到花谢后，“用手摘去残枝败叶，勿令讨力，使元气归根，所谓芍药剃头。”《群芳谱》等文献还说用黄酒浇之，可使其花“淡红者悉成深红”。

由于芍药花色艳丽，妩媚多姿，早在宋代，当人们把牡丹称作“花王”的同时，也把芍药称作“花相”。芍药除作观赏植物外，还是重要的中药材，有“白芍”和“赤芍”之分，具有养血、敛阴、柔肝、止痛等功能。芍药种子油，可供制肥皂和涂料之用，根与叶可提制栲胶。

三、梅栽培史

梅（*Prunus mume*）是蔷薇科李属的传统名花和经济果树。据考古发现，上海市青浦县菘泽遗址（距今 5 226～5 906 年）、江苏吴县梅堰（距今 4 000～5 000 年）和河南安阳殷墟（距今 3 200多年）等遗址均有梅核发现，说明早在五六千年前，人们已在广泛利用梅果。《书·说命》有“若作和羹，尔惟盐梅”之句，说明梅子已作为调味品在生活中起着重要作用。

梅以花闻天下，约始于西汉初年。《西京杂记》记载：“汉初

① （明）戴羲辑：《养余月令》卷二六，芍药。

修上林苑，远方各献名果异树，有朱梅、胭脂梅。”扬雄《蜀都赋》云：“被以樱梅，树以木兰。”可见梅已在园林绿化中广泛应用。南北朝时期，艺梅、赏梅、咏梅之风盛行，所以杨万里《和梅诗序》说：“梅于是时始以花闻天下。”陆凯《赠范晔诗》中有“江南无所有，聊赠一枝春”句，以此“一枝春”便成为梅花的艺名。隋唐宋元是艺梅的兴盛时期，不仅梅花诗文大增，而且梅画、梅书也纷纷问世。南宋范成大所著的《梅谱》、介绍梅花品种 12 个，是世界上第一部艺梅专著。明清时期艺梅规模与水平继续提高，王象晋《群芳谱》记载的梅花品种有 19 个之多。刘世儒的《梅谱》、王懋孝的《梅史》是有关梅花的重要文献。清代陈淏子的《花镜》则载有 21 个梅花品种。清代的苏州、南京、杭州、成都等地都以植梅成林而闻名。民国时期艺梅技术仍有发展，黄岳渊、黄德邻父子合编的《花经》除介绍梅花的栽培经验外，还介绍了自日本引入的数十种梅花新品种。

梅［图片来源：（清）吴其濬著：《植物名实图考》卷三十二，果类，商务印书馆，1957 年，第 749 页］

关于梅的栽培技术，《齐民要术》指出：“栽种与桃李同。”但《齐民要术》记载桃要种，李要栽，梅究竟是要种还是要栽？或是两者均可？不明确。当今梅的繁殖是嫁接与播种均可。古代还常用嫁接法改变梅花的颜色。宋代《格物粗谈》卷上记载：“冬青树上接梅，则开洒墨梅花。”① 《调燮类编》卷四则说：“江梅接桃杏

① （宋）苏轼：《格物粗谈》卷上，树木。

皆生，接苦楝则成墨色。”苏州一带则用江梅的实生苗做砧木，嫁接繁殖名贵品种。《农圃六书》则认为：“有五种：绿萼、照水、玉蝶、单瓣、江梅、楝树接，成墨梅。皆妙品也。”① 《梅谱》还介绍了一种促成栽培技术：“行都②卖花者争先为奇，冬初折未开枝，置浴室中，熏蒸令拆，强名早梅。”此外，古人对梅的整枝、扎缚、浇灌、护养和插花艺术等方面，均有丰富的经验。

因梅树不畏寒冷，花开较早，花色艳丽，花香扑鼻，观赏价值很高，既适于庭院栽培，也适于花园群植。梅桩可制作盆景，梅花宜于瓶插。历史上还常用不同的梅花类型、品种，培育成专类园形式，如梅花山、三友路梅峰、梅岭、梅溪、梅园、梅坞等。梅花还可作为芳香剂而用于饮食业。梅果是具有特殊风味的经济果品，除生食外，人们还常把它加工成话梅、渍梅、梅干、梅膏、陈平梅。梅果加工成的白梅、乌梅可入药。梅子还可制成梅酒和梅醋。

四、菊花栽培史

菊（*Chrysanthemum morifolium*）为原产我国的著名观赏花卉和药用植物。又名女茎、日精、节华、阴成、傅延年、寿客、更生、金蕊、帝女花、女华等。是菊科菊属多年生宿根草本或亚灌木植物。

我国菊花有悠久的栽培历史，最初用作食品和药品，后来才发展为观赏植物。《礼记·月令》中有“季秋之月鞠有黄华”之句，屈原的《楚辞·离骚》则有“朝饮木兰之坠露兮，夕餐秋菊之落英”的吟颂。《神农本草经》则说菊花：“久服利血气、轻身、耐老、延年。”③ 约自晋代起，人们已将菊花作为观赏对象。

---

① （清）周之玙：《农圃六书》卷一，树艺，木果部。

② 行都，即临安，今杭州市。

③ 《神农本草经》卷二，菊花。

陶渊明已有“采菊东篱下，悠然见南山”的诗句，表明菊花已在田园中栽种。又有“秋菊有佳色”之句，说明菊花已成为观赏植物。至唐代，艺菊之风更盛，并出现了白色、紫色等菊花新品种。宋元时期，菊花品种有较大的发展，艺菊专著相继问世，刘蒙《菊谱》(1104) 是我国第一部菊花专著，记载菊品 36 个。到史铸的《百菊集谱》(1242)，记菊品 160 个。元代杨维桢在《黄华传》中则记菊品 136 个。明代菊花又有发展，黄省曾《菊谱》记菊品 220 个。王象晋《群芳谱》记菊品 270 个，分为黄、白、红、粉红、异品等类。高濂《遵生八笺》总结出种菊八法。清代艺菊之风更甚，菊书、菊谱如雨后春笋，不胜枚举，邹一桂《洋菊谱》(1756) 记载内廷洋菊 36 品，说明我国已从国外引进菊花品种。民国时期，菊花专著甚少，值得一提的是金陵大学园艺系，在新中国成立前夕，为国家保存了 630 个良菊品种，值得庆幸。

菊花主要由安徽、湖北、河南等地经长期人工选择天然种间杂种中的一些特殊变异类型而来，目前，菊花品种几乎遍布全国各地，尤以北京、南京、上海、杭州、青岛、天津、开封、武汉、成都、长沙、湘潭、西安、沈阳、广州、中山市小榄镇等为盛。

菊［图片来源：(清) 吴其濬著：《植物名实图考》卷十一，隰草类，商务印书馆，1957 年，第 254 页］

中国菊花还向世界各地传播，据史料记载，早在公元 4 世纪，我国菊花已传入朝鲜，再由朝鲜传入日本。也有人认为中国菊花是在日本奈良时代(729—748) 由中国直接传入日本。17 世纪末荷兰商人将我国菊花引入欧洲，18 世纪引入法国，19 世纪中期引入北美。可以说，我国菊花已遍及全球。

菊花专著是各种花卉中最多的一种，共有 40 余部，记载菊花的繁殖和栽培技术，林林总总，非常丰富。我国古代菊花有种子、嫁接、压条、扦插、分根等多种繁殖方法。《癸辛杂识》、《九华新谱》、《叶梅夫先生养菊法》等都认为有些菊花可用籽实播种繁殖。《霜圃识余》在介绍“红毛菊”时说：“旧闻此种出自海滨，有一善种艺者，春初布子必碾马蝗①末拌之，愈变愈奇，恒重价不肯售。”《分门琐碎录》和《百菊集谱》等则提到，将黄白二菊进行靠接取得成功。《灌园史》等提到菊花可以接艾。黄省曾《菊谱》等提到菊花可接菴蔄草②。宋史铸《百菊集谱》更提到：“近时都下菊品至多，皆智者以他草接成。”《百菊藏谱》、《艺菊琐言》等介绍了菊花的扦插方法。《汝南圃史》、《东篱汇纂》等介绍遇到各名品异种时运用压条法可以获得真种。黄省曾《艺菊书》记载用整枝手段可以控制菊株的高矮。周履靖《菊谱》主张用“掐眼”、“剔蕊”等方法以抹除腋芽和过多的花蕾，使花朵变大。《霜谱识余》以歌诀的形式表述艺菊的节令，其歌曰：“三分根，四插头、五六水不脱，七八粪常投，九月重阳开绣球。”《西吴菊略》以“六要”概括艺菊技术：“一、短发拌土可除蚯蚓；二、白芷垫底不生螬虫；三、韭汁接力叶黄复绿；四、短本掐头枝梗方生；五、晴天扦插易根易发；六、秋发枝叶不损不伤。”此外，古籍中还记载了不少关于菊的贮土、施肥、渗灌、除害的宝贵经验。

菊花是我国十大名花之一，除具有很高的观赏价值外，还具有很好的食用和药用价值。《神农本草经》和陶宏景《名医别录》已有关于菊花具有药用价值的记载。屈原《离骚》中已有关于菊

① 马蝗，也作马蟥，水蛭科水生动物。民间也有称水蛭为马蝗者。

② 菴蔄，又作菴蕳、菴（蔄），是菊科艾属植物。

花食用的记载。葛洪《西京杂记》和南宋《离骚草木疏》则记载了菊花酒的制作方法。正如宋代史正志《菊谱》所说：菊花的“苗可以菜，花可以药，囊可以枕，酿可以饮。”如今江苏射阳已建成数万亩药用菊生产基地。杭州桐乡、安徽亳州等地的杭菊、亳菊等茶用菊，也得到很大的发展。

五、月季栽培史

月季（*Rosa cultivars*）是蔷薇科蔷薇属植物，是中国古代从蔷薇属植物中驯化培育所得的长期开花常不结实的变异类型。又名长春花、月月红、斗雪红、四季花、瘦客、胜花、胜红、胜春。由于其花容秀美，千姿百色，芳香馥郁，四季常开，故有“花中皇后”之称。

西汉武帝曾在宫廷中栽培蔷薇，晋朝开始，王室中普遍栽培蔷薇，到了唐代，蔷薇已成为普遍栽培的花卉。最早提到月季的文献是宋代宋祁《益部方物略记》：“月季，即东方所谓四季花者，翠蔓红蘤，蜀少霜雪，此花得终岁，十二月辄一花，花亙四时，月一披秀，寒暑不改，似固长守。”宋代我国月季品种已在洛阳、山东、两淮、苏州、扬州等地普遍栽培。明代，月季、蔷薇栽培更盛。李时珍《本草纲目》说：“月季，处处人家多栽插之。”王象晋《群芳谱》列举了月季、蔷薇、玫瑰、刺蘼、木香等5类，约20个品种。并提及月季有红、粉红、白色三种。由于月季长期进行无性繁殖，性状很少变异，所以品种增加不多，直到19世纪中期，月季育种才迅速发展。徐寿基《品芳录》记载，当时已有人用月季籽实播种繁殖，使其品种迅速增加到100多个。谢堃《春草堂集》提到月季花花瓣颜色有紫、红、白、浅绿、玉色之分，并出现了可贵的复色品种和变色品种。《月季种法要言》介绍了月季播种繁殖的经验：“春花落后（独取于春者，以春蕾特硕大耳），花房勿剪去，至秋时则渐大如弹丸状，色红而老，折来剖之，中得纤维质有如米粒而粗者，即种子也。曝干藏之，候天气适宜时播之沃土，勤加灌溉，新苗发生，即得异种矣。”清评花馆主《月季花谱》也详细介绍了“下子变种”的方法。但月季花的传统繁殖方法仍是扦插，对此，《月季新花谱》曾作详细论述：“当在三四月及七八月间，雨天插之，他时不能也。须择半老旺枝，于枝末用指甲刮去青皮几分，插后置阴处，半月方可见日。时洒清水，逾月乃用淡粪水浇之，两月即花。……如由别处剪枝，须插于芋艿上，或萝卜上，虽过夜入土亦无伤也。至贵品不易活者，入土后或以金汁水①半盏浇之，则无不活。”在栽培管理方面，《墨娥小录》认为，为了保证月季花恒不绝，可摘除幼果，使养分集中于新生花蕾的发育。此外，古人对月季花的施肥、浇灌、治虫、防寒等方面，也积累了丰富的经验。在施肥方面，《月季新花谱》认为：“第一用隔年腊粪，次则储三四月后用之，新粪断不可浇。春则七粪三水，夏则四粪六水，秋则六粪四水，冬则八粪二水。……至十二月中，天气晴和，更宜以浓粪任意浇之，则不但足以御寒，亦不致落叶，来春必旺。”关于灌溉，《月季种法要言》主张：“清水之外，通常用腐草水。腐草水者以杂草浸水中，待其腐败后，捞取渣滓，以水灌花甚良。”②《分门琐碎录·种艺·浇花法》介绍了治虫方法，认为：“月季

月季［图片来源：（清）吴其濬著：植物名实图考》卷二十一，蔓草类，商务印书馆，1957年，第520页］

① 金汁水，据《汝南圃史》、《群芳谱》等记载：腊月，贮浓粪于大缸中，埋入地下三四尺许，填土密封，至来春，渣滓俱化，止存清水，名为金汁。

② （清）陈葆善著：《月季花谱》附，潘熙浩著，《月季种法要言》，钞本。

花叶，常苦虫食，以鱼腥水浇之乃止。”① 此外，古人对月季的护养、换盆等方面也积累了丰富的经验。

从 1789 年开始，中国的月月粉和月月红等月季，先后传入英国，与欧洲的蔷薇杂交，促使欧洲的月季育种得到突飞猛进的发展，最终形成了色彩缤纷、芳香四溢、常年开花的现代月季。

月季花色、香、姿俱佳，且逐月开花，深得人们喜爱，称之为“天下风流月季花”，成为著名的切花植物。月季除供观赏外，花含芳香油，可制作化妆品及食用香精。花、根、叶均可入药，李时珍《本草纲目》说它“甘温无毒”，具有“活血、消肿、傅（通敷）毒”的功效。

六、兰花栽培史

兰花（*Cymbidium* spp.）是兰科兰属多年生草本花卉，又名燕尾春、侍女花、芝兰、山兰、幽兰。由于它姿态秀美，芳香馥郁，所以人们称之为“国香”、“香祖”、“天下第一香”，并与梅、竹、菊并称为“四君子”。

兰花原产我国，在我国已有悠久的栽培历史。2 000 多年前，孔子曾有“芝兰生于深谷，不以无人而不芳”的赞美之词。《越绝书》有越王勾践种兰于渚山的记载。说明我国兰花栽培已有 2 000 多年历史。

古代文献中经常兰蕙并称，两者有何异同？北宋黄庭坚曾予解释，认为兰蕙丛生，莳以砂石则茂，灌以汤茗则芳，是其相同之处，至其发花，一干一花而香有余者兰，一干五七花而香不足者蕙。

三国时曹植的《清夜游西苑》诗中有“秋兰被长堤”之句，说明当时兰花已用于点缀庭院，美化环境。唐宋时代兰花栽培更盛，唐代诗人王维喜种兰花，曾“用黄磁斗，养以奇石，累年弥

① 按：新校注本作“月桂花叶”。

盛”。宋代寇宗奭《本草衍义》说：兰花“四时常青，花黄，中间叶上有细紫点，有春芳者，为春兰，色深；秋芳者为秋兰，色淡。”① 较确切地描述了兰花的形态。宋代赵时庚《金章兰谱》是流传至今的最早的兰花专著，描述了陈梦良、金棱边、鱼（魷）兰等40个兰花品种，主要为建兰②。明清为兰花栽培的兴盛时期，《闽部疏》提到福兴四郡栽培建兰尤盛，民间普遍传种建兰。清代乾隆以后，江浙一带渐成为兰花的栽培中心，上海、苏州、嘉兴等地花会盛行。到了嘉庆年间，浙江余姚一带，不少农民以莳养兰蕙为业。兰蕙珍品价值百金，甚至数万金。新中国成立后，随着园林建设的发展，全国各地对兰花进行了大量的引种栽培，并经常举办兰花展览，商品化的兰花栽培得到较大的发展。

中国兰花很早便传到了日本。据田边贺堂《兰栽培之枝节》记载：“建兰由中国秦始皇使者徐福带来”，“素心兰由中国唐代传来。”1778年中国的素心建兰和鹤顶兰传往英国，然后通过英国传播到欧美各地。

兰花［图片来源：（清）吴其濬著：《植物名实图考》卷二十六，群芳类，商务印书馆，1957年，第656页］

宋代以后，陆续出现了不少艺兰专谱，总结了丰富的艺兰经验。如《栽花总录》认为：“三伏内，取土晒干收用，盆底放炭数块，用金银花二钱，防风三钱埋根下，则四季

① （宋）寇宗奭：《本草衍义》，卷八，蘭草。

② 《说郛》卷六三。

开花。”《品芳录》也有相同的主张，并提出：“根防蚁食，以羊角引去之。建兰宜种铁器内，或以破铁釜数片埋盆底。”关于浇灌方法，《兰谱奥法》认为：“用河水或陂塘水或积留雨水最好，其次用溪涧水，切不可用井水冻了花。浇水须于四畔浇匀，不可从上浇下，恐坏其叶。”民国温宪章《羊石滋兰录》介绍了用水池浸兰灭虫的方法，认为：“如筑有贮雨大池，除用以灌兰外，所有入泥诸虫，俱可以池水浸之，尤觉用力少而收效大。法备小鱼百尾纳池中，每季浸兰入池一次，水约过盆面三寸许。……每盆浸十二小时……出虫出蚓之力，则归之于水，杀虫杀蚓之功，则归之于鱼。”该书还介绍一种大于常蚁，矫健绝伦的蚁，“每于叶上盆面镇日盘旋，捕虫充饥而不害兰”。并被称为“香国之功狗”。明代李氏奎编有“养兰歌诀”，认为：“兰有四戒：春不出，夏不日，秋不干，冬不湿。”《养余月令》对其作过解释，认为：“春不出，谓避风雪也；夏不日，谓避炎也；秋不干，谓干则宜浇也；冬不湿，谓见水恐成冰也。”① 《花镜》也对其作了类似的解释，并在“冬不湿”后面，注明“宜藏暖室或土坑内”②。清代区金策《岭海兰言》认为：“种兰有二急六忌。二急：盆孔塞宜急疏，泥融化宜急换。六忌：酷暑忌种，严寒忌种，烈日忌种，枪弱忌种，兰芽开口忌种，多雨忌种。”③ 这些都是古人给我们留下的宝贵经验。

七、莲花栽培史

莲花（*Nenumbo nucifera* Gaertn.）是睡莲科属多年生水生植物，是著名的观赏花卉，又是水生食用作物。有荷花、芙蕖、水芝、芙蓉、水华、水芙蓉、泽芝、中国莲等别名。由于其花大

① （明）戴羲辑：《养余月令》卷二七，兰，培兰四戒。

② （清）陈淏子：《花镜》卷六，花草类考，建兰。

③ （清）区金策著，任子青校注：《岭海兰言》上卷，广州花卉协会引，1986年。

艳丽，清香可人，所以深受人们喜爱。

中国栽培莲花历史悠久，《诗经·郑风》中有“山有扶苏，隰有荷花”之句。《尔雅·释草》记录了莲的植株各部分的专门名称。在2 500年前吴王夫差曾在太湖之滨的离宫（今江苏吴县灵岩山）修筑玩花池，专供宠妃西施赏玩荷花。说明在这以前，人们已在池塘栽种荷花了。盆栽荷花始于东晋以前，王羲之《柬书堂帖》已有盆栽重瓣荷花的记载。宋代有人在塘中“以瓦盆别种，分列水底”的水培法出现。《调燮类编》卷四载有使盆栽荷花“生叶开花如钱大”的小种荷花（碗莲）的栽培方法。清代嘉庆年间杨钟宝《缸荷谱》是我国第一部荷花专著，介绍了33个品种和艺法6条。

中国荷花分布范围极广，主要生长在长江、黄河和珠江流域及其淡水湖泊浅水区。早在公元5世纪，荷花就从中国经朝鲜传入日本。后来唐代鉴真法师东渡日本，也带去了不少荷花品种。

《齐民要术·养鱼第六十一》最早记载了莲藕的繁殖方法，包括用藕繁殖和用种子繁殖两种种植技术。其中“种莲子法”提到：“八九月中，收莲子坚黑者，于瓦上磨莲子头，令皮薄，取墐土作熟泥封之，如三指大，长二寸，使蒂头平重，磨处尖锐。泥干时掷于池中，重头沉下，自然周正。皮薄易生，少时即出。”直到明代《臞仙神隐书》仍记载用类似的方法繁殖莲藕。《居家必用事类全集》介绍了插藕的繁殖方法：“初春掘取藕梢头，插池中泥里种之，当年便生荷。若泥深，将损处向下插之，直到硬土。”① 明代陈诗教《灌园史》认为：“以缸种藕秧，并泥填入炭篓，沉入水中，自无不盛。”王象晋《群芳谱》强调缸栽荷花，种藕以后应晒淤泥至有微裂缝时止，主张水层开始时宜浅，以后逐渐加深。徐光启《农政全书》认为：“深池中种藕，用今种盆

① （元）无名氏：《居家必用事类全集》戊集，果木类，种水物法。

荷法，横种炭篓内，以绳放下水底。”①《鸥堂日记》主张种藕宜轮作，而忌连作。此外，《太平广记》、《格物粗谈》等介绍把带壳老莲子，磨破尖头，浸靛缸中，明年清明取种，开青莲花。《物类相感志》等还介绍了荷花的瓶插法。

经过长期栽培与选育，培育出了以观赏为主的花莲，以食用藕为主的藕莲和以食用种子为主的子莲。花莲有很高的观赏价值，可种于园林和庭院，亦可缸栽或盆栽，同时还是良好的切花植物。藕除作蔬食外，还可加工成藕粉和蜜饯糖渍制品。据《王祯农书》记载：“莲子可磨为饭，轻身益气，令人强健。藕止渴、散血，服食之不可缺者。”②《本草纲目》认为，莲实气味甘平无毒，可入药。说明荷花作为经济植物，用途广泛，全身是宝。

八、桂花栽培史

桂花（*Osmanthus fragrans* Lour.）属木樨科木樨属常绿灌木或乔木，又名岩桂、九里香、木樨、梫木、丹桂等，是观赏和实用兼备的优良园林树种，是我国传统十大名花之一。

桂花原产我国，栽培历史悠久。《山海经·南山经》说：“招摇之山，临于西海之上，多桂。”《山海经·西山经》又说：“皋涂之山……其山多桂木。”《楚辞·九歌》中载有“援北斗兮酌桂浆”。说明这时人们已懂得利用桂花的食用和观赏价值。《三辅黄图》记载，汉武帝在上林苑修建扶荔宫，广植奇花异木，其中有桂花树100株。南朝陈后主曾为爱妃张丽华造桂宫，“庭中空洞无他物，惟植一桂树”。说明皇室宫廷常把桂树作为园林植物栽培。唐宋以后桂树种植更加普遍，诗人白居易曾将杭州天竺寺的桂子带到苏州城中种植。李德裕《平泉山居记》提到他曾将剡溪之红桂、钟山之月桂、曲阿之山桂、永嘉之紫桂、剡中之真红

---

① 《农政全书》卷二七，树艺，蓏部，莲。

② 《王祯农书》百谷谱集卷之三，蓏属，莲藕。

桂，先后引种于洛阳郊外平泉庄。明代沈周《客座新闻》记载：“衡神寺，其经绵亘四十余里，夹道皆合抱松桂相间，计其数云一万七千株。”说明当时人们已将桂花作为行道树栽培。历史上的著名桂花产区，如江苏苏州、浙江杭州、广西桂林、湖北咸宁、四川成都、安徽六安、贵州遵义等均在明清时期形成。这时各地方志有关桂花的记载也日见增多。

桂花的栽培技术，始见于北宋文献。苏轼《格物粗谈》认为：“栽桂，宜高阜半日半阴处。腊雪高壅于根，则来年不灌自发。忌人粪，宜猪粪。冬月宜焊猪汤浇一次，妙。”① 据《梦粱录》记载，南宋高宗曾在临安德寿宫赏桂，有象山士子史本，见木樨忽变红色，异香，因接本献上，高宗雅爱之，于是四方争传其本，岁接数百，史氏因此出名。说明当时人们已掌握了桂花的嫁接育种技术。明初《种树书》指出：桂花宜接于冬青之上。并且阐述了桂花的压条繁殖技术，认为在春天把枝条攀曲，使之着地，用土压之，至五月便会生根，逾年截断，当含蕊时即可移栽。明代，桂花已有金桂、银桂、丹桂、春桂、四季桂、月桂等类型。明清时期，北方地区也渐有桂花栽培，《群芳谱·药谱·桂》已载有北方地区桂花抗寒越冬的经验。清代梁廷栋《种岩桂法》介绍了桂树与其他作物间种的经验，认为：“桂树初种一二年，树身矮小，萌芽甚嫩，每行空地宜种杂物，如木番薯、山芋、山姜等。庶酷暑时彼此掩映遮荫，桂树益茂，草自不生。此项杂物出息，可以弥补年中工费一半有余。掌桂山者大率如此。”

桂花除了具有很好的观赏价值外，还具有食用和药用价值。桂花含桂花烷等成分，可提炼香精。古人常用以制作各种饮料与食品，如桂花茶、天香汤、桂花酒、广寒糕、桂花粥、桂花饼等。还可用麻油蒸熟以作面药、泽发等化妆品。桂花的果实、花、根皮均可入药。

---

① （宋）苏轼：《格物粗谈》卷上，培养。

九、茶花栽培史

茶花是山茶科山茶属植物中具有较高观赏价值的常绿植物。又名山茶（*C. japonica* L.）、曼陀罗、晚山茶、耐冬、薮春、山椿、滇茶、蜀茶、照殿红。包括山茶、云南茶花、南山茶、茶梅和金花茶。由于其花色艳丽、四季常绿，且多在冬春之际开花，能为园林增辉添色，所以深受人们喜爱。

中国是山茶属植物的分布中心和起源中心，栽培历史悠久，三国时期张翊的《花经》曾将花卉分为“九品九命”，并将山茶列为“七品三命”，说明当时山茶已是人工栽培的观赏花卉。齐、梁间的《魏王花木志》提到山茶似海石榴，出桂州，蜀地亦有。《平泉山居记》记载唐朝宰相李德裕于839年曾将产自广州的山茶引种至洛阳。说明唐代以前，人们已把山茶作为珍贵的花卉进行引种栽培。宋代栽培山茶花之风更盛，诗人黄庭坚、苏轼等都曾留下吟咏山茶的名句。南宋时温州的茶花被引种到了杭州。南宋王十朋曾盛赞山茶为：“一枕春眠到日斜，梦回喜对小山茶。道人赠我岁寒种，不是寻常儿女花。”当时四川等地还出现了民间茶花会活动。诗人范成大曾以“门巷欢呼十里寺，腊前风物已知春”的诗句来描述成都海云寺山茶花花会的盛况。明代为茶花栽培的全盛时期，特别是云南茶花更盛，据顾养谦嘉靖《滇云纪胜书》、冯时可《滇中茶花记》和谢肇淛《滇略》等书记载，云南茶花有72种，冬末春初盛开，大于牡丹，为中原所未有。王世懋《闽部疏》提到云南茶花的引种，并说明此种茶花因产自云南，故称“滇茶”，又因花红如血，中心塞满如鹤顶，又称“鹤顶红”。除云南茶花外，当时广东、福建、浙江等地也是著名的茶花产地。清代浙江《永嘉县志》对温州的名贵山茶作了记载。李祖望等的《茶花谱》，高士奇的《北墅抱瓮录》等都对山茶花的品种和栽培技术作过介绍。汪灏等的《广群芳谱》和吴其浚的《植物名实图考》对山茶花也有较详细的记述。

1400年中国许多茶花品种被引入日本。1677年英国人首次从中国采集到山茶标本。目前茶花已成为日本、澳大利亚、新西兰及欧美等国的重要观赏花木。著名的美国加利福尼亚州牛西奥苗圃每年可生产数十万株高质量的品种苗供应市场，并培育出许多优良品种。

我国古代茶花，除少数用种子播种或用压条繁殖外，主要是用嫁接繁殖。通过长期的实践，人们已认识到茶花性喜阴燥，不宜大肥，忌用新粪。主张移栽后用山泥培壅，栽后浇灌。开花前要注意疏蕾，每根枝条留二三朵花即可，使花朵丰满硕大。江北地区种植茶花，还须采取防寒措施，以保证其安全越冬。

山茶花具有花期长、花色美、树冠多姿、冬季开花等特点，是名胜古迹、风景庭园的优良绿化树种。株型低矮者适于盆栽，同时又是插花的重要材料。山茶花的花、根可以入药，有收敛止血功用。多种山茶种子富含油脂，是很好的食用油。木材可供雕刻。

十、杜鹃花栽培史

杜鹃花（*Rhododendron* L.）是杜鹃花科杜鹃花属一些观赏种的总称。常见的有映山红、满山红、马银花、白花杜鹃、黄杜鹃等。杜鹃又名山石榴、山踯躅、石岩花、羊踯躅、闹羊花、红踯躅、山鹃等。

杜鹃花分布于亚洲、北美洲和欧洲。在我国，其种类分布以云南为最多，西藏次之，四川第三，除新疆、宁夏外，几乎遍及各个省区。我国云南那、四川、西藏和缅甸北部是世界杜鹃花的发源地和分布中心。

杜鹃花已有悠久的栽培历史，魏吴普《神农本草经》最早提到羊踯躅花有毒，生淮南各地，可治贼风恶毒诸邪气。西晋崔豹《古今注》说：羊踯躅开黄花，因羊食之即死，见之则踯躅不前，故有此名。到唐代，杜鹃花引种频繁，宫苑、宅园、寺庙多有栽培。南唐沈汾《续仙传》载："鹤林寺在润州（今镇江市），有杜鹃花高丈余，每至春月灿熳。僧相传云：'贞元中有僧自天台（今浙江天台县）移栽之。'"江苏《丹徒县志》亦载："相传唐贞元元年（785）有外国僧人自天台钵盂中以药养根夹种之。"唐代诗人白居易亦曾于819年前后数次移种山野杜鹃于厅前。开成四年（839）唐相李德裕曾将会稽山之四时杜鹃移植于洛阳。宋代嘉泰《会稽志》提到越人皆种杜鹃于庭槛内，并结为盘盂翔凤之状。杨万里的诗句反映了当时路边、河边种植杜鹃花的盛况："何须名苑看春风，一路山花不负侬。日日锦江呈锦祥，清溪倒照映山红。"明清时期有关杜鹃的记载更多。李时珍《本草纲目》说：杜鹃花"处处山谷有之，高者四五丈，低者一二尺。春生苗，叶浅绿色，枝少而花繁，一枝数萼，二月始开。……花有红者、紫者、五出者、千叶者。"张泓《滇南新语》记载："迤西楚雄、大理等均盛产杜鹃，种分五色，有蓝者蔚然天碧，诚宇内奇品，滇中亦不多见。"《广东新语》提到："西樵岩谷间，有大粉红黄者、千叶者，一望无际。罗浮多蓝紫者、黄者。香山、凤凰山有五色者。"① 从方志所记的情况看，当时温州有四季杜鹃，四明山有五色杜鹃，徽州有香杜鹃。宜兴善卷洞杜鹃，花瓣有泪痕。自19世纪中叶以后，英法等国植物学家将大量我国云南、四川的杜鹃花种质采集回国，进行杂交选育，育成大量近代杜鹃新品种。

历史文献中关于杜鹃花栽培技术的记载很少，清代《花镜》对杜鹃花的习性、栽培和繁殖技术均有较详细的描述："性最喜荫而恶肥，每早以河水浇，置之树荫之下，则叶青翠可观。亦有黄、白二色者，春鹃亦有长丈余者，须种以山黄泥，浇以羊粪水方茂。若用映山红接者，花不甚佳。切忌粪水，宜豆汁浇。"②

---

① 《广东新语》卷二十五，木语，杜鹃花。

② （清）陈淏子：《花镜》卷三，花木类考，杜鹃。

《致富全书》认为杜鹃喜阴畏热，以羊粪浸水浇之方茂。

杜鹃花花、叶兼美，地栽、盆栽皆宜，是我国十大名花之一。曾被朝鲜、尼泊尔和比利时选为国花，被我国江西、安徽、贵州选为省花，将之定为市花的多达七八个城市。足见人们对杜鹃花的厚爱。杜鹃花除了具有很高的观赏价值外，还具有药用价值，吴普等《神农本草经》提到羊踯躅花辛有毒，生淮南各地，可治贼风恶毒诸邪气。

十一、水仙花栽培史

水仙（*Narcissus tazetta* L. var. *chinensis* Roem.）是石蒜科水仙属多年生草本花卉。又名中国水仙、雅蒜、俪兰、天葱、女星、姚女花、女史花、凌波仙子、雪中花等。由于水仙花素雅清香，亭亭玉立，所以每年春节，家家户户都喜欢用它作“岁朝清供”的年花。

我国何时开始栽培水仙花尚不十分清楚。唐代段成式《酉阳杂俎》记载说：“捺祇出拂林国，苗长三四尺，根大如鸭卵，叶似蒜叶。中心抽条甚长，茎端有花六出，红白色，花心黄赤，不结子。其草冬生夏死。”① 这里说的“捺祇”实际上是希腊语水仙的音译。所说的拂林国即东罗马帝国（今意大利）。由此看来我国唐代可能从意大利传入西洋水仙。《学圃杂疏》说：“唐玄宗赐虢国夫人红水仙十二盆，盆皆金玉七宝所造。”② 说明当时水仙是十分珍稀的花卉。宋代周师厚《洛阳花木记》记载水仙此时已有“金盏银台”之称。嘉泰《会稽志》提到浙江山阴的水仙有二种：单瓣者称金盏银台；重瓣者称水仙，后人称之为玉玲珑。宋代《南洋诗注》说：“水仙本生武当山间。”刘邦直诗云：“钱塘昔闻水仙庙，荆州今见水仙花。”说明宋代湖北、湖南已有水

① （唐）段成式：《酉阳杂俎》前集卷一八，木篇。

② 转引自蔡树木，林曙光编著：《中国水仙花》，上海书店，2005年，109页。

仙栽培。明清时期，“水仙花江南处处有之，唯吴中嘉定为最”。《嘉定县志》也说：“水仙花，短叶单瓣，产我境者迥异他处。”①清代李渔《笠翁偶集》说：“水仙以秣陵（在今江苏省江宁县南）为最。”《台湾府志》记载：“苏州水仙船到台湾转口，在广州花市上出售。”说明明清时期江南多处出产水仙，而以嘉定、苏州、秣陵为最。清代水仙还传到了北京，草桥圃人将鳞茎切削后出售，使茎叶生长如同蟹爪，屈曲横蟠，十分可爱。近代以来，我国最著名的水仙栽培基地是福建的漳州、泉州和上海的崇明岛等地，尤其是漳州水仙具有球大、形美、花多等优点，深受国内外消费者欢迎。

关于水仙的栽培技术，宋代苏轼的《格物粗谈》认为：用“白酒糟和水浇之则茂。初起叶时以砖压住，不令即透，则花出叶上。”②《分门琐碎录·种艺·种花》认为：“水仙收时用小便浸一宿，取出晒干，悬之当火处，候种时取出，无不发花者。”《汝南圃史》、《群芳谱》均认为土近咸滷，花发心茂。插瓶用盐水最可久。《群芳谱》还系统论述了水仙的留种和栽培技术，认为：“五月初收根，用小便浸一宿，晒干，拌湿土，悬当火烟所及处。八月取出，瓣瓣分开，用猪粪拌土植之。植后不可缺水。”又说：“霜重时即搭棚遮盖，以避霜雪。向南开一门，天晴日暖则开之以承日色。”③

美雅高洁的水仙花，除在国内享有盛誉外，还远销日本、欧美和东南亚各地，成为名扬四海的“友谊之花”。水仙花除有很高的观赏价值外，《本草纲目》和《群芳谱》都说它具有药用价值。《本草纲目》说它的根“气味苦，微辛，滑寒无毒”。主治：

---

① （明）王世懋：《学圃杂疏》载：“水仙以单瓣者为贵，出嘉定，短叶高花，最佳种也，宜置瓶中。”

② （宋）苏轼：《格物粗谈》卷上，种植。

③ （明）王象晋：《群芳谱》花谱，水仙。

“痈肿及鱼骨哽。”它的花可“作香泽，涂身理发，去风气。又疗妇人五心发热”。今天已成为高级香精原料。

十二、茉莉花栽培史

茉莉花（*Jasminum sambac* Ait.）为木犀科茉莉花属的芳香花卉和重要经济作物。“茉莉”之名系梵文音译，故有抹丽、抹利、末丽、没利等多种写法。茉莉自南而北传播，在北方又名鬘华、柰花、暗麝、雪瓣等。

茉莉花原产波斯、印度，何时始传入我国，尚有不同意见。晋代稽含《南方草木状》说：“耶悉茗花、末利花，皆胡人自西国移置于南海，南人怜其芳香，竟植之。”又在“耶悉茗花”条引西汉陆贾《南越行纪》说：“南越之境，五谷无味，百花不香。此二花特芳香者，缘自别国移至，不随水土而变。”① 说明茉莉花早在西汉时期已经移入我国两广地区。但有人怀疑《南方草木状》是一本伪书，不敢相信其所载的内容。因而相信唐代段公路《北户录》的说法：“耶悉弭花、白末利花，皆波斯移植中夏……本出外国，大同二年（536）始来中土。”② 据此，其在我国的栽培历史也有 1 700 多年了。

茉莉栽培，在南方以广州为盛，《群芳谱》引《郑松窗诗注》云：“广州城西九里曰花田，尽栽茉莉及素馨。”据宋代《闽广茉莉说》的记述，茉莉由闽广开始，引种于四川。盆栽茉莉则通过海路转至浙江。到明清时期，长江流域栽种茉莉花已很普遍，主要用以熏制花茶。明文震亨《长物志》记载苏州盛产茉莉。花时，千艘俱集虎丘。乾隆《浙江通志》认为，金华、衢州、温州等地盛产茉莉。光绪《江西通志》记载：茉莉“赣产皆常种，业之者千万计，舫载江湖，岁食其利。”说明茉莉已

---

① （晋）嵇含著：《南方草木状》卷上。

② （唐）段公路纂：《北户录》卷三，指甲花。

进入产业化生产了。此外，广西、云南、湖北、山东、台湾、安徽等省区也种植茉莉花，甚至甘肃省也有栽培，主要是用于窨制茉莉花茶。

目前，我国已成为世界上茉莉花产量最多的国家，其次是埃及。此外，伊朗、印度、土耳其、摩洛哥、阿尔及利亚、突尼斯、西班牙、法国、意大利等地也有栽培。

茉莉繁殖多用扦插法，《群芳谱·花谱》认为："梅雨时取新发嫩枝，从节折断，将折处劈开，入大麦一粒，乱发缠之，插肥土阴湿即活。"茉莉性喜炎热，不耐低温，在南方可露地栽培。而在江北，必须盆栽，以便防寒越冬。《养余月令》卷十八说："茉莉花，于大江南北之地，不必入窖，只于向南房内，下以绵子装桶，坐盆其中，覆上花根五寸许，上以篾笼罩之，纸糊不透风为妙，每过旬日，用一竹筒插入绵子内，直至根处，以冷茶灌之。立夏后三日，方可去罩，渐渐移出，待芽发，和根取起，换土栽过，无不活着。"① 北方地区，还用一些特殊的方法防寒越冬，《灌园史·花卉》记载："闻吴中有隐者，每至秋后，辄从人家收买残枝，开畦列种，结茅为棚，以蔽风雪。遇有日色，开帘晒之。畜鸭千头，夜宿其下，花根袭暖，粪复壅之，来年花发，其息十倍。"② 古人认为，盆栽茉莉，二三年后必须换土。《群芳谱》认为：茉莉"性畏寒，喜肥，壅以鸡粪，灌以焊猪汤或鸡鹅毛汤，或米泔，开花不绝。六月六日，以治鱼水一灌，愈茂。"③ 并将之与兰花的栽灌方法相比，得出"清兰花浊茉莉"的结论。古人还主张，在鲜花采收后要进行整枝，剪除部分老叶与枝梢，促进新枝再发。

茉莉花香，浓郁而不浊，清香而持久，深得人们喜爱。《南

---

① （明）戴羲：《养余月令》卷一八，栽博。
② （明）陈诗教：《灌园史》今刑前。
③ （明）王象晋：《群芳谱》花谱，茉莉。

方草木状》引《南越行纪》说："彼（指南越）之女子，以彩丝穿花心，以为首饰。"① 在南方，常将它作花篱植于路旁，明人王稚登诗云："卖花伧父笑吴儿，一本千钱亦太痴。侬在广州城里住，家家茉莉尽编篱。"据《乾淳岁时记》记载，盆栽茉莉还曾陪伴皇帝渡夏纳凉。此外，茉莉还可提取香精，用于制作化妆品。可以窨制花茶，在制茶工业中具有重要地位。茉莉的花、叶、根均可入药。

十三、凤仙花栽培史

凤仙花（*Impatiens balsamina* L.）为凤仙花科凤仙花属一年生草本植物。又名指甲花、小桃红、急性子、透骨草。原产中国、印度及马来西亚，是民间最受欢迎的草花之一。

凤仙花在我国已有悠久的栽培历史，唐代已作为花卉栽培以供观赏，并有女子用凤仙花染指甲。宋代《物类相感志·花竹》已有关于凤仙花栽培和瓶插的记载。明代已有红、白、紫、蓝多色及洒金、双台或一本开多色花等品种，并有单瓣、重瓣之分。陈诗教《灌园史》（1616）记载说："若以五色种子同纳竹筒埋之，花开五色，亦奇种也。"到清代，凤仙花栽培更加普遍，品种也大量增加，并出现了钱泳辑《凤仙花谱》、赵学敏撰的《凤仙谱》和王陈易撰的《凤仙花品题》等有关凤仙花的著作。特别是清代赵学敏《凤仙谱》，记录了凤仙花242个品种，包括许多珍异品种，如花大如碗的鹤顶红、植株甚高的一丈红、开绿色花的倒挂幺凤、开金黄色花的黄玉球、香似茉莉的香桃等都是位居世界前列的珍贵品种，可惜大部分今已失传。

凤仙花1596年传入欧洲，1694年东传日本，现在世界上很多国家都有栽培利用。

凤仙花主要用播种繁殖，一般都于4～5月间播种于露地。

① （晋）嵇含著：《南方草木状》卷上。

移植一次后定植于园地。古人除用一般的栽培方法外，还采用一些特殊的栽培方法，如《物类相感志》说："凤仙花，欲令再开，但将子逐旋摘去，则又生花。"①《品芳录》说："以梧桐子劈开，纳凤仙花子在内，佩于腰间，春月种之，则花开皆在叶上。又，子纳乌龟腹内种之，则花倍于常，高可数尺。"是否如此，尚需实验研究。

凤仙花是美丽的花坛植物，可盆栽，也可作插花，《物类相感志》说："插凤仙花，用石灰汤养。不尔，连根种瓶，添水，可半月开。"凤仙花除供观赏和染指甲外，全草可入药。

十四、栀子栽培史

栀子（*Gardenia jasminoides* Ellis），有些古籍写作"卮子"，属茜草科栀子属常绿灌木或小乔木，又名黄栀子、山栀、木丹、林兰、薝匐、白蟾花。栀子花洁白高雅，香味浓烈、叶片翠绿有光泽，深为人们所喜爱。

栀子原产我国，在我国已有悠久的栽培历史。《史记·货殖列传》有"千亩卮茜，其人与千户侯等"的记载。司马相如《上林赋》中有"鲜支黄砾"之句，鲜支即栀子。《艺文类聚》卷八九中也有"汉书曰栀茜园"的记载，说明我国在汉代及其以前已较广泛地栽培栀子。《晋书》记载："晋有华林园种栀子，今诸宫有秋栀子。"《晋令》则说诸宫有秋栀子，守护者置吏一人。说明已派专人守护。《广群芳谱》引《万花谷》说："蜀孟泉十月宴芳林园，赏红栀子花，其花六出而红，清香如梅。"② 清代《花镜》言及此事时已说"近日罕见此种"③。说明古代曾经有过红栀子花，可惜后来失传了。《长物志》记载说："栀子，古称禅友，出

① （宋）苏轼：《物类相感志》花竹。

② 《广群芳谱》卷三八，花谱十七。

③ （清）陈淏子：《花镜》卷三，花木类考，栀子花。

自西域，宜种佛室中，其花不宜近嗅，有微细虫入人鼻孔，齋阁可无种也。”①《广群芳谱》卷三八引《四川志》说：“白上坪在铜梁县东北六十里，地宜栀子，家至万株，望如积雪，香闻十里。”说明明清时期栀子花生产规模相当大，已形成商品化生产。

公元6—7世纪，栀子花被引进日本，17—18世纪，引种到欧洲，19世纪初又传入美国。世界各地栽培的栀子花，都是直接或间接从中国引进的。目前世界各地培育出了许多新品种，如重瓣的冬开种、四季开花的盆栽种、专供切花用的品种等。

栀子花［图片来源：（清）吴其濬著：《植物名实图考》卷三十三，木类，商务印书馆，1957年，第784页］

关于栀子的栽培方法，《群芳谱》记载说：“带花移易活。芒种时穿腐木板为穴，涂以泥污，剪其枝插板穴中，浮水面，候根生，破板密种之。或梅雨时以沃壤一团，插嫩枝其中，置松畦内，常灌粪水，候生根移种亦可。……干叶者用土压其傍小枝，逾年自生根。十月内选子淘净，来春作畦种之，覆以粪土，如种茄法。”② 这里把古代关于栀子的插枝、压条和种子繁殖的方法都作了详细的介绍。明代《竹屿山房杂部》卷十亦有类似的记载。栀子花还可插条繁殖，据陈俊愉《中国花经》介绍：“可在霉雨季将插条插在稻田里或水中，7～8天就能

① （明）文震亨：《长物志》卷二，薝葡。

② （明）王象晋：《群芳谱》花谱，栀子。

生根，再移栽苗床培育，成活迅速。”① 古人还介绍了栀子花的瓶插方法。《格物粗谈》卷上说：“养栀子花，将折处根搥碎，擦盐插入，则花不黄。”②《栽花总录・养花》则说：“栀子花折处须搥碎，以盐入瓶中干插，自能放花抽叶，花谢后盐仍可用。”

栀子花不仅是美化庭院的优良树种，可盆栽、制作盆景和做切花材料。而且可用其花窨制乌龙茶。因其花富含芳香油，又可制作调香剂。根、叶、果均可入药，特别是果实，是一种常用的中药材。又因其为常绿果树，枝叶含水率高，不易燃烧，故可以形成绿色屏障，防阻山火蔓延。

十五、海棠栽培史

海棠（*Malus* spp.）属蔷薇科海棠属（亦称苹果属）的落叶乔木，古代又称其为柰、棠、林檎。由于它天生丽质，花色艳丽，或艳红、或粉红、或淡红、或紫红、或白中带红晕，所以有人称之为“国艳”，也有人称之为“花中神仙”。

海棠原产中国，栽培历史悠久，有人认为《诗经・昭南》中提到的“甘棠”即为海棠这一类植物。战国时期的《山海经》说：中皇之山“其下多蕙棠”，岷山“其木多梅，棠。”说明当时陕西、甘肃、四川等地，海棠类植物较多，这和《群芳谱》所说“海棠盛于蜀，而秦中次之”的说法相吻合③。晋代葛洪在《西京杂记》中说：“初修上林苑，群臣远方各献奇花异果”，其中有“棠四：赤棠、白棠、青棠、沙棠。”说明汉代海棠已作为观赏树种，栽培于皇家园林之中。海棠不仅具有观赏价值，而且还具有食用价值，西晋郭义恭《广志》记载：“柰有白、青、赤三种，张掖有白柰，酒泉有赤柰、西方例多柰，家家收切曝干为脯，数

① 陈俊愉、程绪珂主编：《中国花经》，上海文化出版社，1990年，528页。
② （宋）苏轼：《格物粗谈》卷上，培养。
③ （明）王象晋：《群芳谱》花谱，海棠。

十百斛以为蓄积，谓之频婆粮。”宋代沈立所著《海棠记》是最早的海棠专著，书已佚，幸得南宋陈思所撰《海棠谱》中收录了“海棠记序”、“海棠记”和一些诗词，使该书得以残存。《海棠记》说：“海棠虽盛称于蜀，而蜀人不甚重。今京师江淮尤竞植之，每一本价不下数十金，胜地名园，目为佳致。而出江南者，复称之曰南海棠，大抵相类，而花差小，色尤深耳。”① 说明当时京师江淮十分重视，而江南亦有种植。清代《广群芳谱》引《滇中记》说：“垂丝海棠高数丈，每当春时鲜媚殊常，真人间尤物。自大理至永昌，沿山历涧，往往而是。”② 并引四川各方志说：西充县有海棠山，黎州城西北有海棠池，保宁府沼南有海棠溪等，都因多植海棠而得名。明末清初，北京恭王府萃锦园的海棠也很著名。故宫御花园和颐和园海棠花的艳丽花姿，楚楚动人，为名园胜景增辉生色。现在全国各地几乎都有栽培，其中尤以云南、四川、陕西、甘肃、辽宁、河北、河南、山东、江苏、浙江等地为多。

中国海棠，于 18 世纪传入欧洲，受到西方人士的重视，经过园艺工作者的不断努力，已培育出 200 多种新品种。

海棠通常以嫁接或分株繁殖为主，亦可用播种、压条及根插等方法繁殖。宋代《格物粗谈》卷上介绍了嫁接和使来年花盛的方法：“樱桃接贴梗则成垂丝，……梨树接贴梗则为西府，……海棠色红，接以木瓜则色白。剪去结子，来年花盛而无叶。”③ 南宋赵希鹄《调燮类编》卷四认为：“欲其鲜盛，冬至日早，以糟水或酒脚浇根下，复剪去花子，来年即花茂而无叶。”《农圃六书》介绍了压条繁殖方法：“二月间，将贴梗海棠攀枝着地，以肥土壅之，自能生根。来冬截断，春半移栽。”④ 明代《群芳谱》

① （宋）陈思：《海棠谱》卷上，百川学海本。

② 《广群芳谱》卷三五，花谱十四。

③ （宋）苏轼：《格物粗谈》卷上，树木。

④ （清）周之玙：《农圃六书》卷一，树艺，木本花部。

则综合前人的经验，较全面地论述了海棠的繁殖和栽培技术："海棠性多类梨，核生者十数年方有花。都下接工，多以嫩枝附梨而赘之，则易茂。种宜垆壤膏沃之地。……又春月取根侧小本种之，亦易活。……亦可枝插。不花，取已花之木纳于根跗间，即花。"关于海棠的施肥方法，该书又引《琐碎录》云："海棠花欲鲜而盛，于冬至日早，以糟水浇根下，或肥水浇，或盦过麻屑粪土壅培根下，使之厚密，才到春暖，则枝叶自然大发，着花亦繁密矣。"[①] 在催花和插花方石，《格物粗谈》卷上说："海棠花用薄荷水浸之则开。"[②]《灌园史》和《品芳录》则认为："瓶花以薄荷包根，或用薄荷水养之"能耐久。

海棠花除作著名的观赏花卉，有"花中神仙"的美誉外，还因为其对二氧化硫有较强的抗性，所以特适于城市街道和厂矿区绿化。还可制作盆景和瓶插。有的海棠果实可供食用、药用。湖北海棠和山荆子的嫩叶可制"海棠茶"。海棠的木材可做家具、农具。海棠花还是很好的蜜源植物。

十六、瑞香栽培史

瑞香（*Daphne odora* Thunb.）为瑞香科瑞香属多年生常绿小灌木，又名风流树、麝囊花、睡香、蓬莱紫、露甲等。因其树姿潇洒，四季常绿，早春开花，香味浓郁，很受人们喜爱，是我国传统名花之一。

瑞香始名露甲，《楚辞》中曾对其作过描述。但宋代以前，文献罕有记载，宋代以后，文献记载逐渐增多。据宋代陶谷《清异录》记载：瑞香的得名"始缘一比丘昼寝磐石上，梦中闻花香酷烈，既觉，寻香求之，因名'睡香'。四方奇之，谓乃花中祥

---

① （明）王象晋：《群芳谱》花谱，海棠。
② （宋）苏轼：《格物粗谈》卷上，培养。

瑞，遂以瑞易睡。”① 宋代王十朋的诗也印证了这一说法：“真是花中瑞，本朝名始闻，江南一梦后，天下仰清芬。”宋代吕大防曾画“瑞香图”，并作“瑞香图序”，说当时成都的“公庭僧圃，靡不宥也”。明清的文献对瑞香的记载更多，如《群芳谱》，对瑞香的别名、形态、种类和栽培技术都作了较详细的记载，说瑞香：“枝干婆娑，柔条厚叶，四时长青，叶深绿色，有杨梅叶、枇杷叶、荷叶、挛枝。冬春之交，开花成簇，长三四分，如丁香状。其数种：有黄花、紫花、白花、粉红花、二色花、梅子花、串子花。皆有香，惟挛枝花紫者香更烈。枇杷叶者结子，其始出于庐山，宋时人家种之，始著名。”② 目前，金边瑞香在江西省有较大发展，被评为南昌市和赣州市市花。

瑞香原产我国长江流域，其中尤以江西、湖北、浙江、湖南、四川等省分布较广。

瑞香的繁殖以扦插为主，也可压条、嫁接或播种。南宋周密《癸辛杂识》介绍了插瑞香法：“于芒种日折其枝，枝下破开，用大麦一粒置于其中，并用乱发缠之，插于土中，但勿令见日。日加以水浇灌之，无不活矣。试之果验。”③《群芳谱》除介绍了与此相同的方法外，还介绍了不同的扦插方法：“梅雨时，折其枝，插肥阴之

瑞香［图片来源：（清）吴其濬著：植物名实图考》卷二十三，芳草类，商务印书馆，1957年，第584页］

---

① （宋）陶谷：《清异录》卷上，百花门，睡香。

② （明）王象晋：《群芳谱》，花谱，瑞香。

③ （宋）周密著：《癸辛杂识》续集上，插瑞香法。

地，自能生根。一云：左手折下，旋即扦插，勿换手，无不活者。……一云芒种时就老枝插于背日处，或初秋插于水稻侧，俟生根，移种之。移时不得露根，露根则不荣。”书中还介绍了瑞香的浇灌方法，认为：“瑞香恶太湿，又畏日晒。以焊猪汤或宰鸡鹅毛水，从根浇之，甚肥，……大概香花怕粪，瑞香为最，尤忌人粪，犯之辄死。”①《农圃六书》在介绍瑞香的治虫方法时说：“惟灌以冷茶，则不为虫所食。”②

古人还认为瑞香花的香气令伤害其他花卉，不宜一起种植。南宋赵希鹄《调燮类编》说：“瑞香花别名麝囊，香气能损群花，世亦号为花贼，宜特处之。”③清代区金策《岭海兰言》更说：“一切花木无不忌之，而兰为尤甚。俗所谓‘兰与瑞，大家累’，是也。”④

瑞香四季常绿，早春开花，香味浓郁，有较高的观赏价值。亦可盆栽，制作盆景。其根和叶，可入药。

---

① （明）王象晋：《群芳谱》，花谱，瑞香。《调燮类编》卷四亦载：瑞香枝，左手折下，随即扦插，不换右手，无不可活。以焊猪汤浇之宜。凡香花，大抵忌粪，唯用头垢或浣衣灰汁为妙。瑞香根甜，灌以灰水，则蚯蚓不起。

② （清）周之玙：《农圃六书》卷一，树艺，木本花部。

③ （宋）赵希鹄：《调燮类编》卷四，花竹。

④ （清）区金策：《岭海兰言》上卷，防护。

主要参考文献

本书目中的古籍，有些版本众多，本目录中尽量选择一些经近人整理出版的版本，以便读者容易找到，且便于阅读。
(东汉) 崔寔著，缪启愉辑释．四民月令辑释．农业出版社，1981
万国鼎辑释．氾胜之书辑释．农业出版社，1980
(晋) 稽含撰．南方草木状．百川学海本
(北魏) 贾思勰著，石声汉校释．齐民要术今释．中华书局，2009
(唐) 韩鄂原编，缪启愉校释．四时纂要校释．农业出版社，1981
(唐) 郭橐驼著，(明) 周履靖校．种树书．丛书集成本
(唐) 欧阳询等辑．艺文类聚．上海古籍出版社，1982
(宋) 陈旉撰，万国鼎校注．陈旉农书校注．农业出版社，1965
化振红．分门琐碎录校注．四川出版集团巴蜀书社，2009
(宋) 吴怿撰，(元) 张福补遗，胡道静校注．种艺必用．农业出版社，1963
(宋) 罗愿撰，石云孙点校．尔雅翼．黄山书社，1991
(宋) 苏颂撰，胡乃长，王致谱辑注．图经本草（辑复本）．福建科学技术出版社，1988
(宋) 唐慎微撰．证类本草．四库全书本
(宋) 寇宗奭撰．本草衍义．商务印书馆，1957
(宋) 韩彦直撰，彭世奖校注．橘录校注．中国农业出版社，2010
(宋) 欧阳修．归田录．学津讨原本
(元) 大司农司编撰，缪启愉校释．元刻农桑辑要校释．农业出版社，1988
(元) 王祯著，缪启愉译注．东鲁王氏农书译注．上海古籍出版社，1994
(元) 鲁明善著，王毓瑚校注．农桑衣食撮要．农业出版社，1962
(明) 俞宗本著，康成懿校注．种树书．农业出版社，1961
(明) 邝璠著，石声汉，康成懿校注．便民图纂．农业出版社，1959
(明) 徐光启撰，石声汉校注．农政全书校注．上海古籍出版社，1979

（明）王象晋纂辑，伊钦恒诠释．群芳谱诠释．农业出版社，1985
（明）李时珍．本草纲目（校点本）．人民卫生出版社，1977
（明）朱橚撰，倪根金校注，张翠君参注．救荒本草校注．中国农业出版社，2008
（明）戴羲辑．养余月令．中华书局，1956
（明）宋应星著，潘吉星译注．天工开物
（明）谢肇淛．五杂俎．国学珍本文库第一集
（明）王世懋．学圃杂疏．丛书集成初编本
（明）周文华（含章）撰．汝南圃史．清初据明万历本覆刊本
（明）涟川沈氏撰．沈氏农书．中华书局．1956
（清）屈大均．广东新语．中华书局，1985
（清）蒲松龄撰，李长年校注．农桑经校注．农业出版社，1982
（清）包世臣著，潘竟翰点校．齐民四术．中华书局，2001
（清）陈元龙编．格致镜原．光绪间大同书局
（清）陈淏子．花镜，农业出版社，1962
（清）汪灏等著．广群芳谱．上海书店，1985
（清）丁宜曾著，王毓瑚校点．农圃便览．中华书局，1957
（清）张宗法原著，邹介正等校释．三农纪校释．农业出版社，1989
（清）张履祥辑补，陈恒力校释，王达参校增订．补农书校释（增订本）．农业出版社，1983
（清）吴其濬著．植物名实图考．商务印书馆，1957
（清）吴其濬著．植物名实图考长编．商务印书馆，1959
（清）赵学敏．本草纲目拾遗．人民卫生出版社，1983
（清）郭云升撰．救荒简易书光绪刻本，续修四库全书子部·农家类
夏纬瑛．诗经中有关农事章句的解释．农业出版社，1981
夏纬瑛．周礼书中有关农业条文的解释．农业出版社，1979
夏纬瑛．夏小正经文校释．农业出版社，1981
夏纬瑛校释．管子地员篇校释．中华书局，1958
夏纬瑛校释．吕氏春秋上农等四篇校释．农业出版社，1956
王毓瑚．先秦农家四言别释．农业出版社，1981
王毓瑚辑．秦晋农言．中华书局，1957
王毓瑚辑．区种十种．财政经济出版社，1955

马继兴主编．神农本草经辑注．人民卫生出版社．1995
马宗申校注．授时通考校注．四册．农业出版社，1991、1992、1993、1995
丁颖著．中国稻作栽培学．农业出版社，1961
陈祖槼主编．中国农学遗产选集·甲类第一种·稻（上编）．中华书局，1958
胡锡文主编．中国农学遗产选集·甲类第二种·麦（上编）．中华书局，1958
胡锡文主编．中国农学遗产选集·甲类第三种·粮食作物（上编）．农业出版社，1959
李长年主编．中国农学遗产选集·甲类第四种·豆类（上编）．中华书局，1958
陈祖槼主编．中国农学遗产选集·甲类第五种·棉（上编）．农业出版社，1958
李长年主编．中国农学遗产选集·甲类第七种·油料作物（上编）．农业出版社，1960
李长年主编．中国农学遗产选集·甲类第八种·麻类作物（上编）．农业出版社，1962
叶静渊主编．中国农学遗产选集·甲类第十四种·柑橘（上编）．中华书局，1958
叶静渊主编．中国农学遗产选集·甲类第十五种·常绿果树（上编）．农业出版社，1991
叶静渊主编．中国农学遗产选集·甲类第十六种·落叶果树（上编）．中国农业出版社，2002
梁家勉等．中国农业科学技术史稿．中国农业出版社，1989
中国农业百科全书编辑部编．中国农业百科全书·农业历史卷．农业出版社，1995
董玉琛、郑殿升主编．中国作物及其野生近缘植物·粮食作物卷．中国农业出版社，2006
方嘉禾、郑殿升主编．中国作物及其野生近缘植物·经济作物卷．中国农业出版社，2007
朱德蔚等主编．中国作物及其野生近缘植物·蔬菜作物卷．中国农业出版社，2008

主要参考文献

贾敬贤等主编．中国作物及其野生近缘植物·果树卷．中国农业出版社，2006

费砚良等主编．中国作物及其野生近缘植物·花卉卷．中国农业出版社，2008

郭文韬．中国耕作制度史研究．河海大学出版社，1994

董凯忱、范楚玉主编．中国科学技术史·农学卷．科学出版社，2000

陈浚愉，程绪珂主编．中国花经．上海文化出版社，1990

游修龄编著．中国稻作史．农业出版社，1995

王象坤，孙传清主编．中国栽培稻起源与演化研究专集．中国农业大学出版社，1996

陈文华．中国农业考古图录．江西科技出版社，1994

中国农业科学院果树研究所主编．中国果树栽培学．农业出版社，1960

彭世奖编著．中国农业传统要术集萃．中国农业出版社，1998

彭世奖校注，黄淑美参校．历代荔枝谱校注．中国农业出版社，2008

张振贤主编．蔬菜栽培学．中国农业大学出版社，2003

唐启宇编著．中国作物栽培史稿．农业出版社，1986

陈文华，（日）渡部武编．中国の稻作起源．日本六兴出版社，1989

（英）李约瑟．中国科学技术史．中译本．上海古籍出版社，1990

舒迎澜著．古代花卉．农业出版社，1993

上海古籍出版社编．生活与博物丛书·花卉果木编．上海古籍出版社，1993

索　引

说明：本索引按词条第一个单字的笔划数排列，少的在前，多的在后。同划数的单字则按笔形一丨丿丶的顺序排列。词的后面注明所在页码。

后　记

本书的写成，首先要感谢华南农业大学人文与法学学院的领导和博士生导师谢丽教授，正因为他们邀我担任博士生“作物栽培史”课程的教学工作，我才着力编写《作物栽培史》的讲稿，才有可能在讲稿的基础上编写成书。其次要感谢中国农业出版社的领导和穆祥桐编审，正是在他们的支持、督促和鼓励下，本书才得以顺利完成。再次，还要感谢华南农业大学作物学史博士后周晴同学为本书稿整理所付出的辛勤劳动，感谢华南农业大学农业历史文献特藏室黄淑美、杨柳同志，在图书借阅方面给予的大力支持。最后还要特别感谢中国科学院院士华南农业大学前校长卢永根教授在百忙中抽空为本书作序。感谢广东省文史馆馆员著名书法家梁鼎光先生给本书题写书名，为本书增辉生色。